脂粉春秋

中国历代妆饰

李芽 著

中国纺织出版社

内 容 提 要

本书详尽地介绍了中国从远古一直到当代社会这一漫长的历史时期中妆饰领域的基本发展状况。内容主要包括历朝历代的化妆和发式两大部分。其中，化妆又细分为绘身、文身、女子面妆、眉妆、眼妆、唇妆、面饰、护发护肤品、缠足及男子化妆几个分支；发式分为男子发式和女子发式两个分支，基本涵盖了妆饰领域的方方面面，且对各个历史时期的妆饰特色进行了总结和归纳，是一部比较详尽的研究中国历代妆饰史及妆饰文化的学术著作。

本书适合于影视戏剧化妆人员，服饰文化研究人员，文博界、艺术界、美术界人员，艺术院校师生以及妆饰文化爱好者阅读、参考。

图书在版编目（CIP）数据

脂粉春秋：中国历代妆饰 / 李芽著. —北京：中国纺织出版社，2015.1（2024.9重印）

ISBN 978-7-5180-0368-6

Ⅰ. ①脂…　Ⅱ. ①李…　Ⅲ. ①女性－化妆－研究－中国－古代　Ⅳ. ① TS974.1

中国版本图书馆 CIP 数据核字（2014）第 134968 号

策划编辑：郭慧娟　　责任编辑：魏　萌　　责任校对：寇晨晨
责任设计：何　建　　责任印制：储志伟

中国纺织出版社出版发行
地址：北京市朝阳区百子湾东里 A407 号楼　邮政编码：100124
销售电话：010 — 67004422　传真：010 — 87155801
http://www.c-textilep.com
E-mail:faxing@c-textilep.com
中国纺织出版社天猫旗舰店
官方微博 http://weibo.com/2119887771
北京华联印刷有限公司印刷　各地新华书店经销
2015 年 1 月第 1 版　2024 年 9 月第 10 次印刷
开本：787×1092　1/16　印张：17.75
字数：251 千字　定价：88.00 元

自序

自沈从文先生的《中国古代服饰研究》出版以来，学术界对中国古代服饰文化这一原本非常冷落的领域，投入了极大热情。近三十年来，学术成果层出不穷，从通史、断代史、单项史，到对古代服饰的文化解读等领域，都不断有优秀的著述面世，在研究的深度和广度上，都有了很大的进步。但在服饰文化的研究中，妆饰文化却一直是一个相对比较冷僻的研究领域，其专门研究服饰中“饰”的部分，包括妆容、发式及诸多门类的首饰和随件等（本书则只重点介绍中国历代的妆容和发式这两大部分，关于首饰和随件的研究会另有专著专篇介绍）。

之所以冷僻，皆因研究难度之大与不易。尤以妆容和发式为例，我们知道，对于古代物质文化的研究，其第一手资料来自于出土文物，其次来自典籍记载，再结合参考传世绘画与雕塑中的视觉形象，研究者一般可以勾勒出物质形态在不同时代的大致轮廓。但妆容和发式是个例外，因其必须依附于人体的肉身而存在，肉身一旦腐烂，其也就无从依附，正所谓“皮之不存，毛将焉附？”所以，妆容几乎是没有出土实物资料可以借鉴的，发式因墓葬保存情况极好而有零星的遗存，如汉马王堆1号辛追墓等，但数量也实在是凤毛麟角，只可作为个案，并不具有代表性。而关于典籍记载方面，对于妆容和发式款式的介绍，在正史笔记、诗文小说、戏曲杂记中虽然有大量提及，描绘得天花乱坠，但大多只见其名，不知其形，终究是纸面上的鲜活，真正要细究起来，又都如云里雾里一般。因此，我们似乎只能从留存下来的人物绘画和雕塑中去做一些探寻。但妆容又是一种极其微妙的色彩变化，且不论当时画师的写实水平与画材是否能够事无巨细地在绘画作品中准确传达，单单漫

自序

长的岁月侵蚀，又有多少真实能够有幸留存？魏晋以前也就可大致看出眉形和唇形，面妆则要到唐代才有比较可靠的图像资料。但图像无声，文字无像，研究者只能通过个人的想象与理解将图像与典籍中记载的名称进行相对合理的对应，这其中与历史真相的出入便很难判断了，这就是这门学科研究的不易与艰难。

但即使如此，梳理也是必要的，困难不是逃避的理由，尽管有无数疏漏和不确定性，但历史研究永远只能是部分的真实，我们只能尽力、尽可能地去接近真相。《中国历代妆饰》成书于2003年， 2004年由中国纺织出版社出版，此次实为修订再版。除了对文字和图片有一些修订外，主要是增加了一篇绪论和三篇附录。绪论，主要讲述了解中国古典妆容的现实意义，其除了文化意义外，也会对当代设计产生影响。在时尚秀场上，西方对东方、现代对古代妆饰有所扬弃的借鉴与吸收已是设计师的共识。附论中两篇是针对中国古代美女形神的分析，因为妆容依附于形体，要想真正理解中国古代妆容审美，首先必须理解古代人物审美，《汉代后妃形貌考》和《中国古代人物审美综述》在这方面做了一些尝试性的探讨。另一篇《辛追妆奁揭秘》是对古代梳妆用具的个案研究，把中国历史上保存最好的一具女尸的梳妆盒进行了详细的剖析，以此来了解汉代初期长沙一位百户侯之妻的梳妆规格和样貌，以期窥一斑而略知全豹。

妆饰研究因为含有极大的主观性成分，除了需要毅力和勤奋之外，也需要接受批评的勇气。当然，更重要的还是热爱。我热爱，所以我无畏！

李 芽

2014年9月于沪上香景园

目录

目录

绪论　中国古典妆饰对当代妆饰的影响

一谈到妆饰，人们头脑里总会感觉这是一个很前卫、很现代的话题。的确，翻开一本本精美的时尚杂志，里面那些脸部被涂抹得异彩纷呈，头发被做成造型各异的魅力女郎，确实让人觉得这个世界变化真快，人们的想象力怎会如此丰富？似乎稍不留神，就会被时尚淘汰出局。

而在遥远的古代，“时尚”似乎是一个很疏离的词汇，在大多人的观念中，那是一个宁静而又保守的年代，封建礼教下的女子应该是缺少求新求异的意识和勇气的。而实际上，世间万物大多“万变不离其宗”，人类追逐美的勇气和智慧，对一成不变的生活之厌倦，古今中外并无多大区别。且不说正史《汉书·五行志》中所记载的那种种奇装异服，虽怪诞非常，尚可引起诸人竞相仿效，乃至引发朝廷颁布禁令方可制止。单单看民间杂记小说之记载，装束也是数岁即一变，不可尽述。

宋·周辉《清波杂志》载：“辉自孩提见妇女装束，数岁即一变，况乎数十百年前，样制自应不同。”

宋·袁褧撰《枫窗小牍》亦载：“汴京闺阁妆抹凡数变：崇宁间，少尝记忆作大鬓方额；政宣之际，又尚急把垂肩；宣和以后，多梳云尖巧额，鬓撑金凤。小家至为剪纸衬发、膏沐芳香、花鞾弓屣、穷极金翠，一袜一领费至千钱。”

原始社会五花八门的绘身绘面暂且不论，自商周时代始，中国爱美的女人们便开始了往脸上涂脂抹粉的历史，经过魏晋南北朝的大胆创新与发展，至唐代达到鼎盛，宋代以后虽然由于理学的盛行，妆饰不再像唐代那样异彩纷呈、浓妆艳抹，但爱美是女人的天性，妆饰的发展依然似一股涓涓潜流奔涌向前，从未止息。由此，几千年来，便创造了无数的美妙妆容。单从面妆上来看，见于史籍的记载便让人目不暇接。例如“妆成尽似含悲啼”的“时世妆”、贵妃醉酒般满面潮红的“酒晕妆”、美人初醒慵懒倦怠的“慵来妆”、以五色云母为花钿贴满面颊的“碎妆”、以油膏薄拭目下如梨花带雨般的“啼妆”，另外还有“佛妆”“墨妆”“红妆”“芙蓉妆”“梅花妆”“观音妆”“桃花妆”，甚至只画半边脸的“徐妃半面妆”等，数不胜数，其造型之新奇、想象之丰富令人啧啧称奇。

除去涂脂抹粉之外，画眉和点唇也是中国古代女子面妆上的重头戏。中国古代女子画眉式样之繁多，令今人也自叹弗如。相传唐玄宗幸蜀时就曾令画工作《十眉图》。宋代时，有一女子名莹姐，画眉日作一样，曾有人戏之曰："西蜀有《十眉图》，汝眉癖若是，可作《百眉图》，更假以岁年，当率同志为修《眉史》也。"中国古代眉式不仅丰富多变，且不乏另类风格，如眉形短阔、如春蚕出茧的“出茧眉”；眉头紧锁、双梢下垂呈蹙眉啼泣状的“愁眉”；其状倒竖，形如八字的“八字眉”，南朝寿阳公主嫁时妆，便是“八字宫眉捧额黄”。此外，初见于西汉，后盛行于唐代的“广眉”，其形为原眉数倍，《后汉书》中曾云："城中好广眉，四方画半额"，甚至“女幼不能画眉，狼藉而阔耳”。为求眉之广甚至画到了耳朵上，可见古时画眉之大胆与泛滥已到了不只求美而且求奇的境界了。

除去面妆，为了拥有形象的整体美，塑造优美的发型自然也是非常必要的。中国古人认为，头发是父母精血的结晶，不可轻易毁伤。因此，汉族不论男女，都是蓄发不剪，而要留发结髻的。这种习俗便孕育了中国古代数不胜数的发髻式样。例如自汉代流行开来的形制下垂的“堕马髻”，因其下坠松散之势颇能衬托女子的娇羞之态，直到清代还有余续；当然也有与“堕马髻”风格相反、比较另类与放纵的发式，如汉代的“不聊生髻”，唐代的“闹扫妆髻”，仅从字面上便可看出是因形制散乱而得名；最常见的则是各式发髻高耸的“高髻”，为了使发髻高大，多用他人剪下的头发加填入自己的头发中，即所谓“髲髢”，宋人诗中便有“门前一尺春风髻”的吟咏。中国古代妇女发式的样式在史籍中的记载不下数百种。

另外，还有五花八门的面饰、染甲、文身，精雕细琢的各式首饰，宋时开始流行开来的缠足习俗，各种功效神奇用以保养滋润的护发护肤品，在此实难一一列数。简单例举中国历代的妆饰造型，可能有读者已经颇感惊讶了，原来中国古代的女子妆容也是时尚而新异的。然而，由于中国近代史是一部颇多屈辱的历史，再加上那满街只见单调的黑白灰蓝绿的十年，使很多国人对逝去的历史失去了应有的认知与信心，而一味睁大眼睛向外学习。已故著名女性服装设计师夏奈尔曾说过一句至理名言：一个好的设计师，就是在适当的时候拿出适当的款式。就像有名的“莱弗定律”（Laver’s Law）所写的那样，同一件衣服因为时间的不同将会是：

无礼的	10年前
无心的	5年前
大胆的	1年前
时髦的	……
过时的	1年后
可怕的	10年后
可笑的	20年后
有趣的	30年后
古雅的	50年后
迷人的	70年后
浪漫的	100年后
美丽的	150年后

那么，千年之后呢？我想那无疑便是美丽中的极品了！

妆饰作为服饰形象中一个极为重要的组成部分自然也是如此。在如今这样一个各种文化互相交融的大时代，西方对东方、现代对古代妆饰有所扬弃的借鉴与汲取无疑是一个明智的举动。

让我们看看下面这一系列中国古典妆饰与现代时髦妆饰的对比吧！

表0-1　古今妆型对比

簪花与桂叶眉

唐代《簪花仕女图》局部

当代时尚簪花

当代桂叶眉

续表

酒晕妆、花钿与樱唇

唐代《弈棋仕女图》局部

当代时尚妆型

广眉

嘉峪关魏晋砖墓壁画

夏奈尔品牌广告中的时尚妆型

唇形、透额罗与点状面靥

清代传世照片

唐代敦煌壁画《乐廷环夫人行香图》局部

新疆阿斯塔那墓出土泥头木身俑

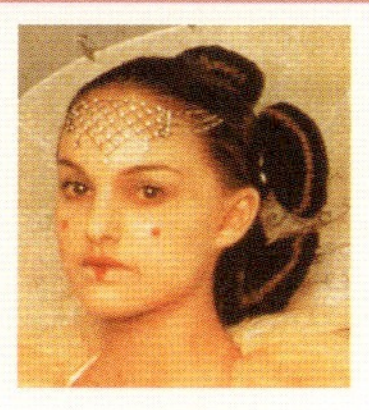

美国电影《星球大战》女主角造型

高髻

陕西长安县南里王村唐代墓壁画局部

当代时尚妆型

拉长眼线

英国国家博物馆藏唐代《炽盛光佛并五星图》之太白金星局部

当代时尚妆型

丫髻

湖北武昌唐墓陶俑

当代时尚造型

十字髻

陕西西安草场坡墓出土北魏陶女乐俑

当代时尚造型

朋友们会不会有“原来如此”的感慨呢？其实，有趣的巧合远不只这些。中国古代典籍中提到的光怪陆离的妆饰成百上千，只是由于照相术的发明只是近一百多年的事，而绘画作品又极不易保存，因此，留下来的影像资料可谓少得可怜。好在人的心灵是相通的，根据仅仅有文字描述的古代典籍，我们却能找到许多现代版的配套图片，而且搭配得严丝合缝，无比贴切，也可算是对逝去岁月的一种慰藉。在此一一文图对照如下，以飨读者：

表0–2　古妆再现

流行于唐朝长庆年间的血晕妆。在宋代王谠《唐语林·补遗二》中记载有：“长庆中，京城……妇人去眉，以丹紫三四横约于目上下，谓之血晕妆。”

流行于五代的醉妆。《新五代史·前蜀·王衍转》中记载有：“后宫皆戴金莲花冠，衣道士服，酒酣免冠，其髻髽然；更施朱粉，号‘醉妆’。”此种妆饰即先施白粉，然后抹以浓重的胭脂，如酒醉然

流行于东汉后期的啼妆。相传为汉桓帝大将军梁翼妻孙寿所创，《后汉书·五行志一》中记载有：“桓帝元嘉中，京都妇女做愁眉、啼妆……啼妆者，薄拭目下，若啼处。……始自大将军梁翼家所为，京都歙然，诸夏皆放（仿）效。此近服妖也。”此种妆饰即以油膏薄拭目下，如啼泣之状

流行于唐宋时期的泪妆。《宋史·五行志三》载：“理宗朝，宫妃……粉点眼角，名‘泪妆’。”此种妆饰即以白粉抹颊或点染眼角，如啼泣状

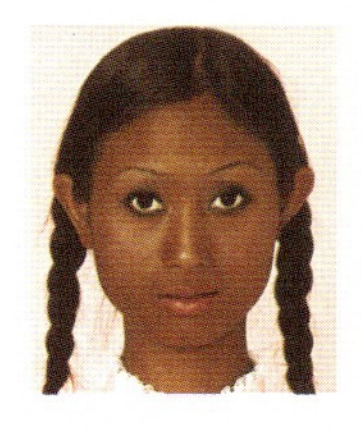

唐宋贞元、元和之际，中国妇女化妆兴起了与传统傅粉施朱大异其趣的赭面妆与黑唇。白居易的《新乐府·时世妆》中便曾吟咏：“……乌膏注唇唇似泥，双眉画作八字低……圆鬟无鬓椎髻样，斜红不晕赭面妆。”此种面妆即以褐粉涂面，以乌膏染唇

流行于魏晋南北朝的仙蛾妆。唐代宇文氏《妆台记》中载：“魏武帝令宫人扫青黛眉、连头眉，一画连心细长，谓之仙蛾妆。”此种妆饰即以青黛画眉，眉式纤细，两端相连

初见于西汉时期，至唐尤为盛行的广眉，其眉形为原眉数倍，亦称“阔眉”，“广黛”等。《太平御览》卷495引三国吴谢承《后汉书》：“长安语曰：‘城中好高髻，四方且一尺；城中好广眉，四方画半额。’”

流行于辽代契丹族妇女中的“佛妆”。这是一种以栝楼等黄色粉末涂染于颊，因观之如金佛之面，故称为“佛妆”。北宋朱彧著《萍洲可谈》卷二中载：“先公言使北时，使耶律家车马来迓，毡车中有妇人，面涂深黄，红眉黑吻，谓之佛妆。”

或许这只是不经意的巧合，也或许是化妆师们确实“江郎才尽”了，毕竟一张脸不过巴掌一点大的地方，但这种古今妆型遥相呼应的现象却是真实地展现在我们眼前，而且有些被运用得是如此的贴切与精彩。由于近代中国的衰落与现代物质文明的冲击，致使许多年轻人往往“谈古色变”，似乎只要是“想当年”的东西，都是“不堪回首”的，这当然是一种误解。一个国家、一个民族想要重建辉煌，经济与国力的暂时衰落并不可怕，可怕的是因为缺乏对本民族文化的深度了解而丧失了对祖国应有的认同感与归属感。黑格尔说过：“无知者是不自由的，因为和他对立的是一个陌生的世界。”中国传统文化中值得我们探索、挖掘的东西太多太多，妆饰文化亦是如此。之所以想写一写妆饰上这一千年轮回的现象，之所以愿意殚精竭虑地梳理中国漫长的历代妆饰文化，我希望带给大家的不仅仅只是一时的新奇感受或随之而来的竞相模仿，而是对中国博大精深的本土文化的真心认同！

第一章 妆饰的起源

第一节 | 妆饰内容

我们通常所说的服饰，包括服装和妆饰两大部分。服装主要指的是包裹住身体的衣裳、头衣（帽子）、足衣（鞋袜）、手衣（手套）等，而妆饰则指的是对身体的修饰，主要包括化妆、发式和配饰三大部分。由于篇幅所限，本书主要介绍中国历代的化妆和发式文化，配饰部分则会另撰专著详述。

化妆和发式乍一听起来，好像是文明人的专利。大多数人会认为，只有在满足了基本的衣食住行的基础上，才会进一步考虑妆饰这种现代人所谓的精神需求。实际上，在服饰的起源问题上，学术界普遍认为，饰往往是先于服的出现而出现的。首先，在人类目前已发现的史前服饰遗物中，主要是饰，而不是服。当然，不是绝对没有服装，只是即使发现了服装，实物也已变成了炭化物。而佩饰却因其石、牙、玉、骨等质料的坚固、耐腐而得以保留下来。但从现存的大量原始人类活化石——原始部落的人们来看，许多原始部落不论男女，不穿衣服十分常见，却几乎没有不化妆或不戴饰物的（图1－1、图1－2）。美国赫洛克在《服装心理学——时装及其动机分析》中记载："在许多原始部落，妇女习惯于妆饰，但不穿衣服，只有妓女才穿衣服。在萨利拉斯人中间，更加符合事实。"这充分证明了妆饰在原始人心目中的地位要远远高于服装。

▲ 图1－1　只有妆饰而无服装的来自马巴索部族的待嫁女性

资料来源：鲁滨逊．人体包装艺术：服装的性展示研究［M］．胡月，等译．北京：中国纺织出版社，2001：17

我国现存最早的一批远古面妆文物，当属在甘肃广河出土的新石器时代马家窑文化时期（约6000年前）的三件彩绘陶塑人头像了（图1－3）。在他们的面部都有不同方向的规则花纹，应是绘面（或文面）的具体写照。与此相同的史前文物还有甘肃永昌出土的三件彩绘人面像，有的面部仅作几笔简单的描画，而有的面部则全部涂黑，给人一种恐怖之感。

原始社会的发式比之化妆而言更显丰富多彩。从出土文物来看，断发、披发、束发、辫发，可谓样样俱全，并且还伴有各式各样的发饰，如骨笄（jī）、束发器、玉冠饰、象牙梳等，不仅种类繁多，而且制作精美。让人很难想象在当时没有任何先进工具的情况下，人们是凭借怎样的耐心与技艺制作出来的。

▲ 图1－3　马家窑文化彩陶人头器盖，甘肃广河出土

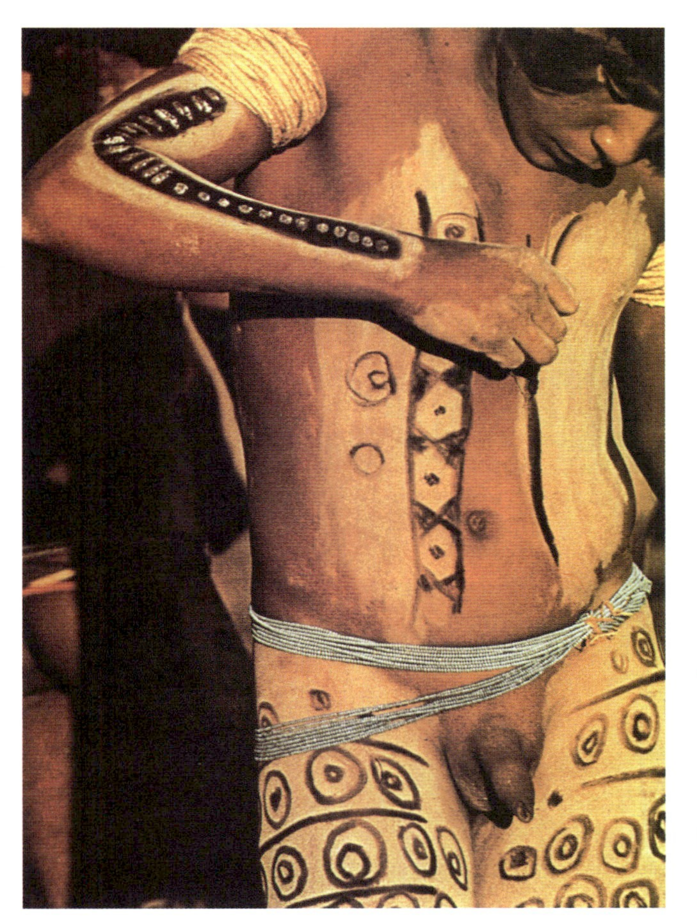

◀ 图1–2　只有妆饰而无服装的来自巴西马托格罗索州（Mato Grosso）地区的青年战士。对某些种族而言，遮掩身体的某一部位反而会引来注意，人们对未遮掩的身体部位却熟视无睹

资料来源：鲁滨逊．人体包装艺术：服装的性展示研究［M］．胡月，等译．北京：中国纺织出版社，2001：95

第二节 | 妆饰艺术及其目的

原始人为什么要用人为的手段来涂抹，甚至用我们称为原始的手术（如文面、穿耳、穿鼻等）来改变自己的容颜？又为什么要用各种各样的饰物妆饰自己呢？这就涉及发生学。在一切社会科学的研究中，发生学是最难的一门学问，虽然有考古为依据，但人类产生的历史如此邈远，仅有的遗迹残骸又是一种残缺的记录，要完全读懂它必须依靠我们现代人对原始人生活设身处地的推测能力。

一、妆饰艺术

今天，生活在世界各地的人们都在广泛妆饰着自己的容颜，或涂脂抹粉，或穿金戴银，人们几乎无一例外地会同意妆饰是源于美化自我的欲望，即学术界所谓的“妆饰美化”说。的确，现代人对自己的个人形象是十分关注的，而且这种妆饰自我的心理和手段也并不是源于现代。人类，甚至一些比较高等的动物和植物，都有一种属于本能范畴的，对明显的美的事物的良好感觉，并对其采取下意识的、不自觉的接受状态。但是，如果我们设身处地地站在原始先人的角度想一想，在人类童年时期，尚属处于争取最低生存条件的阶段，当时就想纯粹创造美、创造艺术的说法，实在是令人难以自圆其说的。

现代人总是喜欢把一切富含形式美的东西都冠以“艺术”的美称，如绘画艺术、雕塑艺术、建筑艺术，妆饰自然也是一种艺术。当然，如果我们所说的艺术是指编绾发髻，往脸上涂抹颜色或者串制项链这类工作的话，那么全世界就没有一个民族没有艺术。但是，如果我们所说的艺术是指那些被安放在有高级保安系统的博物馆里的名贵珠宝首饰，或只有高级时装发布会上才会出现的奇异面妆与发型，那就必须理解，“艺术”一词的这种含义只是近世的发展，远古那许许多多伟大的“化妆师”们和“发型师”们是做梦也想象不到的。妆饰对于原始人来说并不是仅仅被当作纯粹的艺术作品，而是被当作有明确用途的东西。就像不知道盖房是为了满足什么要求，人们就难以对房屋做出恰当的鉴定。同样，如果我们完全不了解过去人们的妆饰是为什么目的服务，也就很难理解过去人们妆饰的美与意义。

二、妆饰目的

早在两千多年前，我们的老哲人孟子就说过：“食色，性也。”食就是生存，色就是繁衍，性即本能。因此，换句话说也就是：生存和繁衍是人类的第一欲求。史前人类的妆饰，无疑就是为这一目的而服务的。

（一）为了生存

为了生存而产生妆饰。关于这一点，学术界有许多学说：比如驱虫说，即在脸上和身上涂抹颜料或泥浆，是为了防止蚊虫叮咬；狩猎说，即原始人在脸上身上画上兽皮花纹，在头上插羽毛或戴鹿角以伪装人体，是为了更有效地猎获动物；巫术说，即原始人把某种动物或植物作为本族的图腾加以佩戴或妆饰，可得到神灵保护。

1. 狩猎说　在许多古代岩画中，不乏戴着角饰去刺杀、围猎动物的画面；古代人也确实曾披着虎皮埋伏在山崖旁以伏击老虎。今日非洲土著人仍然在身上披草，弯着腰，双手举一根长棍竖立着，棍的前端再绑上一团草，扮成鸵鸟状去接近鸵鸟，以此伪装迷惑动物最终达到捕猎的目的。在中国保持原始狩猎风俗较多的东北少数民族，长期流行戴一种用狍子头制作的帽子，鄂伦春语称为“蔑塔哈”，汉语就是“狍头帽”。其起源就是狩猎时用做伪装，以迷惑兽类，并可御寒。同时，这种手段也包含了对上天、神明的心灵寄托，以获取更大的生存能力（图1-4）。

▲ 图1-4　头戴狮鬃，身涂白垩粉的马赛人

资料来源：摘自世界知识画报［J］. 1985，（3）：21

2. 巫术说　即原始人把某种动物或植

物作为本族的图腾加以崇拜，认为佩戴上它或妆扮成它的样子就可以壮胆，得到神灵的保护，从而消灾免难。这类似于现代的“护身符”。在远古洪荒年代，原始人面对各种神秘的自然现象，曾显得如此渺小，如此无能为力，他们不得不把希望寄托在可以左右自然的“神力”之上，不得不把以往的一切成就归功于神的启示和帮助。然而，原始的神力又来自何方呢？人类学家认为，在原始人类的思维中，所有的自然存在物都像他们自己一样，于是他们就把自己内心意识到的亲密而又熟悉的特质转嫁到所有的对象上，这种理解持续不断地支配着先民们的思想，而且把以同样的方式呈现在他们面前的不可知的原因，也理解为一种或一类东西。正是由于这种心理学上的根源，才使先民感到万物如同自身一样是有灵魂的。人对自然物的这种联想及其互渗关系，在人类早期的遗存和现代原始民族的一些习俗中可以找出大量的例证：法国拉斯科洞穴的深处，有一幅旧石器时代的壁画，图中人物小头鸟嘴，明显是与鸟的联想有关。鸟能翱翔天空，这让先民们感受到了某种超自然的神力的作用。中国新石器时代的仰韶文化陶器上有几例人面鱼纹（图1–5），是人与鱼之间联想的最早例证。现在一些学者认为人面鱼纹反映的是原始的巫术、图腾思想与祭祀活动，说明当时十分盛行的巫术和祭祀活动中也引入了这种联想。中国人流行佩戴古玉，他们认为古玉比新玉更能护佑人生，祛疫辟邪。在不同的国家里，同样的意思也可能采用不同的表示方法。例如意大利西西里岛人流行佩戴用穗带串编红珊瑚的项饰，认为可以辟邪和获得勇气；美洲的印第安人则以佩戴羽毛来表示身份、等级、勇气和权力；在南美洲，赤身裸体的人们在手脚上戴镯子来妆饰自己，认为金属镯子具有神的力量。原始社会普遍流行的佩挂石、骨等饰物的做法，可能也是凭借这些材料坚硬的质地来求得压邪和预兆行为成功。同样，他们也会以红色涂身或给尸体撒赤铁矿粉以表示生命的不朽，认为穿戴上动物皮毛便会拥有猛兽般的力量，使人获得更多的猎物。

▲ 图1–5　人面鱼纹彩陶盆，新石器时代仰韶文化，陕西西安半坡出土

以上种种，虽然目的看似不同，但实际上都是为了一点，即更好地生存下去。因此，笔者把它们统统都归为一类，即“生存说”。古代典籍中论及文身习俗，往往从太伯奔吴的故事谈起。太伯为了表示不与他的同胞兄弟季历争夺王位，于是“乃奔荆蛮，文身断发，示不可用，以避季历”。这里的荆蛮指的是吴越等地。吴越之人“文身断发”的实用价值是显而易见的，他们生活在水网地带，“陆事寡而水事众”，捕鱼捉虾是他们的主要生产活动。“断发”即短发或椎髻，既可减弱泅水阻力，又可避免水草纠缠，无疑有助于他们的生命安全和生产作业。而文身也同样起到一种巫术的作用，吴人“文其身，以象龙子，故不见伤害”“文身断发，以避蛟龙之害”。文身断发，一则可以向鱼龙示以同类或后代，求得鱼龙的谅解与宽恕，“以象龙子者，将避水神也”。另外，又可以从鱼龙图腾中吸取力量，鼓起克服困难直至胜利的信心和勇气。这不正是原始人借妆饰求生存的很好例子吗？

对于原始人来说，重要的不是他们的妆饰按照我们的标准看起来美不美，而是它能不能“发挥作用”。

这种妆饰观念，不仅存在于中国原始人中，在如今的许多原始部落中依然存在。在非洲与南美的许多文化群落以及爱斯基摩的一些部落中，男、女都有用唇盘撑大嘴唇的习俗。有的撑大上唇，有的撑大下唇，有的上、下唇都被撑大了。这种在我们看来奇丑无比的妆饰，在他们的眼中却是美的，而且撑得越大越美丽。然而，追究其用意，一是在于防止恶灵附身，建立本部落的文化标记，以避免与外族通婚，保持本部落血统的纯净；二是借此避免成为邻邦掳掠的目标。非洲的奴隶交易在16世纪渐趋扩大，而有唇盘的人则因为找不到买主而幸免于被掳之祸。从此，戴唇盘的族群越来越多，唇盘的尺寸也逐步增大，尤其在最常被奴隶贩子掳掠的地区，戴大唇盘的人格外多（图1－6）。这些地区的美色标记也就集中在唇盘的尺寸上了，而且女性尤其讲究戴大唇盘，这恐怕也是防止妇女被其他部落或侵略者性侵犯的手段之一。在这里，妆饰的作用虽然带有血腥的味道，但却确确实实不是仅仅为了美而产生的。

▲ 图1-6　戴大唇盘的非洲男子

（二）为了繁衍

为了繁衍而产生妆饰，最有说服力的莫过于“性

▲ 图1–7　穿孔兽牙，距今约1.8万年前，旧石器时代晚期，北京市房山县周口店龙骨山山顶洞出土。每枚兽牙的牙根均有穿孔，有的孔眼边缘留有红色的赤铁矿痕迹，可能是被红色系绳所染，由此可推测，这些穿孔兽牙是山顶洞人佩戴在颈部的装饰品

资料来源：中国历史博物馆．华夏文明史图鉴（第一卷）［M］．北京：朝华出版社，2002：20

吸引说”了。在文明社会里，从事妆饰的以女人为多，但在原始社会，却反是男人多事妆饰。

1．男人妆饰　原始人类的妆饰和高等动物一样，都是雄性多于雌性。这是因为雄性是求爱者，而雌性是被求者。在尚处于母系氏族社会的山顶洞人时期出土的141件妆饰品中，兽牙犬齿占了绝对大的比例，达125件之多，这不应当是一种毫无意义的现象（图1–7）。青年男子通过佩戴兽牙犬齿，以显示自己的英勇果敢或力大无比，从而在气势上战胜部落中的其他男性，以博得心爱异性的青睐，或是为了谋取支配地位（它往往作为神的代言人）准备条件。在原始社会中，女人不怕无夫，而男人却须费力方能得到妻子。曾有人问一个澳洲土人为何要妆饰，他回答说：“为要使我们的女人欢喜。”塔斯尼亚土人因政府禁其用赭土和脂粉绘身，几乎发生暴动，因为男人们恐怕女人不再爱他们了。这一点可以从动物的求偶行为和发情期体貌变化上观察到直接的原因。雄孔雀晓得展开画屏般的尾羽向雌性炫耀；吐绶鸡在发情期，颈间的垂肉会变得通红；甚至鱼类在求偶时，都会出现闪光和变色现象（图1–8）。

▲ 图1–8　土著男子花大量的时间妆饰自己的身体，以便使自己更加性感，富有魅力

资料来源：鲁滨逊．人体包装艺术：服装的性展示研究［M］．胡月，等译．北京：中国纺织出版社，2001：18

2．妆饰的功能　美国人麦克·巴特贝利和阿里安·巴特贝利在《时装——历史的镜子》一书中写道：“澳大利亚土著在腰间系着羽毛，在小腹和臀部飘然下垂，而且疯狂地扭腰摆臀，跳一种旨在刺激人性欲的舞蹈。南非布须曼妇女的腰围是用串着珠子和蛋壳的细皮

条做成，它吊在腹部和臀部摇摇摆摆，也有同样的意义。巴拿马的库纳人喜欢戴金制的阴茎套，而伊里安查亚的土著部落达尼人（图1-9）则把树叶卷起来编结成有3英尺长的巨型阴茎套，戴上加以炫耀。”约瑟夫·布雷多克在《婚床——世界婚俗》一书中，以大量现存原始部落的妆饰实例来说明妆饰吸引异性的功能。他说：“在一个人人不事穿戴的国度里，裸体必定清白而又自然。不过，当某个人，无论是男是女，开始身挂一条鲜艳的垂穗，几根绚丽的羽毛，一串闪耀的珠玑，一束青青的树叶，一片洁白的棉布，或一只耀眼的贝壳，自然不得不引起旁人的注意，而这些微不足道的遮掩竟是最富威力的性刺激物。”这样的例子不胜枚举。人的性冲动是一种本能，妆饰是它的延伸，因而妆饰的起因也是一种本能。而且，许多原始妆饰始于成丁时，也是因为那时正是性欲才萌动的时候。

▲ 图1-9　伊里安查亚的土著部落达尼人

随着母系氏族社会的衰落，妆饰在妇女方面日益增多，尤其进入封建社会后，甚至多到不可设想的程度，在很长的时间内成为制约妇女的珠玉枷锁。当人类步入21世纪后，由于妇女的地位日益提高，虽然使用化妆品的主要顾客依然是妇女，但男性化妆品的比例却也日益提高。面霜、香水、口脂、耳环、项链、戒指甚至裙子，都早已不再是女人们的专利了。

三、妆饰技艺及理念

（一）妆饰技艺

我想有一点必须说明一下：我们在谈原始妆饰时，绝不应该认为“原始”这个字眼意味着当时的化妆师们对化妆的技艺仅仅具有原始的知识。相反，许多出土的原始社会的玉玦（jué）、

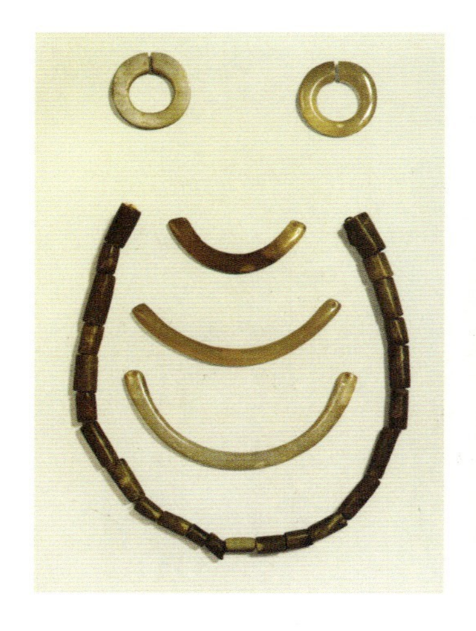

▲ 图1-10　南京博物院藏，新石器时代，玉玛瑙饰组，妇女和男子的墓内均有随葬

资料来源：南京博物院.南京市北阴阳营第一、二次的发掘［N］. 考古学报，1958，（1）

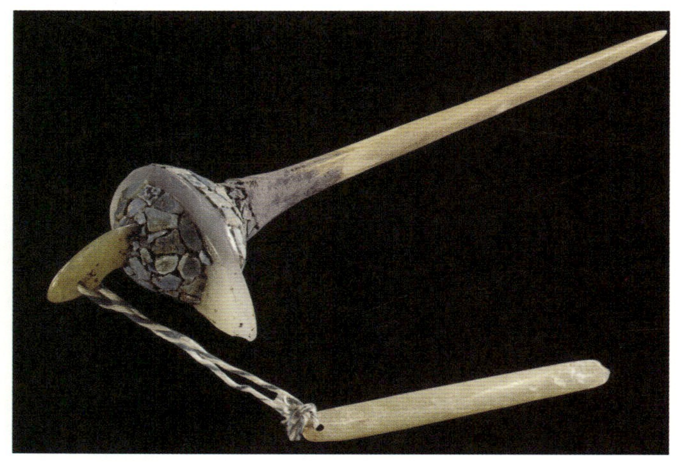

▲ 图1-11　玉骨组合簪，山西襄汾陶寺遗址出土，中国社会科学院考古研究所藏（摄影：姜言忠）

资料来源：古方. 中国出土玉器全集2：内蒙古，辽宁，吉林，黑龙江卷［M］. 北京：科学出版社，2005

象牙梳、骨笄、玉佩、玉冠饰、束发器等，都蕴涵着惊人的技艺（图1-10、图1-11）。可以想象当时的工具是那么简陋，真的让人很难相信原始人是凭借怎样的技艺与毅力去把一块玉石、一根骨头雕琢磨制得如此精美圆润。在工艺水平极端低下，工艺设备根本无从谈起的石器时代，人们是以何等的耐心、何等的兴趣去研磨首饰，去在兽牙上钻孔的呢？很显然，他们如果没有强烈的生存欲望是不会这样做的。这种欲望促发他们不畏艰难，将自己的所有虔诚（相信万物有灵）都倾注到刀尖上，在钻、磨之中得到一种寄托、一种愉悦。因为他们确信这些饰品经过研磨、钻孔以后戴在身上，能够给自己带来直接的切身利益，诸如取悦鬼神，或是区别于族人，或是争夺到异性。不然的话，没有理由去推断他们纯粹为了艺术而不惜时间与精力。而且，在现存的许多原始部落中，人们在文面、瘢痕以及安置耳鼻唇饰的手术中所体现出的沉着与冷静，以及各种土制秘方的神奇效用，也完全可以使人相信，他们的手术与现代人美容手术中常常出现的医疗事故相比，分不出谁会更安全。因此，原始人技艺水平的这一表现应该引起我们的关注，不要以为他们的妆饰看起来不顺眼，就以为他们的手艺不过如此。

（二）思想观念

与现代人不同之处并不是他们的技艺水平，而是他们的思想观念。从一开始就理解这一点是十分重要的。因为整个妆饰艺术发展史并不是技术熟练程度的发展史，而是观念和要求的变化史。如果说原始人的文面、拉唇，我们认为是违反自然的，那么现代人对妆饰自身的费时、费事与折磨人的程度也并不比原始人逊色。例如男人每天冒着刮伤之险把脸上的胡子剃除；女人们冒着手术失败的危险把单眼皮割成双眼皮，把扁平的鼻子硬加上一根金属条垫高，这一切都是为了达到现代人所认知的标准美。我们现代人虽以文明人自居，其实仍旧没有脱离部落性，我想，如果原始人知道了这些，也一定会大呼“野蛮”的！

正像德国学者E.格罗塞在他所著的《艺术的起源》这一名著中所写的：“我们对于原始妆饰的研究越深刻，我们就会看到它和文明人妆饰的类似之处越多，而我们终不能不承认这两者之间很少有什么基本的差异。”

第二章

原始社会的妆饰文化

粉黛春秋 中国历代妆饰

第一节 | 概述

据考古界考察报告，云南元谋县400万年以前已有人类生存。继云南元谋人之后，又有陕西蓝田人、北京周口店人、山西丁村人、广西柳江人、四川资阳人、北京山顶洞人以及内蒙古河套人等，他们创造了早期的生产工具，史称旧石器时代。大约在一万年前，由于人们掌握了石器磨光、钻孔等工艺技术，并进行了一系列工具改革，遂跨入新石器时代。种植、用火、定居、饲养、制陶、缝衣等项发明，又标志着历史进入一个新的阶段，遗留至今的有河姆渡、仰韶、龙山、齐家、青莲岗等多处灿烂文化的遗址。

由于原始社会离我们今天实在是太遥远了，虽然，随着考古工作的深入，挖掘出的文物越来越多，但有关人物形象的文物却极其有限。而且，因为大多数的岩画与器物上的人物形象都只是一些人物的剪影，考察面部化妆几乎是不可能的，对发式的研究在很大程度上也只限于推测的阶段。再加上那时还没有产生文字，没有第一手的资料可供研究，只能依据后世的神话与传说来展开想象，这就给妆饰文化的研究带来了很多难以逾越的障碍。

一、化妆

由于上述种种条件的限制，化妆一节，笔者只能简单地谈一谈绘身（包括绘面）这一项。因为在出土的一些原始社会的人形彩陶上，有许多明显的绘身人物形象出现。而且，在现存的许多原始部落中，绘身也依然非常广泛地流行着，这就使我们可以充分相信绘身这种妆饰手法在当时是的确存在的。当然，这并不等于说在中国的原始社会阶段，化妆就只有绘身这一种，因为从现存的大多数原始部落来看，化妆的手法可谓千奇百怪，无奇不有，只是他们的妆饰观念与现代人有着很大的不同。由此可以想象，在真正的原始社会，人们的化妆手段也远不可能仅有绘身这一项这么简单。例如根据对大汶口墓葬部分人骨的观察，男性和女性都有头部人工变形与拔牙的习俗。拔牙“可能是12~13岁以后，在18~21岁之间的一段时间，主要是青年时期。一般是拔去上颌两侧切牙。”[1]我国古代文献中如《淮南子》一书，就有关于“凿齿”的记载。我国台湾高山族也有拔牙的习俗。[2]

[1] 颜訚. 大汶口新石器时代人骨的研究报告［J］. 考古学报，1972，（1）.

[2] 山东省文物管理处，济南市博物馆. 大汶口：新石器时代墓葬发掘报告［M］. 文物出版社，1974.

二、发式

在原始社会的发式方面，资料相对来说要比化妆丰富得多。从一些人物绘画剪影中可以加以推断，从一些人形雕刻中也可以加以证实。而且，由于大量的头饰、冠饰文物的出土，也为原始发式的研究提供了许多宝贵的资料。在原始社会时期，由于阶级还没有出现，也没有相应的礼教上的束缚，人们过的是一种生产资料社会公有制的原始公社生活。因此，在发式上有着极大的自由。从有限的文物中就可以看到，披发、束发、断发、辫发，各领风骚，并没有哪一种占据主导地位。这在某种程度上，和如今的民主社会有着非常相似的一致性。

第二节 | 原始社会的化妆——绘身（绘面）

一、绘身的材料

绘身（绘面），是一种古老而神秘的人体妆饰手法，它是用矿物、植物或其他颜料，在人体上绘成各种有规律的图案，代表着当时原始人类特殊而复杂的精神世界。这种人体妆饰手法也曾广泛流行于世界各地的原始民族及当代原始部落中。根据考古资料，在我国旧石器时代晚期山顶洞人的尸骨以及他们佩戴的妆饰品的穿孔上遗留有赤铁矿粉粒，这既有可能是绘身的遗迹，也有可能是衣饰上涂染过的遗迹。但不论是哪一种，这至少说明当时的人们已经知道寻找从黄到紫各种颜色的含铁赭石，并加以烘烤，制成各种颜料。旧石器时代晚期的地层大多都布满了赭石，以至地层有时也被染成了紫色。籍此，有学者认为，当时的人们很可能已经有了绘身的习俗，而后来的文身则是由绘身发展演变而来的。

二、绘身及其色彩

（一）中国古代绘身

虽然学者们认为旧石器时代晚期就已有了绘身的习俗，但真正有实物可考的绘身文物还要延后到新石器时代。

1. 绘身文物　在属于仰韶文化半坡类型的人面纹彩陶盆上，其图案化圆形人面上的纹饰，就很有可能是绘面的写照。其共同特征是双目闭作一线者居多，圆睁者仅见一例，皆张口，口边和耳边对称饰双鱼或鱼尾纹，额头和鼻子以下都涂彩。这客观地表现出当时当地确实已存在着人面上涂彩的现象。在甘肃、青海地区，由庙底沟类型基础上发展而来的马家窑、半山、马厂等文化类型中，史前绘身习俗表现得尤为明显。青海乐都县柳湾六坪台采集的一件裸体人像彩陶壶，颈部正面塑人头像，嘴与鼻两侧用黑纹各画有竖道。而甘肃广河出土的三件彩绘陶塑人头器盖则更具代表性（图2－1）。面部、颈部、肩部都绘有类似山猫或虎豹之类动物的兽皮花纹。与此类似的史前文物还有甘肃永昌出土的三件彩绘人面像，有的面部只作几笔简单的描画，有的面部则全部涂黑，给人一种面具的感觉。

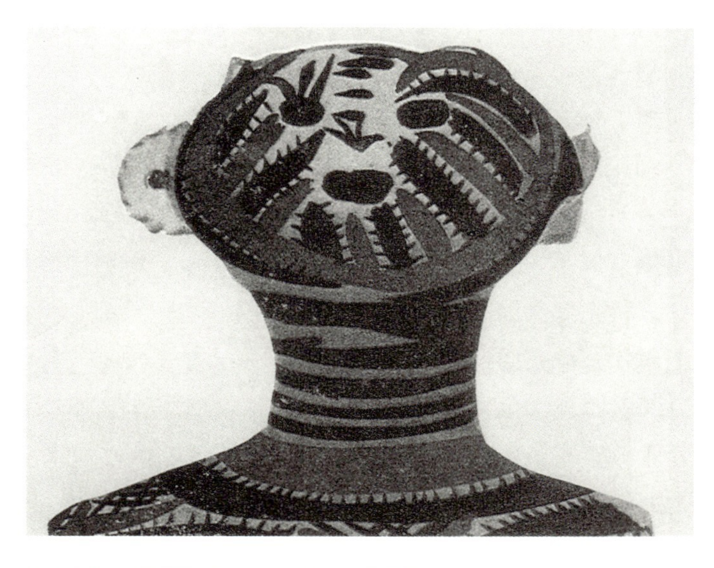

▲ 图2–1　马家窑文化彩陶人形器盖，甘肃广河出土

资料来源：沈从文．中国古代服饰研究［M］．上海：上海书店出版社，1997：7

2. 绘身习俗与彩陶　学者何周德先生有一观点颇为新颖，他认为史前人类的绘身习俗与彩陶的兴衰有一定的关系。在陶器尚未出现的旧石器时代，绘身现象就已经出现了。由于当时人类还没有发明衣服，仅用兽皮或树叶等局部遮体，日常身体大部分裸露于外。原始人类或为防止蚊虫叮咬，或为狩猎时的伪装，或为宗教祭祀，或为节庆，常常在身体上涂上颜料或画出一些图案，久而久之，便形成一种绘身习俗。到了新石器时代，随着陶器的发明，人们自然而然地便将以往熟悉而常用的一些绘身图案绘在了陶器上，可以说，陶器是绘身图案的另外一种载体或表现寄托形式。而且，彩陶在新石器早期刚开始出现，便表现出了较高的绘画技巧，线条流畅，手法娴熟，构图巧妙，布局合理，这也绝非是短时间内所能达到的一种水平，而是原始人类在陶器尚未发明以前，经过很长时期的观摩和实践，并通过在人体上反复以绘身的方法练习，才使得早期彩陶图案具有较高的起点。如果何先生的观点是正确的话，那么一系列的人头形器的彩陶罐则是最好的例证了。例如在甘肃秦安大地湾出土的人头形器口彩陶瓶（图2－2），人物面部虽未涂彩，但在

代表人体的陶瓶腹部，则以黑彩画出了三横排由大致相同的弧线三角纹和斜线组成的二方连续图案，这应可看作是绘身在陶器上的反映。在青海乐都出土的两件彩绘陶塑人头壶，不仅脸部绘有条纹，而且其中一个在眉心处还有两点妆饰，颇为新颖，在两者的颈部和壶体上部也都绘有大圆圈和大方格纹，既大方又美观（图2－3）。另外，在甘肃临洮出土的人头形柄彩陶勺（图2－4），勺内遍饰圆点漩涡纹，好似人体皆经绘身一般，华丽而高雅。

▲ 图2-2　人头形器口彩陶瓶，甘肃秦安大地湾出土

（二）外国原始部落绘身

绘身与绘面的风俗在国外的原始部落中也颇常见。澳洲土著人旅行，袋中常备有白、红、黄色土块，平时只在颊、肩、胸等处点几点，但遇节日或要事便擦抹全身。他们在成丁时始行绘身，出战时常绘红色，服丧绘白，最注意的则是跳舞节的盛饰。此外，如澳洲塔斯马尼亚人、印度安达曼人、非洲布须曼人、南美洲火地人等都有著名的绘身习俗。绘身所用的颜色不多，最多不过四种，常见者只有红色一种（图2－5）。红色，特别是橙红，为原始民族所爱，或者可以说凡人类都如此，文明人的小孩喜欢红的东西便可以为证。哲学家歌德说，橙红色对于人的情绪有极大的威力。古罗马的风俗，凯旋的将军身上擦红，欧洲人的军服也常是红色的。红色似乎特别是男性的颜色。红色的效力不但在于有急速的印象，而且与情绪有关，因为它是血的颜色，更易激动人类的心理。最初的红颜料大约是血液，其后则

▲ 图2-3　有颈饰人头形器口彩陶罐，青海乐都出土

资料来源：沈从文．中国古代服饰研究［M］．上海：上海书店出版社，1997：8

▲ 图2-4　人头形柄彩陶勺，甘肃临洮出土

▲ 图2–5　正在用红色颜料绘面的非洲原始部落人

◀ 图2–6　用白色绘身的黑种人

◀ 图2–7　用黑色绘面的妆饰手法

多用赭土，这是各地都有的。白色的应用与肤色有关。这在黑肤色民族，如澳洲人、安达曼人中很常见（图2–6）。在肤色较浅的民族如南美洲火地人，则用之次于别色，或者全不用。黑色的应用很奇。黑肤色民族似乎还不满意于其肤色的程度，如同白种人的美女不满于其白肤一样，白人用白粉来增加其白，黑人也用炭末和油来增加其黑（图2–7）。

（三）绘身原由

至于史前人类绘身的原因，笔者认为主要有以下三个方面：

1．驱虫说　“驱虫说”，即为了防止蚊虫叮咬。当然，也有可能是出于一种防晒或护肤的目的，就和现代人往脸上涂防晒霜是一个道理。例如如今的缅甸妇女时兴往脸上涂抹一种叫“萨纳卡”的淡黄色糊状物。“萨纳卡”是用生长在缅甸北部的一种名叫黄香楝树的树皮做成的，将树皮磨成粉末状，加入清水，制成糊状物，涂在脸上风干后，就形成了一层“面膜”，据说能凉爽皮肤，紧缩毛孔，抑制油脂分泌，是当地最有效的防晒霜和护肤露。因此，在缅甸不论男女老少都涂抹。而且，缅甸妇女涂面膜和其他国家的女士只在家里涂面膜不一样，缅甸妇女涂完“萨纳卡”后，会肆无忌惮、旁若无人地走在街上，工作、娱乐全不耽误，形成了当地一种独特的“面膜文化”（图2–8）。

2．狩猎说　这一点也在妆饰的起源中曾经提到过。因为旧石器时代的人类以采集和狩

◀ 图2-8 缅甸当地妇女正在贩卖黄香楝树干及“萨纳卡”，当地人买回去随用随磨即可（摄影：李芽）

猎为主要生产、生活活动，所以狩猎在旧石器时代的人类生活中占有很重要的地位。在长期的狩猎活动中，人类积累了很多经验，其中伪装狩猎就是一种很有效果的方法。狩猎者除了头上插羽毛、身披动物皮毛之外，也常常采用绘身的方法来伪装身体，以便更有效地猎获动物。

3. 妆饰标志说 即将绘身作为祭祀、节庆或享受殊荣的一种妆饰或标志。在云南沧源岩画上画了许多表现祭祀、节庆、游戏等场面的剪影人物。虽然从“剪影”上不可能看到绘身的图案，但从他们头上插的羽毛和鹿角，便可判断出在他们的脸上和身上，必然是绘有鸟兽的纹样与之对应的，这一点在现存的很多原始部落中也都可以看到。如今居住在巴布亚新几内亚的乌美达人，笃信男、女分别由食火鸡的骨头和血肉变成，于是他们把这种飞鸟作为供奉的图腾。每逢良辰吉日，那些受尊敬的长辈和村落首领，便用木炭把皮肤涂成食火鸡的颜色，头上佩戴食火鸡羽毛并身插凤尾草，以表示自己的尊严和对祖先的敬仰。而男性晚辈们平时狩猎并侍奉长辈，此时他们尽管可以随意涂抹，但最终必须妆扮成弓射手的模样。女性则多妆扮成蚂蚁，全身染成白色并绘以红黄色斑纹。他们在绘制身体时，都不注重个性的表现，而刻意追求一种群体生活的准则和意义（表2-1）。

表2-1　史前人类绘身的原因

驱虫护肤说	狩猎说	妆饰标志说

缅甸不论男女老幼，都喜爱往脸上涂抹一种叫“萨纳卡”的淡黄色糊状物，是当地最有效的防晒霜和护肤霜（摄影：李芽）	采用绘身和插羽饰的方法来伪装人体，以便更有效地猎获动物（摘自《世界知识画报》）	扮成蚂蚁的乌美达女性（摘自《世界知识画报》）

原始人绘身的原因除以上这三种之外，还有着许许多多可能的因素。有可能是为了吸引异性的注意；也有一些是用来恐吓鬼怪或吓退敌人（图2－9）；也有可能起到辨别族外婚姻的作用；在山顶洞人尸骨旁的赭石粉末，则有可能是受灵魂不死观念的影响，在人死后，遍体涂抹红色矿物颜料或撒于尸体周围，以此表示为死者注入新鲜血液，使死者死而复生，这是人类早期原始信仰的一种表现形式。

然而，这种种所谓的原因，都只是我们现代人的一种推测。我们永远也不可能知道我们的先人头脑里究竟想的是什么，这也正是历史文化研究永远吸引人们关注的原因所在。

▲ 图2-9　男人用绘面来恐吓鬼怪或吓退敌人

资料来源：鲁滨逊．人体包装艺术：服装的性展示研究［M］．胡月，等译．北京：中国纺织出版社，2001：111

三、绘面

随着服饰的普遍穿用，在身体上涂绘一度已没有什么存在的价值，在很长一段时期里，除去在一些原始部落中，人们似乎已很难看到绘身的影子。然而绘面却作为化妆的一种特有形式，保留了下来。例如从魏晋南北朝时开始流行的在脸上勾画花钿、面靥（yè），都可以作为绘面的一种形式。

第三节 原始社会的发式

头发，作为人体美的重要表征，它不只作为人体的一个器官简单地存在，而是已固化为一种顽强的、具有极大惯性的民俗心理，在古往今来人们的生活中起着积极的作用。在《孝经·开宗明义章》中，古人便明确指出："身体发肤，受之父母，不敢毁伤，孝之始也。"因此，汉族自古以来男女都是蓄发不剪的。男的以冠巾约发，女的则梳成发髻。其次，由于头发具有顽强的生命力和不断生长的特点，古人还认为"山以草木为本，人以头发为本"，将头发看作生命的象征。历史上成汤剪发以祈雨，曹操割发以代首，杨贵妃剪发为示已离开人间等历史故事，都表达了一个共同的信仰——头发是生命的象征，也是本体的替代。

头发对于人们来说，不仅作为体现礼俗的一个重要方面，也是人们审美的一个重要标准。中国人认为人首是全身最高位置，而头发高居人首，作为妆饰的部位来说，远较其他部位来得庄重、明显。因此，自原始社会起，头发就成为人们展示美的情趣的一个重要方面。几千年来，人类所创造的发式已经成为人类文化生活中一笔重要的财富。

在刀耕火种的原始社会，伴随着当时的经济、文化生活的不断发展，发式的民俗心理与审美情趣就已经开始逐步形成并渐趋稳定。其间的发式虽不完全可考，但从已出土的诸多史前文物中的人物形象以及各种发饰中，依然可以略见一二（表2－2）。

一、断发（剪发）

一般情况下，几乎所有谈论原始社会发式的书籍都会从"披发"开始谈起。例如周汛、高春明老师所著的《中国历代妇女妆饰》中"辫发风采"一节开篇便写道："史前社会的妇女，一般不懂得挽髻（jì），大多蓄发不剪，披搭于肩。"然而，在这里，我以"断发"开篇，则是想表明，根据已有的出土文物资料佐证，史前人类头发披搭于肩确有，但蓄发不剪，却还无以为证。

在本书第一章"妆饰起源"中便已指出，原始人与现代人在妆饰上所体现的种种不同之处，并不是由于他们的技艺水平不过如此，而是由于他们的思想观念与我们不同。现代的人们几乎很难想象，在那样一个既没有剪刀，更谈不上有削发器的年代，人们如何会剪头发的呢？但实际上，如果我们看一看出土于甘肃秦安大地湾距今约有5000年历史的一件人头形器口彩陶瓶上所呈现的人物发型（表2－2），我们便会发现，现代人的想象力实际上是多么的贫乏。

表2-2　原始社会发式

在研究古代文化的时候，一般会以三个方面为依据：一是根据古代历史文献；二是根据现有出土文物；第三则是依据现存的原始人类的“活化石”，即现存的原始部落居民这三个方面予以考证。下面分别加以论述。

（一）历史文献对发式的论说

原始社会我们习惯称之为史前社会，是因为这时人类还没有发明文字，自然也就谈不上用文字来记述历史。因此，不可能有第一手的文字资料来让我们分析和解读。后世流传下来的神话传说故事，是由人们借助语言，代代口口相传下来的，虽不可全信，但多少可资借鉴。

关于发式的起源，在《事物纪原》（引《二仪实录》）中记载有：“燧人始为髻，女娲之女以荆杖及竹为笄以贯发，至尧以铜为之，且横贯焉。舜杂以象牙、玳瑁，此钗之始也。”根据这段话推断，人类至少在会用火之时，即距今约18000年前的山顶洞人时期（燧人氏钻木取火），便已会梳髻了。在描写旱魃（bá）形象时，有“女魃，秃无发，所居之处，无不雨也”（《玉篇》引《文字指归》）；“魃，旱鬼也”（《说文解字》）。女魃是旱神形象，她产生于初期农业社会。农业在古代是靠天吃饭的，因此，一场旱灾便可使人类付出的劳动化为泡影。旱灾可以说是死亡与流徙的恶兆。所以，人们对它产生憎恨与诅咒的心情是非常自然的。因此在塑造这一形象时，也必然注入了人们的愤怒之情，而诅咒她“秃无发”。但是，从另一个方面，我们是否也可以认为当时的人们就已经掌握了剃头（髡发）的技术了呢？再看西王母形象：“西王母，其状如人，豹尾虎齿，善啸，蓬发（一作‘披发’）戴胜，是司天之厉及主残。”这是典型的一个对原始社会人物形象进行神性描绘的结果。“豹尾虎齿”，可理解为身着豹尾，颈戴兽牙。这里“戴胜”的“胜”，据沈从文先生在《中国古代服饰研究》中认为：织机上的经轴在古代和现在的民间（如安阳），都叫作“胜”。经轴的两端往往刻有花纹。在沂南汉墓出土的石刻西王母画像上便可看到头戴胜杖为发饰的形象。这或许可以说明西王母也被人们尊为纺织女神。这里的西王母虽说是“蓬发”（又作“披发”），但既然可以戴胜，则说明不会是全部披散下来，而至少要有一部分束系起来。由这三则神话，我们则大致可推断出，原始先民从很早开始就已经掌握了束发和髡（kūn）发的技艺，并已经有了对发式的审美好恶，而并不是“蓄发不剪，披搭于肩”。

（二）史前出土文物考证

我们再通过史前的出土文物，来论证“断发”的普及。断发，顾名思义，即人为地把头发剪短。实际上，如果把不论剪得多短的头发，只要不系扎起来统统叫作披发，即把断发和披发等同起来，并不是很恰当的。断发这种发式，在相当长时间内和相当广的古羌地区，曾普遍地存在。在《后汉书·西羌传》中记载有：羌族首领无戈爰剑，为秦奴隶，后逃归，于岩穴中避秦人追捕，“既出，又与劓（yì）女（被割掉鼻子的女子）相遇于野，遂成夫妇。妇耻其状，披发覆面，羌人因以为俗，遂俱亡入三河间”。因此，很多学者认为原始社会羌族地区的人们都是披发覆面的。古羌人的活动区域大致在今天的甘肃、青海、四川西北一带。我们不知劓女的披发究竟有多长，但近年考古工作者在这一地区发掘了大批史前文物。除前面提到的甘肃秦安大地湾出土的人头形器口彩陶瓶外，还有秦安寺嘴出土的人头器口红陶瓶、甘肃永昌鸳鸯池出土的马家窟文化人面绘纹彩陶筒形罐、甘肃东乡东塬林家出土的人面绘纹彩陶盆残片以及青海乐都出土的两件人头器口彩陶罐等，其人形均为短发（即断发），长度大约只及颈部。至于脸上的条纹是否为披发覆面，笔者认为尚待考证，因为其很有可能是绘面（或文面）。例如青海乐都出土的其中一件人头器口彩陶罐人面上的横纹和点纹、甘肃广河出土的三件彩陶人形器盖人面上的纹饰都明显不会是披发覆面。而且劓女的故事，毕竟是发生在秦国之时，原始社会的人们是不可能受此影响的。

除去羌族地区的陶塑人面之外，在一系列的史前时期岩画当中，也有很多人形出现，如云南沧源岩画、甘肃黑山岩画、靖远吴家川岩画以及内蒙古西部狼山地区岩画等，其所现人形，或是发长齐颈，或是束发，或是辫发甩向一侧，也有左右作角形的，却唯独没有长发飘飘的形象。

（三）现今原始部落的发式

现今世界各地幸存的原始部落中，秃头的不少，却很少有长发飘飘的（图2－10）。

▲ 图2–10　肯尼亚伦迪勒族的新娘便是剃去全部头发，以光头为美

实际上，能够享受蓄发不剪、长发飘飘的美丽，只有在生活资料异常丰富，人们几乎不从事大量体力劳动，及生活方式极度自由的生存状态下，才有可能实现。原始人生活艰辛，需整日与自然搏斗，既要“断发文身，以避蛟龙之害”，又要如拉祜族妇女一般防止野兽的抓挠，而把头剃光。封建社会的国人又视披发为不守礼教，而且披散着头发也使头发很容易脏。因此，凡是生活在缺水地区的民族都没有披散头发的。例如藏族、维吾尔族的妇女都会将头发细细地编成很多小辫，藏族男子还会把发辫盘于头顶，而女子则把无数小辫再编成大辫，就连一贯披长发的台湾女作家三毛在撒哈拉沙漠时由于没有水洗头，也把头发编成了小辫子。因此，如果不愿编辫子，又嫌盘髻麻烦的话，最好的方法无疑就是“断发”了。想必这便是史前人类多“断发”的最直接的原因吧！

二、辫发

断发对于原始人来说固然在生产、生活中方便了许多，但却发式单一，又无法插戴首饰，而且也并不符合中国人传统的“身体发肤，受之父母，不敢毁伤”的观念（这虽出自《孝经》，但任何现象都不会是一朝一夕中形成的）。因此，辫发的应运而生便是自然而然的了。

现存较早的辫发史料，是一幅大约5000年前原始社会的彩绘，这幅彩绘绘于青海大通县出土的一只彩陶盆上。整幅画面由三组人物构成，每组5人，携手列队，作踏歌舞蹈姿势。节奏明快，体态轻盈，为我们留下了原始社会一个极富抒情气氛的文化生活侧面。由于画面采用了抽象的平涂画法，因而无法看清人物的面貌、神态及服饰细部，但各人脑后垂下的长条，专家们大多认为是发辫。甘肃临洮出土的一件半山型彩陶人头器盖，其发式为脑后平齐不及颈，头上还卧有一条蛇状饰，尾部蜿蜒向下垂过颈至肩，恰如一根细长的发辫。在甘肃秦安寺嘴新石器遗址出土的人头形器口红陶瓶，为辫发围绕前额的装束。另外，在云南沧源、四川珙县、甘肃黑山、靖远吴家川以及内蒙古西部狼山地区等处所发现的许多古代岩画中，也多见有辫甩向一侧的形象。虽然也有学者认为是椎髻，但笔者认为要制作如此高的椎髻，似乎不太可能，也不方便。

中国在许多少数民族地区，从古至今都以辫发（编发）为主。《史记·西南夷列传》记昆明人“皆编发，随畜迁徙”。《西域闻见录》卷七中也记载：“凡回女皆垂发辫数十，嫁后一月，则后垂，以红丝为络，宽六七寸，长三四尺，富者上缀细珠宝石珊瑚事物。”《晋书·吐谷浑传》记鲜卑妇女“以金花为首饰，辫发萦后，缀以珠贝”。《三朝北盟会编》卷三：“‘女真’妇人辫发盘髻，男子辫发垂后。”从这些文献记载中可以看出，我国西南、西北（西域）、东北（女真、鲜卑）及北方许多少数民族都有梳辫发的习俗，而且大多数地区至今依然保持着辫发的发式，如蒙古族、朝鲜族、维吾尔族、藏族、裕固族、哈尼族等。有的民族仅梳一根辫子，有的则梳十几根，甚至几十根。

三、梳髻

（一）梳髻习俗的成因

1．实用方便　梳髻习俗的形成，从实用的角度来看，长发梳成辫虽然会比披长发在生产、生活中方便很多，但原始人在猎捕野兽或采摘瓜果时，长辫依然会很容易被野兽抓住或被树枝条挂住，很是危险。就像我们在电视中看清朝的男人打仗时，多会把长辫在脖子上绕两圈，或盘绕于头顶，以防敌人“抓住小辫子”一样。因此，在梳辫的基础上，再盘绕于顶束发成髻，则会减少很多后顾之忧。

2. 成人礼　从精神领域来看，梳髻则很有可能在它诞生之初即与氏族“成人礼”有关。

原始社会后期，由于氏族的发展，生产力的提高，人们的生活更加趋于稳定，生产不再需要氏族成员全体投入，复杂而又艰苦的劳动开始只由发育成熟的成年人承担，而未成年的少年儿童则仅协助做一些简单而又轻松的工作。这样，在成年人和未成年人之间，就需要通过一种仪式和标志来加以区分。随着社会关系的日益复杂，不论在食物的配给和劳动分工的安排上，也都需要把成年人和未成年人相区别对待。

人类在长期种的繁衍过程中，也逐步地认识到了近亲血缘的交配不利于后代成员的健康，这就促使了氏族外婚制的发展。族外婚不像以前的群婚制那样自由，它要受到择偶范围的限制。所以，同一民族内部对于达到一定年龄且具有婚配能力的人和未到这一年龄的人，也要加以区别。

由于以上这些原因，人类很早就发明了“成丁礼”，即“成人礼”。对已达到本氏族所认定的成丁年龄的青年，都要举行一定的成人仪式。从此以后，受过礼的青年就可以作为本氏族所认可的正式成员，参加氏族内部的各种事务，并可择偶成婚了。当然，各国各地成人礼的形式都不一样，有的是文上某种图案，有的是戴上某种饰物。而在中国，汉族自有文字记载以来，则一直以“男子二十而冠，女子十五而笄”作为成人礼，也称为“冠礼”和“笄礼”。

（二）冠礼、笄礼

1. 冠礼　《礼记·曲礼上》载：“男子二十，冠而字。”即表明男子20岁行加冠礼，并命字，表示已成人。行冠礼时，仪式十分隆重，事先要请巫占卜选日。日期一到，在东房内西墙下将加冠礼所用物品装在一只箱子里。一般行冠礼要加冠三次。一为燕服之冠，叫缁（zī）布冠，平时闲居时戴之；二为朝服之冠，叫皮弁（biàn），朝会时用之；三为祭祀之冠，叫爵弁，祭祀时用之。而冠与发式是密切关联的，男子从此得将梳着的辫子拢向头顶，结发成髻，再戴上冠巾。即所谓“发有序，冠才正”。这种冠礼，在夏、商、周三代就已存在。其常戴之冠分别称为毋追、章甫和委貌。冠礼的“冠”，与后世的帽子形制大不相同，它并不是全部地罩着头顶，而是用冠圈套在发髻上，将头发束住，然后用“缨”（即冠圈两旁的两根丝绳）绕颏下系稳，或用“纮（hóng）”系在笄（即簪子）的左端，再绕颏下向上在笄的右端打结，将冠固定在头上。

2. 笄礼　笄礼是女子的成人礼。笄，即簪子，古代用来插住挽起的头发或弁冕。《仪礼·士昏礼》载："女子许嫁笄而醴（lǐ）子，称字。"周代《礼记·内则》中称："女子十年不出，十有五年而笄。"即指女子在15岁时要举行笄礼，以示成人。笄礼时便解开头上的童式发辫，梳洗后贯于头顶，束髻插簪。《礼记·杂记下》载："女虽未嫁，年二十而笄。礼之，妇人执其礼，燕则鬈（quán）首。"这就是说，女子最迟到20岁，虽未出嫁，也要举行笄礼。

因此，我们可以看出，中国汉族男女在刚刚步入奴隶社会时，便已经把束发成髻作为男女成人的必须之礼俗了。至于此礼俗在原始社会时期是否就已形成，我们无从考证，但从出土文物中的确可以找到很多束发成髻的形象以及数目众多的发笄（图2－11、图2－12）。

在距今约6000年前的陕西西安半坡出土的人面鱼纹盆上，便有总发至顶，顶中央束发髻，发髻上横插发笄的形象。在陕西龙山文化的神木石峁（mǎo）遗址中出土的玉人头像，头顶也有发髻。甘肃宁定出土的马家窑文化半山型彩陶人头器盖，在其头顶上有两个角状凸起，也似乎为束起的两个椎髻。另外，在许多原始岩画中，我们也可看到许多类似椎髻的发式形象。如果《二仪实录》中所载"燧人始为髻，女娲之女以荆杖及竹为笄以贯发"为实的话，则说明人类至少在会用火之时，便已会梳髻了。

◀ 图2－11　凤首玉笄，龙山文化，长14.4厘米。陕西省延安市庐山峁遗址出土，延安市文物研究所藏

资料来源：邓聪. 东亚玉器［M］. 香港：香港中文大学中国考古艺术研究中心. 1998

▲ 图2－12　玉笄，仰韶文化，长25.7厘米，陕西省武功县游凤新石器时代遗址出土，西北大学文博学院博物馆藏（摄影：王保平）

资料来源：古方. 中国出土玉器全集14：陕西卷［M］. 北京：科学出版社，2005

第三章

先秦时期的妆饰文化

第一节 | 概述

自公元前21世纪夏朝建立至公元前221年秦始皇统一中国，期间共经历夏、商、周三代，历史上称为先秦时期，前后共历时近2000年之久，是华夏文化形成的非常重要的起始阶段。

《礼记·表记篇》载孔子说，夏代尊命（天命），畏敬鬼神，但不亲近，待人宽厚，少用刑罚。夏俗一般是蠢愚朴野不文饰。殷代尊神，教人服事鬼神，重用刑罚，轻视礼教。殷俗一般是掠夺不止，求胜无耻。周代尊礼，畏敬鬼神，但不亲近，待人宽厚，用等级高低作赏罚。周俗一般是好利而能巧取，文饰而不知惭愧，作恶而能隐蔽。

因此我们说，夏文化是一种尊命文化，商文化是一种尊神文化，而周文化则是一种尊礼文化。周朝尚文，长时期积累起繁复的礼制。周公旦依据周国原有制度，参酌殷礼，有所损益，定出一些巩固封建统治的制度来，这就是后世儒家所称颂的周公制礼作乐。孔子选取士必须学习的礼制十七篇，称为“礼”或“士礼”“仪礼”。《周礼》当是战国儒者采集重要国家如周、鲁、宋等国官制，再添加儒家的政治理想，增减排比制成的一部有条理的官制汇编。另外，还有西汉传礼儒生戴德、戴圣，博采七十子后学者所记讲礼的文字，简称《礼记》，与《周礼》《仪礼》合称为“三礼”，共同塑造了周代的礼文化。

一、化妆

就化妆来说，由于夏、商二代，尤其是盘庚迁殷以前，缺乏可信的史料，虽然商代出现了比较成熟的文字——甲骨文，但毕竟晦涩难懂，无法确知当时的真相，只能在先秦传说里，约略推见一些稀疏的影子。因此，就这两代的化妆文化，只能简单地谈一谈由原始社会的绘身习俗发展演变而来的文身与文面习俗。夏、商时期是中国奴隶制盛行的年代，在奴隶主内部有着森严的等级制度，并以“礼”的形式固定下来，借以稳定内部秩序，维护统治。《论语·为政篇》载孔子说，殷礼是沿袭夏礼的，周礼是沿袭殷礼的，只是有的改革，有的增添。可见，在夏、商两代就已有了礼教的萌芽。而且，夏、商时期奴隶主阶级已经把服饰作为“礼”的内容，把装身功能提高到突出的位置，服饰的职能除了避体之外，还被当作“分贵贱，别等威”的工具。因此，这一时期的文身习俗，实际上也只流行于东南沿海地区，而在中原开化地区这种习俗已基本消失了。

到了周代，可以说开辟了中国化妆史一个崭新的纪元。由于周代的文学、哲学和史学都异常发达，因此有大量丰富的文献资料可资参考，并且在考古方面挖掘出了许多彩绘俑和帛画，这些都为妆饰文化的研究提供了许多宝贵资料。从某种意义上来说，中国化妆史从这一时期才算真正开始。除了文身习俗依然有所沿袭之外，眉妆、唇妆、面妆以及一系列的化妆品，诸如妆粉、面脂、唇脂、香泽、眉黛等等，均可在文献中找到明确的记载。周代的文化，总的来说是以礼为基础的，妆饰文化自然也不例外。因此，周代的化妆，从总体风格来看是属于比较素雅的，以粉白黛黑的素妆为主，而并不盛行红妆。因此，也可以称这个时代是“素妆时代”。

二、发式

就发式来讲，由于夏朝还没有成熟的文字，而且夏朝的文化遗址得到确实的还很少。因此在发式一节，夏朝的发式没有介绍，而只介绍了商、周两代的发式情况。从出土文物来看，在商代，发式还没有形成制度。虽然男子以辫发居多，但断发、束发的形象也不少见。到了周代，产生了完备的冠服制度，发式遂也有了定制。《礼记》中明确规定“男子二十而冠，女子十五而笄”。因此，束发梳髻成了古代中国最为普遍的一种发式，从此在中国延续了数千年。然而周代毕竟是礼教刚刚盛行的朝代，中央集权又极不牢固，长期以来一直是处于一种大国争霸的混乱局面。因此，在当时的南方，还没有受到中原礼教充分浸润的楚国、吴国、越国等地，辫发和断发还依然盛行。

第二节 先秦时期的文身（文面）

文身，又名镂身、扎青、镂臂、雕青等。文面，又名绣面、凿面、黥（qíng）面、黵（zhǎn）面、刻颡（sǎng）、雕题、刺面等。两者都是用刀、针等锐利铁器，刻画在人体的不同部位，然后涂上颜色（多为黑色），使之永久保存。

文身习俗是由绘身习俗发展演化而来的。这是因为绘身的方法不能使图案长期地保留于人体的皮肤上，劳动时挥汗，日晒雨淋，就是休息时的摩擦，都会使绘身的颜色减退、模糊或消失。经过长期的生活实践，也许是在偶然的劳动或打斗中损伤了身体，使绘身的颜料与血色素发生化学作用，伤口愈合后便留下了刺纹的效果，从而使原始先人掌握了文身的方法。文身习俗究竟源于何时，无从考证，在第二章“绘身”一节中所提到的一些原始社会的实例，或为文身也是很有可能的。因为在现存的原始部落中，文身、文面的现象比比皆是。但之所以把文身放在先秦一章中讲，其一是由于绘身与文身的产生，理论上讲应是有前后承代关系的，其二则是有关文身的文字记载最早见于夏朝。

一、历史文献记载

据《汉书·地理志》载：粤（越）地，“其君禹后，帝少康之庶子，封于会稽，文身断发，以避蛟龙之害”。《三国志·乌丸鲜卑东夷传》记倭人习俗说：“男子无大小皆黥面文身。……夏后少康之子，封于会稽，断发文身以避蛟龙之害。今倭人好沉没捕鱼蛤，文身亦以厌大鱼水禽，后稍以为饰。诸国文身各异，或左或右，或大或小，尊卑有差。”《礼记·王制》中亦有“东方曰夷，被（披）发文身”“南方曰蛮，雕题交趾”的记述。从这三则记载可看出，最早在夏代便已有文身与文面之俗了，但多见于东南沿海地区，主要是在东夷到百越这一广阔地域里，且文身多与断发并行。

在《史记·吴太伯世家》中记周太王欲立小儿子季历以及孙子昌为自己的继承人，于是他的另外两个儿子太伯、仲雍二人“乃奔荆蛮，文身断发，示不可用，以避季历”。这一段虽讲的是商周之际同族内部王位继承问题，但由此我们却可知道在周初，长江下游的太湖流域以及宁绍平原一带的所谓“荆蛮”仍然保存着文身的习俗，而在中原开化之区这种习俗已基本消失了。这里的荆蛮之地，实际上指的是吴越一带。先秦诸子和历史典籍对其文身习俗都屡有记载，如《战国策·赵策二》说：“被（披）发文身，错臂左衽，瓯（ōu）越之民也；黑齿雕题，鳀（tí）冠秫（shù）缝，大吴之国也；礼服不同，其便一也。”西周之后，楚国渐渐强大，势力不断向南扩大，随着楚国政治势力的向南发展，华夏族蓄发冠笄的礼俗亦随之向南发展，“断发文身”之风迅速向南缩小分布地域。春秋时期，以周礼为代表的华夏族文化进一步向东发展，东夷族接受华夏族的周礼文化，遗弃“断发文身”之俗，也改行蓄发冠笄的礼仪。到了战国时期，只有南方地区百越民族还保留这一习俗。公元前473年，越灭吴，118年后，楚又灭越，吴越地区从楚，接受周礼习俗。同时东越、闽越、南越、西瓯、骆越等皆“服朝于楚”，成为楚国的势力范围，文化与习俗受楚影响，也发生了显著变化。秦汉时期，越人大部分汉化，他们逐渐遗弃“断发文身”这一古老习俗，改行汉族礼俗。虽然文身（文面）的习俗，在中原地区消失得很早，但是，从唐代开始，又突然盛行了起来，并且在五代和宋时继续有所发展，明代由于政府的严令禁止，这种风气才衰落下来。

二、文身（文面）的出土文物

商代文物中有不少文身人的形象：1929年在安阳发掘出一件“满身刻纹半截石像”；中华人民共和国成立后发现的湖北荆州战国“大武铜戚”上有全身刻鳞纹的人像；殷墟妇好墓出土的玉人上也刻饰几何纹和蛇纹（图3－1）。此外，湖南宁乡出土的两件商代晚期青铜器虎食人卣（yǒu），虎所抱人物皆断发、穿耳、全身文刺（图3－2）。《礼记·王制》记载的南蛮，其文身和跣足习俗极为普遍。商代文物中的文身人物形象有的可能就是南蛮。周代文物中文身人的形象也很多见，如广东清远西周遗址出土的青铜车舆立柱，头部作一人首，人物深目宽鼻，额部黥首；陕西宝鸡出土的西周中期车具，其上浮雕人物，披发，袒裸着犊鼻裈（kūn），四肢黥刺带纹，两肩刺有尾部相对、彼此返首相望的双鹿，可能是当时西北地区鹿族的文身形象。另外在浙江湖州埭溪出土一件战国早期的青铜蟠虺（huǐ）纹人形镈（zūn），镈上有一跪坐人形，全身除面部、双肘以下和剑骨附近部分空白之外，几乎满布纹饰，如紧身衣裤一般，疑是文身习俗的表现。在战国墓中出土的人形玉雕中，人物脸部有明显的文面痕迹（图3－3、图3－4）。

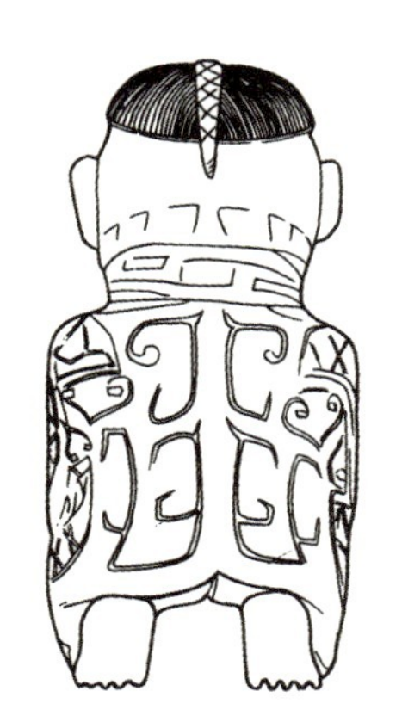
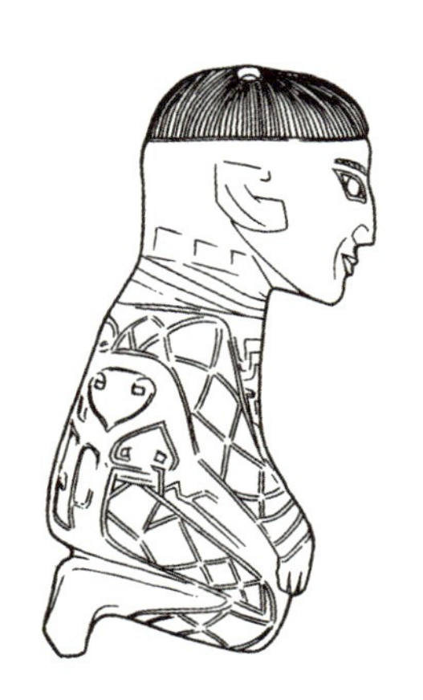

▲ 图3–1　文身玉人，安阳殷墟5号墓出土

资料来源：沈从文．中国古代服饰研究［M］．上海：上海书店出版社，1997：28

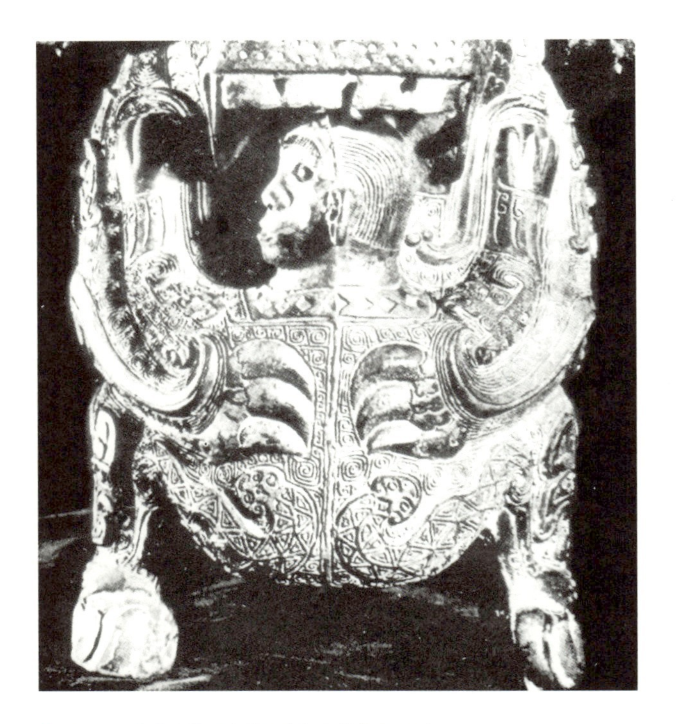

▲ 图3-2 商代晚期“虎食人卣”上的文身人形

◀ 图3-3 西周文面人头銎钺

资料来源：周纬. 中国兵器史稿［M］. 北京：百花文艺出版社，2006

◀ 图3-4 青铜戟上文面人头饰，甘肃灵台白草坡西周墓出土

资料来源：图3-2、图3-4均摘自：沈从文. 中国古代服饰研究［M］. 上海：上海书店出版社，1997：37

三、文身的学说观

那么文身的习俗是如何产生的？人们又为什么要文身呢？对于这一问题，学术界有很多说法。

1. 保护说 其中最流行的一个观点是“保护说”。《汉书·地理志》中载“文身断发，以避蛟龙之害”。为什么“文身断发”能避蛟龙之害呢?《史记·吴太伯世家》集解引应劭的话解释，认为“常在水中，故断其发；文其身，以象龙子，故不见伤害”。吴越之人，多生活在水网地带，“陆事寡而水事众”，短发既可减弱泅水阻力，又可避免水草纠缠。而文身一则可以向鱼龙示以同类或同代，求得鱼龙的谅解与宽恕，“以象龙子者，将避水神也”。另外又可从鱼龙图腾中汲取力量，鼓起克服困难、取得胜利的信心和勇气。

2. 图腾说 “图腾说”是一种比较权威的观点。学者们认为，越人在身体上黥龙或蛇等花纹，反映了他们的图腾崇拜。闽越人为“蛇种”，蛇是他们崇拜的祖先，是他们心目中的保护神。哀牢夷为“龙种”，“种人皆刻画其身，象龙文”。越人身上的蛟龙、蛇等“鳞虫”花纹，当与哀牢夷文身的意义相同，也表明了自身的图腾崇拜。

3. 尊荣说　另外，还有“尊荣说”。《淮南子·傣族训》说，越人文身，“被创流血，至难也，然越为之，以求荣也”。如黎族爱在手臂上文钱纹，数量的多少表示年龄的大小，同时含有祈富和死后不愁生活的意思，是阶级社会中祈求荣华富贵思想意识的一种反映。

4. 成人说　“成人说”，即把文身（文面）当作一种成人仪式，以能忍受文身所带来的痛楚作为成人的一种标志。如在傣族，男子文身，女子墨齿。男子文了身，女子见了便认为是英雄，且文身部位越广，图案越复杂，越是勇敢的人（图3－5）。否则，便被讥为不勇敢，也就不容易得到女子的爱。因此，他们的文身多在12～20岁之间进行。海南黎族妇女在十三四岁时开始文面，这也是人人必须施行的成人标志和部落标记。周去非在《岭外代答》中指出，黎人“其绣面也，犹中州之笄也”（图3－6）。高山族“水纱莲花港女将嫁时，两颐针刺，如网中纹，名刺嘴箍，不刺则男不娶”。

▲ 图3–5　文臂的傣族男子，李芽摄于云南西双版纳橄榄坝

5. 妆饰说　以文身（文面）为美的观点。文身作为成人礼的一种，一来是为表明忍受痛楚的能力；二来也是作为本部族中一种美的标志，这是不容置疑的。因为举行完成人礼，即表示可以自由寻找配偶，有了性生活的自由，青年男女自然是要以最美的形象展示自己。而且，“妆饰说”与前面的保护说、图腾说、尊荣说也并不是对立的，而是前后相继的关系。不论文身之俗产生之初的动机究竟是什么，随着社会生产的发展，它必然会淡化原始的习俗功能，而演变为纯粹的审美意义上的产物。

文身与文面，除了自愿的以外，还有不自愿的一面，是由统治阶级强加在人们身上的。即所谓“黥刑”或“墨刑”，属古代五刑之一。这种刑罚早在商代就已有了，而且还在统治阶级内部施行。《尚书·伊

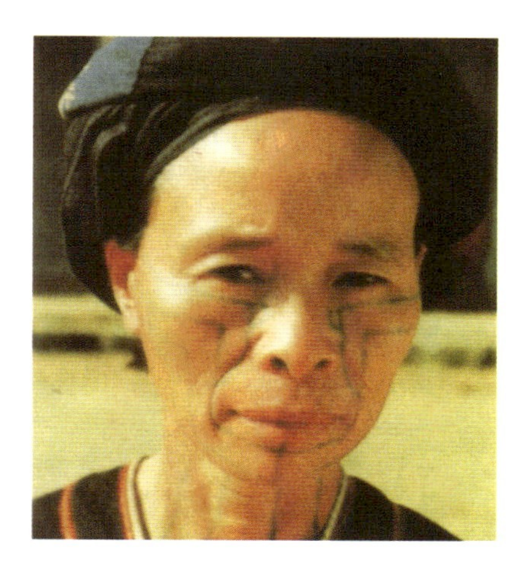

▲ 图3–6　黎族妇女面部文饰

训》中便载："殷商太甲，元年二十月乙丑，伊尹作训：'臣下不匡，其刑墨'。"其方法就是在额头或面部刺纹或刺字，作为一种永久不退的人格侮辱符号。因与妆饰相差太远，故在此不加赘述。

第三节 | 周代的化妆

一、对美的论述

周代是一个尚礼、尚文的朝代。此时人们把女性的内在美，即女性的才能、智慧、精神以及符合礼仪规范、道德规范的修养和美德，称为"德"；把女性的外在美、形体美、容貌美称为"色"。以孔、孟为代表的儒家，虽然强调德与色的统一，但当德、色冲突时，则强调重德轻色，提倡"以礼制欲"。孟子便曾说过："西子蒙不洁，则人皆掩鼻而过之；虽有恶人，斋戒沐浴，则可以祀上帝。"

此时以老庄为代表的道家则以自然无为为本，"法天贵真"，推崇天然美，赞赏"大巧若拙""大朴不雕"，以个体人格和生命的自由为最高的美，提倡"全德全形"为女性美的最高境界。"全德"指具有道高精神——清心寡欲，虚静谦聪；"全形"则指在形体上保持完整，反对雕饰。所谓"天子之诸御，不剪爪，不穿耳"，认为穿耳剪爪，都会破坏"形全"，从而失去了天然美。

此时的法家也不注重修饰，他们从功利出发，认为过分修饰，反而达不到目的。韩非主张功利第一，文饰第二，不"以文害用"。同时，韩非又认为适当的修饰也是必要的。他说："故善毛嫱、西施之美，无益吾面；用脂泽粉黛，则倍其初。言先王之仁义，无益于治，明法度，必吾赏罚者，亦国之脂泽粉黛也。"

由此可见，在周代，至少从西周至春秋中叶的500年间，根据《诗经》所反映的黄河流域地区，大体上是以刚健素朴、自然清丽、不着雕饰的女性为美的。例如《卫风·硕人》是一首赞美卫庄公夫人庄姜的诗，便反映了国君夫人的庄重、高贵和朴素的美：

"硕人其颀（qí），衣锦褧衣。……手如柔荑（róuyí），肤如凝脂，领如蝤蛴（qiúqí），齿如瓠（hù）犀，螓（qín）首蛾眉，巧笑倩兮，美目盼兮！”

从诗人对“硕人”容貌的描绘来看，当时是以硕大健壮、高高的个子、皮肤白嫩、面貌端庄、方额、弯眉、牙齿洁白整齐为美的。微微一笑脸蛋上露出美丽的酒窝，眼睛明亮而黑白分明。可以概括地说，此时的美女基本上是以“清水出芙蓉，天然去雕饰”为美的最高境界的，即基本上是不化妆的。

但是，《诗经》之十五国风，从地域上看，基本上反映的是黄河流域各诸侯国的情况；从时间上看，则是从西周初到春秋中叶；《诗经》中所描绘的女子也都是为人女、为人妻、为人母的良家妇女，没有涉及女乐、女巫、歌伎、舞女等专供统治者玩乐或娱神的女性，也没有反映南方楚文化、吴越文化地区的女性美情况。而战国末期的《楚辞》和《赋》，则以浪漫主义的手法反映了另一类女性之美，即女巫、女乐、歌伎、舞女、女神之美，刚好补充了《诗经》的不足。《楚辞》以宫廷文人的笔触，浓墨重彩地描绘了女乐。如《楚辞·大招》中对舞女细腻而又生动的描写：

“朱唇皓齿，嫭（hù）以姱（kuā）只。……嫮（hù，通嫭）目宜笑，娥（蛾）眉曼只。容则秀雅，稺（zhì）朱颜只。……曾颊倚耳，曲眉规只。……粉白黛黑，施芳泽只。……青色直眉，美目媔（mián）只。”

对舞女的唇色（朱唇）、眉色（黛黑、青色）、眉形（蛾眉、曲眉、直眉）、面色（粉白、朱颜）及涂发的香膏（芳泽）等都作了生动地摹绘。而宋玉在《登徒子好色赋》中为我们描绘了当时楚地良家美女的形象：

“天下之佳人，莫若楚国。楚国之丽者，莫若臣里。臣里之美者，莫若臣东家之子。东家之子，增之一分则太长，减之一分则太短；著粉则太白，施朱则太赤。眉如翠羽，肌如白雪。腰如束素，齿如含贝，嫣然一笑，惑阳城，迷下蔡。”

在这段文字中，虽没有具体描绘东家之子的具体容貌，但我们却可知楚地当时已有着粉、施朱的习俗是确凿无疑的了。另外，我们再看看宋玉笔下《神女赋》中的神女：

“貌丰盈以庄姝（shū）兮，苞温润之玉颜。眸子炯其精朗兮，瞭多美而可观。眉联娟以蛾扬兮，朱唇的其若丹。”

在这段文字中，我们更可以推断出，当时美女已有点唇的习俗了。

二、周代女子化妆术及其用品

现以楚女化妆为基础详细分析周代女子的化妆术及其所用化妆品。

（一）眉妆

宋玉所著《招魂》言宫女“蛾眉曼睩（lù）”；《列子·周穆公》的“施芳泽，正蛾眉”；《楚辞·大招》云“蛾眉曼只”；《离骚》自喻曰“众女嫉余之蛾眉兮”；《诗经》中则有“螓首蛾眉”。由此可见，“蛾眉”当是当时当地非常流行的眉妆。蛾，似蚕而细，蛾眉则是弯而长的细曲眉，这种眉是用墨黛勾勒出来的，至今中外女子画眉仍多采取这种描法。“蛾眉”的发明，据说与原始部族的蚕蛾崇拜很有些关系，还留有母系氏族社会的影子。女性“蛾眉”本身的形状是对蚕蛾触须的模仿，因为样子接近，所以仿造起来并不困难。早先的蛾眉还要在眉下点几个圆点，既象征蚕卵，又表明女性的身份。如河南信阳楚墓出土的木俑（图3－7）、湖南长沙楚墓出土的木俑和广州郊区汉墓出土的舞女俑造型，其眉都是一双弯弯的蛾眉。

除“蛾眉”外，楚女俗尚的眉妆还有《楚辞·大招》中提到的“青色直眉”，即“直眉”。而且，古人在画眉前一般要剃去天然的眉毛，以黛画之。《楚辞·大招》中便有“粉白黛黑”，说明当时已有用黛画眉之俗。《释名》曰：“黛，代也。灭眉而去之，以此画代其处也。”在湖南长沙马王堆汉墓梳妆盒内的小刀，疑即具有剃眉的用途。

▲ 图3–7　木俑，河南信阳楚墓出土

（二）面妆

在面妆方面，则以“粉白”为美。如《战国策·楚策三》中，张仪谓楚王曰：“彼郑、周之女，粉白黛黑立于衢间，非知而见之者以为神”；《韩非子·显学》记载：“故善毛嫱、西施之美，无益吾面；用脂泽粉黛，则倍其初”；《楚辞·大招》记载：“粉白黛黑，施芳泽只”；《谷山笔尘》记载：“古时妇女之饰，率用粉黛，粉以傅（敷）面，黛以填额”等。换言之，也就是用白粉敷面，用青黛画眉。因此，大多数学者认为先秦时期女子以粉白为美，不盛行脸上施朱的习俗。其实在此时的文献中，施朱也曾多次被提到过。如《楚辞·大招》曰“稺朱颜只”;《招魂》曰“美人既醉，朱颜酡（tuó）些”;《登徒子好色赋》曰“著粉则太白，施朱则太赤”。说明此时也已有施朱的习俗，只是不很流行而已。

（三）化妆用品

这里所引用的文字，都是出自周代的文献，商代虽有甲骨文，但毕竟晦涩难懂。实际上，古人以粉敷面始自何时，最初用什么粉，均未见正史记载。《太平御览》引《墨子》曰：“禹造粉”；五代后唐马缟《中华古今注》载：“自三代以铅为粉。秦穆公女弄玉，有容德，感仙人箫史，为烧水银作粉与涂，亦名飞云丹”；晋代张华《博物志》曰：“纣烧鈆（铅）锡作粉”（《太平御览》卷七一九，分残本《博物志》无此条）；元代伊世珍撰集的《嫏环记》引《采兰杂志》：“黄帝炼成金丹，炼余之药，汞红于赤霞，铅白于素雪。宫人……以铅傅（敷）面则面白。洗之不复落矣。”这些记述，大抵出自传说或小说家言，都把粉的出现推到远古。虽不足以全信，但可以推想，粉的发现和应用，在我国妇女中，在周代之前便应该有了。

1. 粉　当时的“粉”究竟为什么粉呢？许慎《说文解字》曰：“粉，傅（敷）面者也，从米分声。”说得很明白，粉是用米来做的，用之敷面。许慎乃东汉时人，他对粉的解释，必有其所见事实作根据。且汉以前的文学作品中，都只言粉，而未言铅粉，可见当时尚未有铅粉问世。所以，大概在汉以前，春秋战国之际，古人是用米粉敷面的。米粉的制作在北魏贾思勰的《齐民要术》中有详细的记载：

作米粉法：梁米第一，粟米第二。必用一色纯米，勿使有杂。师使甚细，简去碎者。各自纯作，莫杂余种。其杂米、糯米、小麦、黍米、穄米作者，不得好也。于木槽中下水，脚踏十遍，净淘，水清乃止。大瓮中多著冷水以浸米。春秋则一月，夏则二十日，冬则六十日。唯多日佳。不须易水，臭烂乃佳。日若浅者，粉不滑美。日满，更汲新水，就瓮中沃之，以酒杷搅，淘去醋气。多与遍数，气尽乃止。

稍稍出著一砂盆中熟研，以水沃，搅之。接取白汁，绢袋滤著别瓮中，麤（粗）沉者更研，水沃，接取如初。研尽，以杷子就瓮中良久痛抨，然后澄之。接去清水，贮出淳汁，著大盆中，以杖一向搅，勿左右回转！三百余匝，停置，盖瓮，勿令尘污。良久，清澄，以杓（勺）徐徐接去清。以三重布帖（贴）粉上，以粟糠著布上，糠上安灰。灰湿，更以干者易之；灰不复湿乃止。

然后削去四畔麤白无光润者，别收之，以供麤用。麤粉，米皮所成，故无光润。其中心圆如钵形，酷似鸭子白光润者，名曰‘粉英’。英粉，米心所成，是以光润也。……无风尘好日时，舒布于床上，刀削粉英如梳，曝之，乃至粉干。……及作香粉以供妆摩身体。

可见，米粉虽然原始，其制作工艺却是非常讲究、非常繁复的。

当时“施朱”之朱当是红粉，与白粉同属于粉类，可能是用茜草一类植物浸染过的红色米粉，色彩疏淡，通常也作为打底、抹面之用，与白粉合用，可取得白里泛红的“朱颜”效果，与油脂类的胭脂不属同类。山东章丘女郎山战国齐墓发现的**26**件乐舞陶俑，其中**21**件为女性，脸上均有施朱彩的痕迹。

2. 脂泽　除了粉与黛之外，周代的化妆品还有脂与泽。“脂”是我国文献中最早出现的化妆词语，《诗经》曰“肤如凝脂”，《礼记·内则》曰“脂膏以膏之”。孔颖达注：“凝者为脂，泽者为膏。”因此，“脂”就是动物体内或油料植物种子内的油质，并不是后来出现的红色的胭脂。脂有唇脂和面脂之分。汉代刘熙《释名》曰：“唇脂以丹，作象唇赤也。”梁刘缓《评倾城人》曰：“粉光犹假面，朱色不胜唇。”看来唇脂若今日之口红，专用以涂唇。战国楚宋玉的《神女赋》中便已指出：“朱唇的其若丹。”表明当时已有染唇之俗。用以涂面的为面脂。此时的面脂无色，主要为防寒润面而用，如今日的雪花膏之类。后来脂常常与“粉”字一起使用，渐渐形成了一个固定词组——脂粉。因此有些字典中把脂粉的脂理解为胭脂是错误的。在“故善毛嫱、西施之美，无益吾面；用脂泽粉黛，则倍其初”这句话中不仅提到“脂”，还提到了“泽”。《楚辞·大招》中也云：“粉白黛黑，施芳泽只。”王逸注曰：“傅（敷）著脂粉，面白如玉，黛画眉鬓，黑而光净，又施芳泽，其芳香郁渥也。”王夫之《楚辞通释》曰：“芳泽，香膏，以涂发。”这里的“泽”便指的是一种涂发的香膏，即如今的头油之类。另外，《诗经·卫风·伯兮》中载：“自伯之东，首如飞蓬，岂无膏沐？谁适为容！”这里的“沐”则指的是一种洗发之物。“沐”，《说文解字》曰：“濯发也。”司马贞《索隐》：“沐，米潘也。”潘，《说文解字》曰：“淅米汁也。”段注引《礼记·内则》云：“面垢，燂（tán）潘请靧（huì）。”陆德明释文：“燂，温也；潘，淅米汁；靧，洗面。”这告诉我们，当时人们洗发用的是淘米水，利用其中的碱性成分脱去发垢，洗好以后再施以膏泽。

除去我们今日较熟悉的眉妆、脂粉、香泽以外，《楚辞·二招》还屡屡描述一些猎奇求异的面妆。例如《楚辞·大招》便记录了一些非华夏妇女的脸部变型化妆习俗。又如“靥辅奇（畸）牙，宜笑嗎只”，为写“拔牙”之俗。“曾（层）颊奇（剞）耳”，即传为割面离耳之风。拔牙、割面及离耳皆属于濮人风尚，楚宫中采取濮族变型化妆术的女子，当是楚国王公俘获或受贡的濮族美女，而不是楚女。

第四节 | 先秦时期的发式

一、发式

（一）商代发式（表3－1）

表3－1　商代发式

人形雕刻，安阳殷墟5号墓出土

河南殷墟人形玉雕

商代晚期青铜虎食人卣（yǒu）

商代人形玉雕

商代人形玉雕

商代人形透雕玉佩

▲ 图3–8 丱角玉雕小孩，河南安阳殷墟妇好墓出土

从殷墟出土的人像发式来看，凡男子大都为辫发，通常自右后侧下方梳作三缕，编成细长的发辫，反时针方向盘绕于顶，然后加冠于头。也有束发于头顶，总成小辫，往后垂至后脑的。另外，商代也有不少断发齐颈人像，多见于青铜兵器、礼器及玉片雕刻。在一些玉雕人形佩件上，也出现过剪到一定长度后即加工成卷曲状的发式。

商代妇女的发式资料不多。北京故宫博物院藏有一件商代人形透雕玉佩，头部非常写实，头上戴着帽箍，头发向后梳，并在头顶两侧梳发髻，其余鬓发自然下垂，两鬓发尾微向上卷成螫（shì）尾形，在发髻上插对称的鸟形发笄。这种鸟形发笄多成双出现，且多用于妇女，含有成双成对、永不分离的喻义。《诗经 · 齐风 · 甫田》："婉兮娈兮，总角丱兮。"角丱（guàn）就是指头上的两个叉角髻，又称总角。《诗经 · 小雅 · 鱼藻之什》："彼君子女，卷发如虿。"虿（chài）即螫虫。可见上述那种梳双髻、插双笄的发式，自商周以来，一直是未成年男女的发式。河南安阳殷墟妇好墓曾出土有两面像玉雕小孩（图3 – 8），头上作丱角，是目前所见最早的一种式样。河南洛阳西郊也出土一战国梳双丫角的玉雕小孩，即梳双丫髻于头顶左右，脑后发丝分左右双环而上盘，即所谓"总角"。《礼记 · 内则》有称男女未进入成年的孩童，"总角，则无以笄，直结其发，聚之以两角"。这种习俗，一直延续至清代。当然也有反常规的现象出现。例如在魏晋南北朝时，为表示不受世俗礼教约束，大人也有梳丫髻的，《竹林七贤图》中即有这种双丫髻出现在竹林名士的头上。

（二）周代发式（表3-2）

表3-2　周代发式

周代尚礼，产生了完备的冠服制度。在周代《礼记》中明确规定“男子二十而冠，女子十五而笄”作为成人的标志。因此，此时视披发为不守礼法，束发梳髻成为此时最为普遍的一种发式，并从此在中国延续了数千年，一直到中国封建社会彻底结束。当然，此间也曾一度流行辫发，如清代的男子。而披头散发则始终是作为犯人、疯子或行为放浪等为人所不齿的形象出现的。

周代妇女流行梳高髻。在山东章丘女郎山战国齐墓发现的26件乐舞陶俑，其中21件为女性，除一件发式为无髻短发外，其余20件一律梳偏左高髻。即先将长发理成两绺，右绺挽一小髻，在头后向左缠绕，与左缕合成一束，再绾（wǎn）成扁圆饼状偏高髻。在山东长岛发现的战国齐国贵族墓中，所出土的女性陶俑，其发式也有高髻、双丫髻、后垂发三种。河南光山春秋早期偏晚黄君孟夫妇墓中黄夫人孟姬的发型保存完好，乃是先将长发梳理成多股，每股梢部用细线缠紧，又分作左、右两缕，左缕上盘为竖髻，再把右缕顺方向牢牢绾绕左髻，发梢塞进髻里，做成偏左高髻，又自左下向右上插入木笄两枚。这种偏左高髻与山东齐女的流行发型颇为类同。在长沙楚墓出土的《人物龙凤帛画》（图3－9）中，其女子也梳髻，发髻向后倾，并延伸成后世“银锭式”或“马鞍翘”式样。在河南辉县出土的战国小铜妇女俑，发髻与之处理相同。

周代的男子也是盛行梳髻的，因为男子二十而冠，戴冠必须要梳髻，如《人物驭龙帛画》中的男子，便是梳髻戴冠。河南洛阳西周墓出土的人形铜车辖，其男子形象也是梳髻戴冠。北京故宫博物院所藏的春秋战国之际的白玉男子雕像，河南洛阳金村韩墓出土的银人，山西长治分水岭出土的立人形铜器座等都是束髻的男子形象。在陕西铜川枣庙出土的6座春秋晚期秦墓，出土有8件泥塑彩俑，其发型冠式据身份、地位由低而高分别为：发髻偏后→发髻偏左→发髻偏右；裸髻→戴帻→戴冠；单板长冠→双板长冠→鹖（hé）冠。这些已和秦兵马俑的发髻相差无几。

▲ 图3–9　人物龙凤帛画，湖南长沙楚墓出土，湖南省博物馆藏

周代的男女都用笄，女人梳髻要用笄，男子戴冠也要用笄。周代时，戴冠已很盛行且讲究了，中国历代皇帝的冠服制度，基本上定型于周代。古代的帽，大者可戴住头部，但冠小者则只能戴住发髻。所以戴冠必须要用双笄从左、右两侧插进发髻加以固定。固定冠帽的笄称为“衡笄”，周代专门设“追师”的官来进行管理。衡笄插进冠帽固定发髻之后，还要从左、右两笄端部用丝带拉到颏下系住。

周代在中原束发梳髻普遍盛行之余，在当时的南方，还没有受到中原礼教充分浸润的楚国、吴国和越国等地，还盛行着断发（剪发）和辫发。

在河南信阳楚墓、湖北江陵楚墓及长沙仰天湖楚墓出土的许多青年妇女木俑，其发式似乎均为平头短发。这在尚礼的周代似乎是不可思议的，但在战国时期，尤其在南方的楚地，则情形有所不同。这里的人们文化水平较高，在礼制方面则缺少禁忌，如三闾大夫屈原喜欢高冠奇服，年既老而不衰；楚文王好獬冠，便举国风行，因此服饰方面种种新的尝试就易于产生。春秋战国时期的吴、越两国，地处东南隅，文献有“吴发短”“以椎髻为俗”“越人剪鬋（jiǎn）”“剪发文身”等说。表明当地人不仅剪发，还善梳理。据江苏丹徒北山顶春秋时吴国大墓出土鸠杖镦部的跪坐铜人，知所谓吴人“发短”，乃指其发式是将额顶及两鬓头发剪短，并非为一律髡成短冲式，其余当维持原状，但经梳理而盘束脑后为椎髻。唯要保持这种短发型，恐怕每隔一段时期得再加剪理，用心要常勤。浙江湖州隶溪、绍兴漓渚也出土过类似的人形镦，也是这种发式。“越人剪鬋”应指此，实与“吴发短”同俗，但二者亦有一些区别。吴人的椎髻是脑后两侧各束一个，越人是脑后仅盘一髻。如绍兴的一具人形镦，剪短的额发又对分上冲如双突，脑后一髻横向插有双股发笄。总之，吴、越的断发习俗是剪发、束髻、插笄的有机结合型，束髻部位和个数是存有地方性和性别上的差异的。

这一时期出土的辫发文物也很多，除少数在中原地区外，大多数也都在南方一带。如洛阳金村韩墓出土一梳双辫的青铜弄雀女孩；同墓中还出土一玉雕舞女，头顶覆盖一帽箍，发式前后均有一部分剪平，后垂发辫则作分段束缚。此外，在楚俑中还有于后背长辫发中部结成双环的，也有简化成单环的，也有下垂作圆锤形的。这种发式处理，据沈从文先生认为可能均为歌舞伎所采用。在长沙楚墓出土车马卮（zhī）部分彩绘纹上的男子，似脑后也拖着长辫；一件春秋战国之际的人形玉雕，其发式也为梳辫束于脑后。云南一带的滇族妇女，多爱梳辫。如江川李家山几座春秋战国之际或稍后的墓葬出土品中的女像，有的长发总掠脑后，在垂发的中部叠鬟束之或下挽鬟，只在后颈以下用带松松扎成一辫，使秀发自然垂披后背。

二、头饰

（一）圈冠

在商代人像的头部，经常会戴有一个发箍式的头饰，学者们认为这是商代特有的一种冠的形式，称为“绳圈冠”“筒圈冠”。个别还有在“绳圈冠”前再横置一刻花细管的，也有在“筒圈冠”中央有高扬花饰的（似为插羽），或加接兽面纹饰片的（如三星堆青铜人像）。这些差别实是大同小异，只是在这种发箍式的“圈冠”上加以或多或少的装饰，也许有区别身份、礼仪的因素。“绳圈冠”还可能贵贱、男女都能用；而“筒圈冠”，就目前的考古资料来看，是由“绳圈冠”衍生而来的，它的社会地位比前者高，可能只在社会上、中层人士使用。“筒圈冠”还很可能是冕的前身，因为历代礼服中冕的造型，其主要结构一般是两大部件：上方为长方形冕板，下部为圈筒状冕身。殷商“筒圈冠”显然是冕的基础。服饰史学家王宇清先生的《周礼六冕考辨》，在“冕服”一章中，他的结论是：“冕乃渊源于弁。要说渊源的时代乃是周源于殷。”又说：“冕是后出的礼冠。”其立论也是以冕必须具备冕板和冕身为前提的。现在看来，标准冕的形成很可能是在殷周之际，只是在时间上是早一点还是晚一点，需要更新的考古资料才能解决。表3－3所示为冠冕流变图。至于有史料说夏、商两代已经有冕服，这里的“冕”可能和我们今天所说的“冕”还有一定的距离。至于商代这种圈冠的本源，有学者认为其可能起始自史前陶器出现前后。因平底器、圈足器晚出，众多大的圆底器、小口尖底器，作为贮水用具需要搬运，以头顶运输是许多民族都经历过的方式（至今仍见于许多兄弟民族中），故头上要有一个环状衬垫物才可稳持与减轻劳苦，这个“绳圈”遂成为人们生活中不可缺少之物。由此演化出的发箍就成为一种男、女通用的束发冠了。

表3–3　冠冕流变图

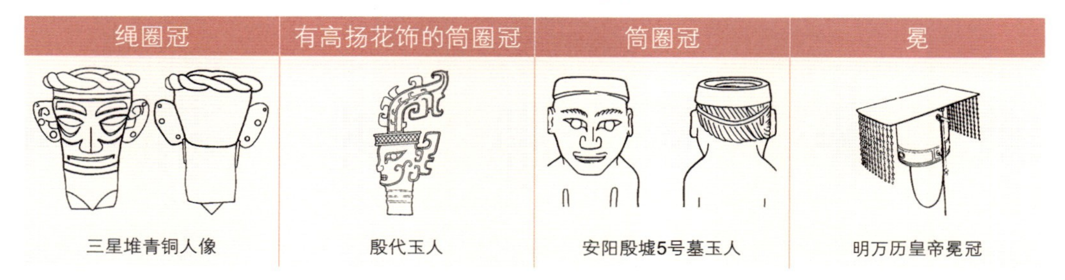

绳圈冠	有高扬花饰的筒圈冠	筒圈冠	冕
三星堆青铜人像	殷代玉人	安阳殷墟5号墓玉人	明万历皇帝冕冠

（二）假髻

自从高髻流行起，便伴随着一种不可缺少的发饰——假髻。因为真发毕竟有限，要梳出漂亮的高髻，就必须借助假发的帮助。周代对妇女的发饰，上至王后，下至九嫔，在礼制上都有明确的规定和规范。《周礼·天官》载：“追师掌王后之首服，为副、编、次、追、衡、笄。”追师在当时为朝廷专门管理修治王后的首服和九嫔及内外命妇的冠戴发饰，在参加祭礼典礼和接待宾客时，按规定供给首冠和各种头发上的饰物。郑玄注：“副之言覆，所以覆首为之饰，其遗象若今步摇矣，服之以从王祭祀。编，编列发为之，其遗象若今假紒（jì）矣，服之以告桑也。次，次第发长短为之，所谓髲髢（bìdí），服之以见王。”可见，副、编、次就是我国最早的假发，并且是王后、君夫人等有身份的妇女在参加重要活动时才戴的。副取义于“覆”，因覆盖在头上，故称。如果再饰以垂珠，便类似后世的步摇。《诗经·庸风·君子偕老》中的“副笄六珈”，便可以理解为在假髻上另加六笄，以便使假髻“副”与真发相连。从出土文物中也可找到这样的形象：河南新密市打虎亭汉墓出土的画像石上，有一组妇女形象，她们每人头发上都绾一假髻，髻上各插6支发笄（图3－10），山东沂南汉墓出土的画像石上，也有这种女性形象。湖南长沙马王堆1号汉墓出土的竹简上记有“吴付蔞二盛印副”之语。对照实物，知所谓“吴付蔞”，实指一种圆形小盒，而在这种小盒中，确实盛放有一束假发——副，不过这种假发不是人发，而是以黑色丝绒制成的代用品。编，这里应读biàn，这个意义后来写作“辫”，因是把头发辫起来做成，故称。次，取义于“次第”，把长短头发依次编织而成，故称。可见周代时，妇女佩戴假发已是非常盛行的了。副、编、次这几个名称流传不广，到后来则叫作“髲”或“髢”。

在周代的许多典籍中，常可见到有关髲髢的记载。如《诗经·庸风·君子偕老》：“鬒（zhěn）发如云，不屑髢也。”这就是说头发本来浓黑如云，无须戴髲髢。《庄子·天地》谈治理天下而以治病打比方：“秃而施髢，病而求医。”就是说，秃子就给他一顶假发，有病状就给他请医生。《左传》上还记载了这样一件事：卫庄公登城远望，望见戎州人已氏妻子的头发很美，于是“使髡之以为吕姜髢”，就是把已氏妻的头发剃下来，为自己的夫人吕姜做了假发。已氏是“贱者”，自然敢怒不敢言。可是后来卫国内乱，卫庄公逃到了已氏那里，这下已氏有了报复的机会，就把庄公杀掉了。这可说是强取他人之发做髲髢而招致杀身之祸的例子了。洛阳金村韩墓出土的舞女玉雕，沈从文先生便认为“发上部蓬松如著‘髢’”。

至于“追”，即治也，精造修治的意思，为治玉石，衡笄等以玉为之；衡，垂于假髻两旁，下以统（dǎn）悬瑱（tiàn）而塞耳；笄即簪，用以束发。平时，追师则要负责精造和修理这些饰物，以备使用。

图3－10　饰有副笄六珈的汉代女性《宴饮观舞图》，河南省新密市打虎亭2号汉墓中室北壁

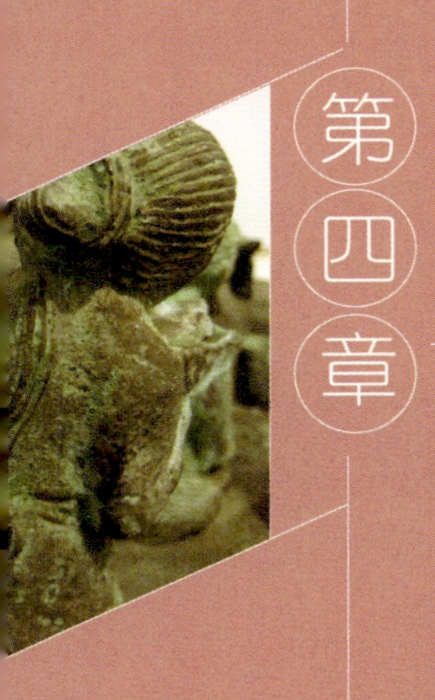

第四章

秦汉时期的妆饰文化

第一节｜概述

公元前221年，秦灭六国，建立起我国历史上第一个统一的，以汉族为主体的多民族封建国家，顺应了“四海之内若一家”要求稳定的政治趋势。这期间，秦始皇凭借“六王毕，四海一”的宏大气势，推行“书同文，车同轨，兼收六国车旗服舆”等一系列积极措施，建立起包括衣冠服制在内的制度。汉代则“承秦制，多因其旧”。汉初的休养生息与随后汉武帝的杰出统治，不仅在政治方面实现了高度的中央集权制，在文化方面还加强了上层建筑的创造，推行“罢黜百家，独尊儒术”的思想政策，有助于共同文化上的共同心理状态的稳定。而且在军事上，打败了北边的强敌匈奴，开辟了通往西域的商路，使中国的疆域实现了前所未有的广阔，也使国家达到了前所未有的统一与繁盛。可以说，从秦始皇开始统一的中国，到汉朝才确实巩固起来。因此，我们可以想见，由于政治与文化上的统一，在化妆与发式方面虽然未必有统一的定制，但中原与蛮夷之间的明显差距当不复存在。

一、化妆

我们知道，在周代，人们就已用脂、泽、粉、黛来化妆了。然而，宋人高承在《事物纪原》卷三中却说“秦始皇宫中，悉红妆翠眉，此妆之始也”。学者们多认为这一说法是错误的。但笔者认为，宋人距周的时间总是比我们要近的，作为学者，高承也不会没有看过《诗经》和《楚辞》，他之所以这样写，不会没有他的原因。从另一个角度看，周代的“粉白黛黑”多属素妆，彩妆在当时受观念的影响和化妆品制作工艺的影响，并不盛行。而秦始皇宫中的“红妆翠眉”则打开了面妆色彩上的桎梏，从而开启了后世历代色彩丰富、造型各异的面妆风潮。这就使周代的仅仅“粉白黛黑”，擦点头油，抹些面脂的简单面妆显得黯然无色，仿若根本就称不上算是化妆。也许这便是高承的初衷了。

由于秦朝的历史很短，仅仅15年，并且秦实行了法家的酷刑峻法，将法家的功利主义与专制主义结合在一起，使得人民生活在极其残酷的压迫之下。因此，当时的劳动妇女对于化妆当是无暇顾及的，在文献中也很少有记载。唯有宫中的嫔妃，生活优越，需整日妆扮以侍奉君主，才有化妆的可能。《事物纪原》中的“秦始皇宫中，悉红妆翠眉”一句，便可大致勾勒出当时的化妆是以浓艳为美的。

二、发式

在发式方面，秦俑的头发都是长发，复杂多样的发式均是用长发梳编而成，这和秦人蓄留全发的习俗是分不开的。秦人尊奉“身体发肤，受之父母，不可毁伤”的古训，对发须极为珍惜，爱护备至。秦代的法律明确规定，损伤他人的发须属犯罪行为，违者要处以刑罚。云梦秦简《法律问答》记载了几条保护发须的法律条文和典型案例，读来颇为有趣。其具体内容是：（1）拔落他人的头发，如果被拔的一方有明显感觉，即可追究对方刑事责任。（2）父亲擅自剃掉嫡长子的发须，为父者应定罪处罚；主人也不得随意损伤奴婢的发须。（3）士卒二人拔剑斗殴，一人将对方的发髻用剑砍掉，应“完为城旦”，即判处四年徒刑。（4）有人与他人打架斗殴，将对方捆绑起来并拔光了其胡须眉毛，亦应处“城旦”之刑。如此郑重地把保护头发列入法律文书，在中国古代是不多见的。秦人不仅爱护头发，对头发的梳理也是异常精心的。而且，从秦俑的发式中，还可以明显地区分出秦俑不同的兵种、身份和等级高低，充分反映出秦人军纪的严明和高度的写实主义精神。

汉朝总结了秦亡的教训，采取了道家“无为”而治的方针，与民休养生息，废除了秦王朝的苛刻刑法，减免赋税，保护并鼓励发展生产，从而使汉代社会趋于安定，产品也相对丰富，这就为妆饰创造了客观条件。铅粉、胭脂等化妆用品都是在这时普及的。在思想文化方面，汉初采取了宽松的政策，在提倡推崇道家思想的同时，也不排斥其他各家思想，并开始整理、研究文化典籍。同时，汉文化还吸取了大量楚文化，给北方文化注入了保存在楚文化中的原始巫术、神话中的浪漫主义精神，从而“产生了把深沉的理性精神和大胆的浪漫幻想结合在一起的生气勃勃、恢宏伟美的汉文化”。这种恢宏的汉文化，对汉代女性美无疑产生了重要影响。

三、化妆、发式的美感变化

在面妆方面，由于红蓝花的引进，使胭脂的使用日益普及，妇女们一改周时的素妆之风，而开始盛行各式各样的红妆。在眉妆方面，则一扫周代单调的纤纤蛾眉妆，而创造出了许多颇为“大气磅礴”和“以为媚惑”的眉式。再加上花钿与面靥的趋于成俗，都显示出汉代女性对美的一种无拘无束的追求。而且，自汉以后至魏晋、隋唐，屡屡出现的男子涂脂敷粉的现象，既表明了化妆术的日益普及，也表明了这一时期人们对美的一种宽容之心。

在发式方面，虽然女子梳高髻依然很多，但多局限于宫廷苑囿。在民间则广泛流行椎髻与堕马髻等垂髻，既易于梳理、朴素大方，又妩媚迷人。这种垂髻的大流行在中国封建社会时期是不多见的。而且，伴随着高髻与垂髻的一绺“垂髾（shāo）”，随风飘荡，缥缥缈缈，体现出汉代女性特有的一种飘逸、洒脱之美。

第二节 秦汉时期的化妆

一、秦汉面妆

（一）妆粉（图4-1）

1. 米粉　在周代，人们就已经知道以粉敷面了，当时用的粉，多半是用米粉制成的。秦汉时的妆粉除了米粉之外，还发明了铅粉。

2. 铅粉　任何新兴事物的发明，必然与当时生产技术的发展有关。秦汉之际，道家炼丹盛行，秦始皇就四处求募“仙丹”，以期长生不老。烧丹炼丹术的发展，再加上汉时冶炼技术的提高，使铅粉的发明具备了技术上的条件，并把它作为化妆品流行开来。张衡《定情

◀ 图4-1　刺绣粉袋，新疆民丰大沙漠1号东汉墓出土

资料来源：周汛，高春明. 中国历代妇女妆饰［M］. 香港：三联书店（香港）有限公司，上海：学林出版社，1997

赋》曰："思在面而为铅华兮，患离神而无光。"曹植《洛神赋》："芳泽无加，铅华弗御。"刘勰《文心雕龙·情采》也说："夫铅华所以饰容，而盼倩生于淑姿。"在语言文字中，一个新的词汇，往往伴随着新概念或新事物的出现而诞生。"铅华"一词在汉魏之际文学作品中的广泛使用，绝非偶然，当是铅粉之社会存在的反映。

铅粉通常以铅、锡等材料为之，经化学处理后转化为粉，主要成分为碱式碳酸铅。铅粉的形态有固体及糊状两种。固体者常被加工成瓦当形及银锭形，称"瓦粉"或"定（锭）粉"；糊状者则俗称"胡（糊）粉"或"水粉"。汉刘熙《释名·释首饰》："胡粉。胡，糊也，脂和之如糊，以涂面也。"因此，有人认为"胡粉"为胡人之粉是不对的。古人一度铅、锡不分，用作铅粉的原料铅，因杂质较多，色泽青白，比较晦暗，故有"黑锡"或"黑铅"之称。但经过加工，则粉白细腻。《神农本草》称为"鲜锡"。铅粉能使人容貌增辉生色，故又名"铅华"。铅粉是用铅化解后调以豆粉和蛤粉制成的。

3. 辰粉　据李时珍记载：明代"金陵、杭州、韶州、辰州皆造之，而辰粉尤真"。辰粉的制法是在铅醋化为粉后，按"每粉一斤，入豆粉二两，蛤粉四两，水内搅匀，澄去清水，用细灰按成沟，纸隔数层，置粉于上将干，裁成瓦，定形，待干收起"（《本草纲目·金石》卷八）。铅粉敷面，不仅能增白，而且有较强的附着力。《齐民要术》作紫粉法中便配有一定比例的胡粉（即铅粉），并解释说："不著胡粉，不著人面"，即不掺入胡粉，就不易使紫粉牢固地附着于人的脸面。另一方面，把一定量的铅粉掺入用作面妆的米粉中，还有使后者保持松散，防止黏结的作用。因此，金属类的铅粉和植物类的米粉、豆粉等往往是混合使用的。

4. 爽身粉　除了以粉敷面之外，汉代还有爽身之粉，通常制成粉末，加以香料，浴后洒抹于身，有清凉滑爽之效，多用于夏季。汉伶玄《赵飞燕外传》中便写有："后浴五蕴七香汤，踞通香沉水；……婕妤浴豆蔻汤，傅（敷）露华百英粉。"

5. 红粉　敷粉，只不过是化妆的第一个步骤。从秦代开始，女子们便不再以周代的素妆为美了，而流行起了"红妆"，即不仅止乎敷粉，而且还要施朱。敷粉亦并不以白粉为满足，又染之使红，成了红粉。那么，红粉是否与胭脂同属一类？非也。红粉与白粉同属于粉类。红粉的色彩疏淡，使用时通常作为打底、抹面。由于粉类化妆品难以黏附脸颊，不宜存久，所以当人流汗或流泪时，红粉会随之而下。胭脂则属油脂类，黏性强，擦之则浸入皮层，不易脱妆。因此，化妆时一般在浅红的红粉打底的基础上，再在人之颧骨处抹上少许胭脂，从而不易随泪水流落或脱妆。

（二）胭脂

1．胭脂的由来　胭脂的历史非常悠久，对其起始时间，古书记载不一。《中华古今注》曰："燕脂盖起自纣，蓝花汁凝作燕脂。"但宋人高承在《事物纪原》中则称："秦始皇宫中，悉红妆翠眉，此妆之始也"。从已发掘的考古资料看，湖南长沙马王堆1号汉墓出土的梳妆奁（lián）中已有胭脂等化妆品。此墓主人为当时一位轪侯之妻，墓年代大约为汉文帝五年（公元前175年），距秦灭亡不过40年时间。可见，至迟在秦汉之际，妇女已以胭脂妆颊了。

2．胭脂的原料　古代制作胭脂的主要原料为红蓝花。红蓝花亦称黄蓝、红花，是从匈奴传入我国的。汉代以来，汉、匈之间有多次军事厮杀，如汉武帝三次大规模的反击，匈奴右部浑邪王率众四万人归附于汉朝；汉宣帝甘露三年（公元前51年）呼韩邪单于归臣于汉朝；光武帝建武廿四年（公元48年），驻牧于南边的匈奴日逐王比率众到王原塞归附。再加上官吏与民众间的交往，都为汉、匈两民族文化习俗的沟通与传袭开辟了一条广阔的途径。"胭脂"的制作、使用与推广，也正是在这种大交流、大杂居的历史背景下，渐渐由匈奴传入汉朝宫廷和我国与匈奴接壤的广大区域的。

宋《嘉祐本草》载："红蓝色味辛温，无毒。堪作胭脂，生梁汉及西域，一名黄蓝（图4－2）。"西晋张华《博物志》载："'黄蓝'，张骞所得，今沧魏亦种，近世人多种之。收其花，俟干，以染帛，色鲜于茜，谓之'真红'，亦曰'鲜红'。目其草曰'红花'。以染帛之余为燕支。干草初渍则色黄，故又名黄蓝。"史载汉武帝时，由张骞出使西域时带回国内，因花来自焉支山，故汉人称其所制成的红妆用品为"焉支"。"焉支"为胡语音译，后人也有写作"烟支""鲜支""燕支""燕脂""胭脂"的。在汉代，红蓝花作为一种重要的经济作物和美容化妆材料，已经广泛地进入了匈奴人的社会生活之中，故霍去病先后攻克焉支、祁连二山后，匈奴人痛惜而歌："亡我祁连山，使我六畜不蕃息；失我焉支山，使我

▲ 图4－2　红蓝花

妇女无颜色。”

3. 胭脂的制法　以红蓝花制胭脂之法，《齐民要术》中有详录："杀花法：摘取即碓捣使熟，以水淘，布袋绞去黄汁；再捣，以粟饭浆清而醋者淘之，又以布袋绞去汁，即吸取染红勿弃也。绞讫，著瓮器中，以布盖上，鸡鸣更捣令均，于席上摊而曝干，胜作饼。作饼者，不得干，令花浥郁也。"杀花之后便可作胭脂，方法是："预烧落藜，藜藋（diào）及蒿作灰"，亦可用草灰代替。之后，"以汤淋取清汁"，用以"揉花"，揉搓十余遍。接着，"布袋绞取淳汁，著瓷碗中。取醋石榴两三个，擘（bò）取子，捣破，少著粟饭浆水极酸者和之；布绞取沈，以和花汁"。其后，"下白米粉大如酸枣，以净竹箸不腻者，良久痛搅；盖冒。至夜，泻去上清汁，至淳处止；倾著帛练角袋子中，悬之。明日，干浥浥时，捻作小瓣，如半麻子，阴干之，则成矣"。大约在北朝末期，人们在燕支粉中，又掺入牛髓、猪胰等物，使之变成一种稠密润滑的油膏，抹在脸上，可防皴裂。

（三）朱砂

除了用红蓝花作胭脂外，在江苏海州和湖南长沙早期汉墓出土的物品中，还发现以朱砂作为化妆品盛放在梳妆奁里。朱砂的主要成分是硫化汞，并含少量氧化铁、黏土等杂质，可以研磨成粉状，作面妆之用。

（四）脂泽

除了妆粉、胭脂之外，汉代也有用以涂发和润肤的脂泽。脂即面脂，涂面的香膏，也可涂唇。汉刘熙《释名·释首饰》中写："脂，砥也。著面柔滑如砥石也。"形容脸上涂了面脂之后，则柔滑如细腻平坦的石头一般。汉史游《急就篇》"脂"条，唐颜师古注曰："脂谓面脂及唇脂，皆以柔滑腻理也。"泽也称兰泽、香泽、芳脂等，是用以涂发的香膏。汉刘熙《释名·释首饰》曰："香泽，香入发恒枯悴，以此濡泽之也。"汉史游《急就篇》"膏泽"条，唐颜师古注曰："膏泽者，杂聚取众芳以膏煎之，乃用涂发使润泽也。"指以香泽涂发则可使枯悴的头发变得有光泽。汉枚乘《七发》："蒙酒尘，被兰泽。"即指此物。

（五）面妆方法

关于敷搽胭脂的方法多和妆粉一并使用，据《妆台记》云："美人妆面，既敷粉，复以燕支晕掌中，施之两颊，浓者为酒晕妆，浅者为桃花妆；薄薄施朱，以粉罩之，为飞霞妆。"当然也有拿胭脂直接妆面的，晋人习凿齿《与谢侍中书》道："此山有红蓝花，北人采其花作烟支，妇女妆时作颜色用。如豆大，按令遍颊，殊觉鲜明。"

汉时妇女颊红，浓者明丽娇妍，淡者幽雅动人。依敷色深浅，范围大小，妆制不一，产生出各种妆名。如“慵来妆”，衬倦慵之美，薄施朱粉，浅画双眉，鬓发蓬松而卷曲，给人以慵困、倦怠之感，相传始于汉成帝时，为成帝之妃赵合德创。汉伶玄《赵飞燕外传》：“合德新沐，膏九曲沉水香。为卷发，号新髻；为薄眉，号远山黛；施小朱，号慵来妆。”后来唐代妇女仍喜模仿此饰，多见于嫔妃宫伎。再如“红粉妆”，顾名思义，即以胭脂、红粉涂染面颊，秦汉以后较为常见，最初多用红粉为之。《古诗十九首》之二便写道：“娥娥红粉妆，纤纤出素手。”汉刘熙《释名·释首饰》：“赪粉，赪，赤也，染粉使赤，以着颊也。”汉代以后多用胭脂，其俗历代相袭，经久不衰（图4－3）。

二、秦汉眉妆

（一）眉的色彩

秦朝由于历时极短，文献记载较少，虽出土了举世瞩目的“秦兵马俑”，但大都是男性将士，自然与化妆无缘。因此，探讨秦代的眉妆，则只能从“秦始皇宫中，悉红妆翠眉”一句来推敲一二了。

“翠眉”一词，从眉形上无从考证，却点明了眉的色彩。然而，所谓“翠眉”指的就是用翠绿色画的眉吗？不尽然。我们知道，周代时，人们便开始用“黛”画眉了。

《说文解字》中也说：“黛作黱，画眉也。”但黛到底是什么呢？通俗文云：“染青石谓之点黛。”这样看来，黛是一种矿石。当时女子画眉，主要使用这种矿石，汉时谓之“青石”，也称作“石黛”，这个名称从六朝至唐最为盛行。可是，石怎么能够拿来画、染或点呢？殊不知这种矿石在矿物学上属于“石墨”一类。按“石墨”一名，宋、明间的典籍上已经有之，杨慎在其所著的《谭苑醍醐》上说：“山海经‘女牀之山，其阴多石涅。’考经援神契曰：‘王者德至山陵而墨丹出。’（注：丹者别是彩名，亦犹青白黄皆云丹也）‘石涅’‘墨丹’即今之‘石墨’也，一名‘画眉石’。上古书用漆书，中古

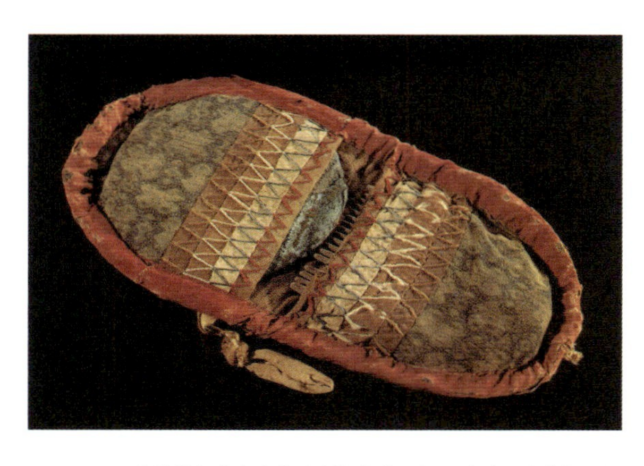

▲ 图4－3 放梳妆铜镜与木梳的刺绣妆袋，新疆洛浦县山普拉汉墓出土，长21厘米，宽10厘米，新疆维吾尔自治区博物馆藏

用石墨，后世用烟墨。”据这一段看来，中国人很早就发现了“石墨”这种矿物质，但古人却不叫石墨，而叫作“石涅”，指其能“涅”（染）；又叫作“墨丹”，按古时凡粉质的颜料都叫作“丹”，不专指红色的丹而言，故黑色的颜料也叫作“墨丹”。不论叫“石涅”也好，叫“墨丹”也好，总是山岭的产物，换言之，即是矿物。因其质浮理腻，可施于眉，故后又有“画眉石”的雅号。这是中国的天然墨，在没有发明烟墨之前，男子用它来写字，女子则用它来画眉。石黛用时要放在专门的黛砚上磨碾成粉，然后加水调和，涂到眉毛上（图4－4）。后来有了加工后的黛块，可以直接兑水使用。

▲ 图4–4 漆盒石砚，可用于研磨石黛，湖北省江陵县凤凰山出土

资料来源：中国历史博物馆．华夏文明史图鉴（第一卷）［M］．北京：朝华出版社，2002：203

汉代的黛砚，在南北各地的墓葬里常有发现。在江西南昌西汉墓就出土有青石黛砚。江苏泰州新庄出土过东汉时代的黛砚，上面还粘有黛迹。广西贵县罗泊湾出土的汉代梳篦盒中，也发现了一已粉化的黑色石黛。从“青石”的命名，可以推断黛的颜色是“青”的。然而古代的“青”与现代人所理解的“青”不同，它是一种元色，包括蓝、苍、绿、翠等深浅的浓度，故有时又直接称这种颜色为“玄色”或“元色”。例如苍天叫作“玄天”，海洋叫作“玄溟”。黛的色泽也是一样的含混不明，有时言其“苍翠”，有时径直呼为“黛绿”“黛黑”，也有时指黛为玄，因改称“黛眉”或“玄眉”。如曹子建《七启》中便有“玄眉弛兮铅笔落”一句。

黛的色彩会随其浓度的深浅而异样。极深色的黛，与浅黑色实在差不了多少，这种色彩，仿佛今之所谓“墨绿”，实介乎黑与绿之间。我们又知道绿色本来含有青（蓝）与黄两种色素，如果青的色素很强，便成为近于黑的“玄”色；稍微轻一点，便成为蔚蓝的“苍”色；再轻一点，便成为仲冬的松柏和深春的树林那种“翠”色。反之，如果让黄的色素凌驾了青的色彩，那便显出“碧绿”的色彩来了。所以黑、玄、苍、青、翠、绿等色彩，其实只是色素深浅浓淡的变化，而黛眉之所以有“墨眉”“玄眉”“青黛眉”“翠眉”“绿眉”等式样，其实也只是画时着色的深浅浓淡的多样变化而已。

（二）眉妆式样

汉王朝时，涌现出了许多迷恋于修眉艺术的帝王与文人。

1. 八字眉　在西汉以汉武帝为首，《二仪实录》说他“令宫人扫八字眉”。

2. 蛾眉　在东汉则以明帝为魁，史称“明帝宫人，拂青黛蛾眉”（图4－5）。有了帝王的提倡，普通士庶自然也跟着对女子的妆饰重视起来。著名的张敞画眉的故事就发生在这个时期。据《汉书·张敞传》载：“敞为京兆……又为妇画眉。长安中传张京兆眉妩。”与他有隙者向汉宣帝造密，宣帝召见并责问他，张敞答“臣闻闺房之内，夫妇之私，有过于画眉”，使宣帝很满意。从此这就成为流传久远的夫妻恩爱典故。唐代诗人张悦在《乐世词》诗中云“自怜京兆双眉妩，会待南来五马留”，就引用了这个旧典。

▲ 图4－5　蛾眉木俑，湖北江陵楚墓出土

资料来源：沈从文．中国古代服饰研究［M］．上海：上海书店出版社，1997：45

3. 远山眉　另一位汉代大才子司马相如也是一位“眉痴”，他是汉代古文的“文章魁首”，其辞赋中有不少为写眉的名句，偏生他结识的爱人，恰巧又是一个特富眉间天然美的绝世佳人。《西京杂记》说：“司马相如妻卓文君，眉如远山，时人效之，画远山眉。”（一本作“卓文君姣好，眉色如望远山。”）这正所谓佳人才子，相得益彰了。后来汉成帝的爱妃赵飞燕，让她的妹妹赵合德也仿照文君“为薄眉，号远山黛”（汉伶玄《赵飞燕外传》）。可见修眉的风气的确盛行于两汉。

4. 长眉　汉代流行于贵族女子之中的眉妆，除了以上所提到的八字眉、远山眉和蛾眉之外，当属“长眉”最为流行了。长眉是在蛾眉的基础上变化而来的，它的特点是纤巧细长。湖南长沙马王堆汉墓出土木俑脸上即是长眉入鬓（图4－6）。

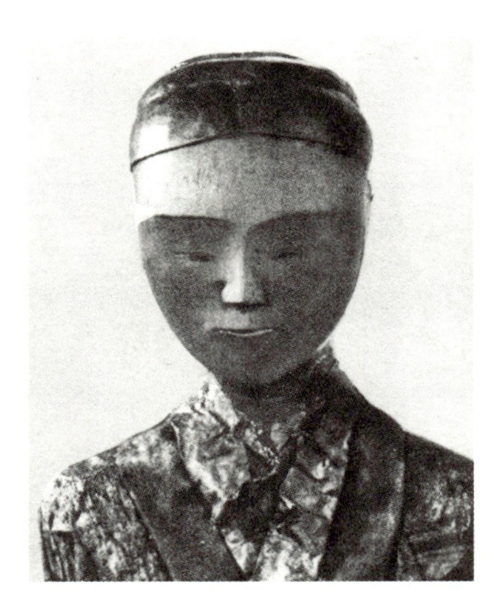

▲ 图4－6　长眉入鬓的木桶，湖南长沙马王堆汉墓出土

资料来源：湖南省博物馆，中国科学院考古研究所．长沙马王堆1号汉墓（上／下）［M］．北京：文物出版社，1973

5. 阔眉　除长眉外，汉代妇女也曾画过“阔眉”

（又称“广眉”“大眉”），据说这种风气首先出自长安城内，后传遍各地。谢承的《后汉书》里就载有“城中好广眉，四方画半额”的俗语，甚至“女幼不能画眉，狼藉而阔耳”。在文人作品中也有这类描述。如司马相如的《上林赋》：“若夫青琴宓妃之徒……靓妆刻饰……长眉联娟”，吴均《与柳恽酬答诗》中的“纤腰曳广袖，半额画长蛾”，都是对长眉的描写。由此可见，恢宏壮美的汉文化表现在眉妆上也同样是大气磅礴。从广州郊区东汉墓出土文物中的女乐形象上便可以看到这种眉式，颇有特色的是两边的女乐眉形还不一般高（图4-7）。前面提到的八字眉便是在长眉的基础上进一步演变而来的，因眉头抬高而眉梢部分压低，形似“八”字而得名。湖北云梦西汉墓出土的木俑即作此眉式。

6. 惊翠眉、愁眉　汉代还流行过一种“惊翠眉”，但很快被梁冀之妻发明的“愁眉”取代了。愁眉脱胎于“八”字眉，眉梢上勾，眉形细而曲折，色彩浓重，与自然眉形相差较大，因此需要剃去眉毛，画上双眉。《后汉书·梁冀传》言：“（冀妻孙）寿色美而善为妖态，作愁眉啼妆、堕马髻，折腰步，龋齿笑，以为媚惑。”（这里的“啼妆”指的是以油膏薄拭目下，如啼泣之状的一种妆式，流行于东汉时期，是我国古代少有的几种眼妆之一。）此举影响很大，“至桓帝元嘉中，京都妇女作愁眉、啼妆……京都歙（xī）然，诸夏皆放（仿）效。此近服妖也”。由此还产生了一个新的词语——“愁蛾”，后世常用以形容女子发愁之态，谓之“愁蛾紧锁”。

很多学者认为，古人画眉是先剃去眉毛，然后再描画上去的。其依据是刘熙在《释名》中所写的：“黛，代也，灭眉毛去之，以此画代其处也。”但笔者认为并不尽然。东汉时期汉明帝的明德马皇后端庄秀丽，《东观汉记·明德马皇后传》中记载：“眉不施黛，独左眉角小缺，补之如粟。”可见，古代女子并不都是先剃去眉再画之的，只是画一些特殊造型的眉时，才不得已剃去，和现代人其实是一样的。

妆饰在汉代是少数贵族妇女的特权，民间女子没有权利也没有条件化妆。礼制规定“上得兼下，下不得僭上”，贵族妇女可以“食肉衣绮，脂油粉黛”，平民女子只

▲ 图4-7　女乐陶俑，广州市郊东汉墓出土

能“荆钗布裙”。因此，在乐府民歌中，对美女罗敷、胡姬以及刘兰芝的描写，都未触及她们的眉毛。但即使如此，两汉时期依然可以说是上承先秦列国之俗，下开魏晋隋唐之风，开创了中国画眉史上的第一个高潮。

三、秦汉唇妆

（一）唇脂

点染朱唇是面妆的又一个重要步骤。因唇脂的颜色具有较强的覆盖力，故可改变嘴形。因此，早在商周时期，中国社会就出现了崇尚妇女唇美的妆唇习俗。如战国楚宋玉《神女赋》："眉联娟以娥（蛾）扬兮，朱唇的其若丹。"以赞赏女性之唇色如丹砂，红润而鲜明。在汉刘熙《释名·释首饰》一书中就已提到唇脂："唇脂，以丹作之，象唇赤也。"说明点唇之俗最迟不晚于汉代。丹是一种红色的矿物质颜料，也叫朱砂。但朱砂本身不具黏性，附着力欠佳，如用它敷在唇上，很快就会被口沫溶化，所以古人在朱砂里又掺入适量的动物脂膏。由此法制成的唇脂，既具备了防水的性能，又增添了色彩的光泽，且能防止口唇皲裂，成为一种理想的化妆用品。唇脂的实物，在江苏扬州、湖南长沙等地西汉墓葬中都有发现，出土时，还盛放在妆奁之中，尽管在地下埋藏了两千多年，但色泽依然艳红夺目（图4－8）。这说明，在汉代，妇女妆唇已是非常普遍了。

（二）点唇式样

中国古代女子点唇的样式，一般以娇小浓艳为美，俗称“樱桃小口”。为此，她们在妆粉时常常连嘴唇一起敷成白色，然后以唇脂重新点画唇形。唇厚者可以返薄，口大者可以描小。描画的唇形自汉至清，变化不下数十种。例如湖南长沙马王堆汉墓出土木俑的点唇形状便十分像

◀ 图4–8　盛放在小圆盒内的唇脂，湖南长沙马王堆1号汉墓出土

资料来源：周汛，高春明. 中国历代妇女妆饰［M］. 香港：三联书店（香港）有限公司，上海：学林出版社，1988

一只倒扣的樱桃（图4－9）。

▲ 图4－9　木俑，湖南长沙马王堆汉墓出土

四、秦汉面饰

（一）花钿

花钿（diàn），亦称面花或花子，是一类可以粘贴在脸面上的薄型饰物。大多以彩色光纸、云母片、昆虫翅膀、鱼骨、鱼鳔、丝绸、金箔等为原料，制成圆形、三叶形、菱形、桃形、铜钱形、双叉形、梅花形、鸟形、雀羽斑形等诸种形状，色彩斑斓，十分精美。当然，也有直接画于脸面上的。花钿一般多特指饰于眉间额上的妆饰（也泛指面部妆饰）。面饰花钿之俗，在楚时已有之，湖南长沙战国楚墓出土的彩绘女俑脸上就点有梯形状的三排圆点（图4－10），在河南信阳楚墓出土的彩绘木俑眼皮之上也点有圆点，当是花钿的滥觞（参见第三章图3－7）。秦朝"秦始皇好神仙，常令宫人梳仙髻，贴五色花子，画为云凤虎飞升"（《中华古今注》）。说明秦时贴花钿已开始趋于成俗了。

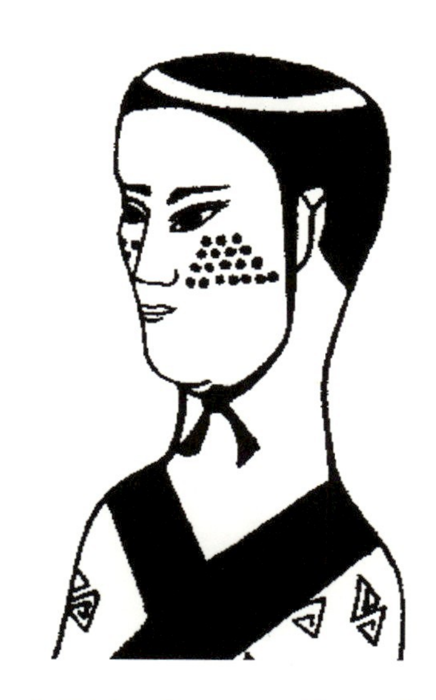

▲ 图4－10　彩绘女俑，湖南长沙战国楚墓出土

资料来源：沈从文.中国古代服饰研究［M］．上海：上海书店出版社，1997：53

（二）面靥

面靥，又称妆靥。靥指面颊上的酒窝，因此面靥一般指古代妇女施于两侧酒窝处的一种妆饰（也泛指面部妆饰）。古老的面靥名称叫"的"（也称"勺"）。指妇女点染于面部的红色圆点。商周时期便已有之，多用于宫中。早先用作妇女月事来潮的标记。古代天子诸侯宫内有许多后妃，当某一后妃月事来临，不能接受帝王"御幸"，而又不便启齿时，只要面部点"的"，女吏见之便不列其名。汉刘熙《释名·释首饰》："以丹注面曰勺。勺，灼也。此本天子诸侯群妾留以次进御，其有月事者止而不御，重（难）于口说，故注此丹于面，灼然为识，女吏见之，则不书其名于第录也。"即说的是此。但久而久之，后妃宫人及舞伎看到面部点"的"有助于美容，于是就打破月事界限而随时着"的"了。"的"

的初衷便慢慢被美容所代替，成为面靥的一种，并传入民间。汉繁钦《弭愁赋》中便写道："点圆的之荧荧，映双辅而相望。"

五、秦汉男子化妆

化妆自古并不只是女人的专利，男子也有化妆，只是不似女子般繁复齐全而已。

汉朝时，不但女子敷粉，男子亦然。《汉书·广川王刘越传》："前画工画望卿舍，望卿袒裼（xī）傅（敷）粉其旁。"《汉书·佞幸传》中载有："孝惠时，郎侍中皆冠鵔鸃（jùnyí）、贝带，傅（敷）脂粉。"《后汉书·李固传》中也载有："顺帝时所除官，多不以次。及固在事，奏免百余人。此等既怨，又希望冀旨，遂共作文章，虚诬固罪曰：'大行在殡，路人掩涕，固独胡粉饰貌，搔首弄姿，盘施偃仰，从容冶步，曾无惨怛（dá）伤悴之心。'"这虽是诬蔑之词，但据浓德符《万历野获编》所记："若士人则惟汉之李固，胡粉饰面。"可见，李固喜敷粉当属实情。也可看出当时男子确有敷粉之习尚。虽然汉时男子敷粉属实，但或列入佞（nìng）幸一类，或冠以诬蔑之词，说明男子敷粉自古便不为礼教所推崇。

第三节 秦汉时期的发式

一、秦代男女发式

（一）女子发式

秦代的历史非常短，对于秦代女子的发式，我们所知的大多出于叱咤风云的秦始皇所好。秦始皇是一个特别注重后妃妆饰打扮的君主，曾亲自下令让她们梳编出仪态万千的各种发髻，供其赏玩。在五代后唐马缟所著的《中华古今注》中便有大量记载，如"秦始皇好神仙，常令宫人梳仙髻，贴五色花子，画为云凤虎飞升"，"（秦始皇）令宫人当暑戴黄罗髻，蝉冠子，五花朵子"。这里的黄罗髻，指的是一种假髻，以金银铜木为胎作成髻状，外蒙缯帛，使用时套在头上，以簪钗固定。另外，秦始皇还"诏后梳凌云髻，三妃梳望仙九鬟髻，九嫔梳参鸾髻"。可见，在秦代这样一个极端专政的王朝，秦始皇在打扮后妃的时候，也并没有忘记区分出严格的等级。这也正是秦朝发式的一大特点，即不论男女，发式都是身份、地位的一种标志。这一标志在秦俑中更为明显。

（二）男子发式

秦代男子的发式，由于被称为“世界第八大奇迹”的秦兵马俑的出土，为人们提供了异常丰富的形象资料，见表4－1。

表4-1　秦兵马俑男子发式

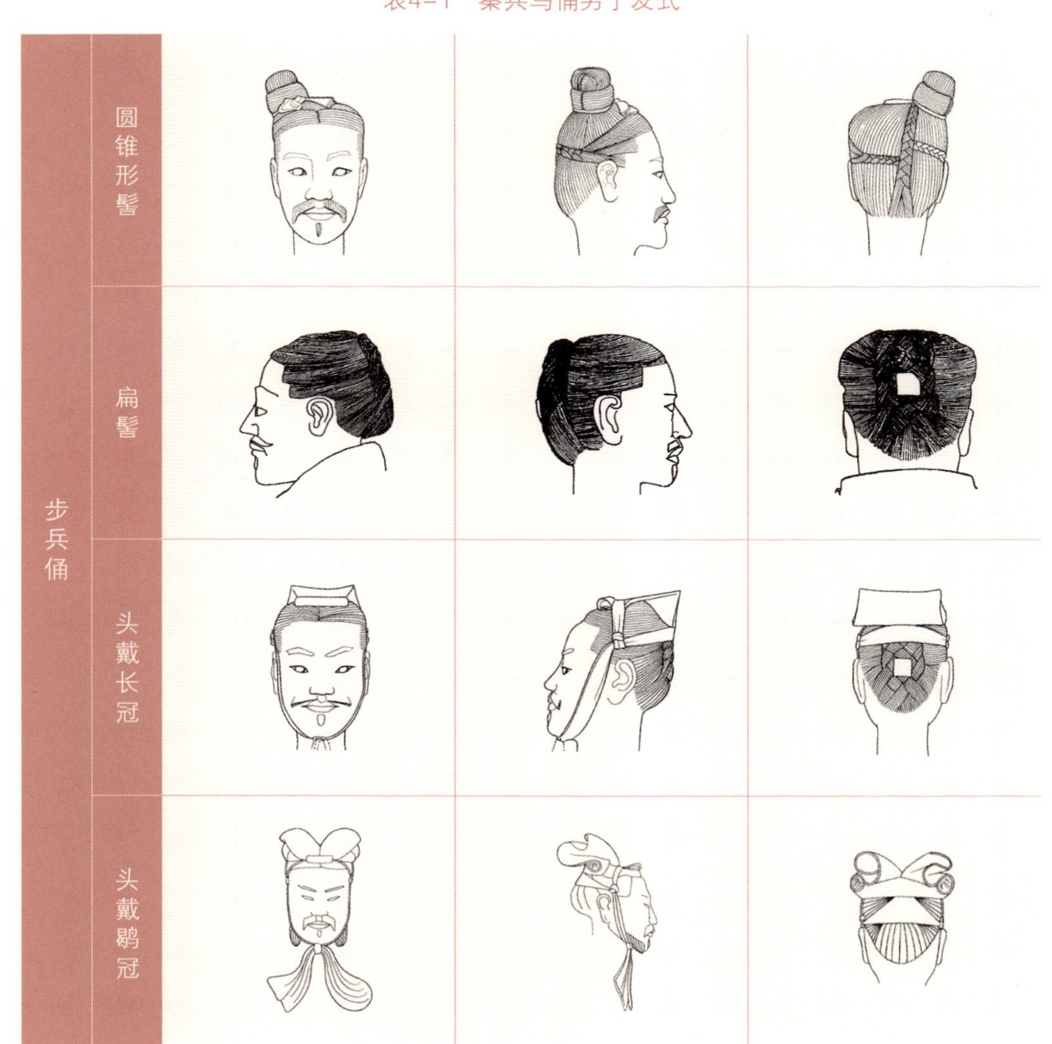

续表

秦俑坑表现的是一组步、骑、车多兵种配合的庞大军阵。构成军阵的数千武士俑，以其所属兵种和在军队中的地位，发式和头饰可谓各具特点。

1. 步兵俑发式　步兵俑发式大致有四种类型：（1）圆锥形髻，即脑后和两鬓各梳一条三股或四股小辫，交互盘于脑后，脑后发辫拢于头顶右侧或左侧，绾成圆锥形发髻（图4－11）。多数为发髻裸露，根部用红色发带束结，带头垂于髻前。也有少数头戴圆形软帽。（2）扁髻，将所有的头发由前向后梳于脑后，分成六股，编成一板形发辫，上折贴于脑后，中间夹一发卡。（3）头戴长冠，发髻位于头顶中部，罩在冠室之内。（4）头戴鹖冠，但发式不明。

2. 骑兵俑发式　骑兵俑的头饰与步兵俑不同，头戴赭色圆形介帻

▲ 图4-11　秦始皇陵兵马俑圆锥形髻梳编方式之一

资料来源：中国历史博物馆.华夏文明史（第一卷）［M］.北京：朝华出版社.2002：65

（zé），上面采用朱色绘满三点成一组的几何形花纹，后面正中绘一朵较大的白色桃形花饰，两侧垂带，带头结于颏下。

3. 御手俑发式　车兵中驾驭战车的御手俑头顶右侧梳髻，外罩白色圆形软帽，帽上还戴有长冠；御手俑左右两旁的甲士俑束发，头戴白色圆帽。

4. 跽坐俑发式　跽（jì）坐俑的发式是在前顶中分，然后沿头之左右两侧往后梳拢，在脑后绾结成圆形发髻，无发带、发卡及任何冠戴。

（三）发式、头饰的作用

秦俑的不同发式和头饰，并非随意造作，而是和秦代的社会意识及军事制度相关联的。首先，发式和发饰是区分不同兵种和身份、地位的重要标志。

1. 兵种标志　在多兵种联合作战的情况下，为便于识别和指挥调动，以显著标志区分不同的兵种是非常必要的，这在古今中外的军事史上屡见不鲜。从上面的介绍中可以清楚地看出，分属于步、骑、车三大兵种的武士俑，其发式和发饰都有明显的不同，这无疑是标志不同兵种的重要标志之一。

2. 地位标志　发式和发饰也是区别从军者地位高低的重要标志。从史书记载的情况来看，秦军的成分比较复杂，存在着高低贵贱的等级关系。秦俑发式和发饰的繁复多样，与秦俑内部复杂等级关系是相对应的。根据秦人及其前后的历史和传统习俗，尚右卑左是这一时期的历史特点。因此发髻偏左的武士俑身份要低于偏右发髻的武士俑身份。发髻偏左、偏右的武士俑，都属于史书所载的“发直上”，他们的地位均高于发髻偏后的跽坐俑。《后汉书·舆服志》载：“秦雄诸侯，乃加其武将首饰为绛袙（pà），以表贵贱。”据此可知，头部是否加戴饰物也是秦军区别贵贱的重要标志。在秦俑坑出土的步兵俑中，多数头部不加饰物，发髻裸露，地位最为低下。头戴软帽的士卒，地位当高于裸髻者，少数头戴长冠者，似为中下级军吏。个别俑头戴鹖冠，神情威严，当属于高级指挥官。

（四）发式结构

我国至今出土的各时代陶俑，头上有发髻的不少，但能看出结构的实属寥寥。唐墓出土的女俑，头上发髻有的异常高大，绾结手续很烦琐，但在结构方面，只能看到轮廓，细部仍然不清。秦俑坑出土的全为男俑，头上发髻不但高大，绾结方法多样，而且来龙去脉清楚，头发好像经过梳发工具整理，头后蓬松的发丝，经小辫相牵连，在表面勒出条条渠道，形象逼真，反映了秦人对艺术的高度写实主义精神。有人认为，秦俑的发式因结构过于烦琐，本人很难自理，并不适应军队生活，实际上，秦国是一个尚武的国家，军队的着装、服饰、发式无不体现军纪、军容和有序威严的社会特征。从另一方面来看，这种结构的发式比较稳固，不易变形，并能保持较长时间，而且发髻多位于头顶，并不妨碍睡觉，同时也显得干净利落。

（五）鬓发

除了各式的发髻外，古人对鬓发的修饰也是异常精心的，刻意地将它修剪或整理成各种形状。从形象资料来看，秦代男女的鬓发，大多被修剪成直角状，鬓角下部的头发则全被剃去，给人以庄重、严整的感觉。这与秦代严格的等级制度与极端专政的统治政策应有着直接的关系。

二、汉代男女发式

（一）女子发式

汉代女子的发式已发展得非常成熟了，发髻形制可谓千姿百态，名目繁多。总体上分为两种类型：一种是梳在颅后的垂髻，一种是盘于头顶的高髻（表4－2）。

表4-2　汉代女子发式

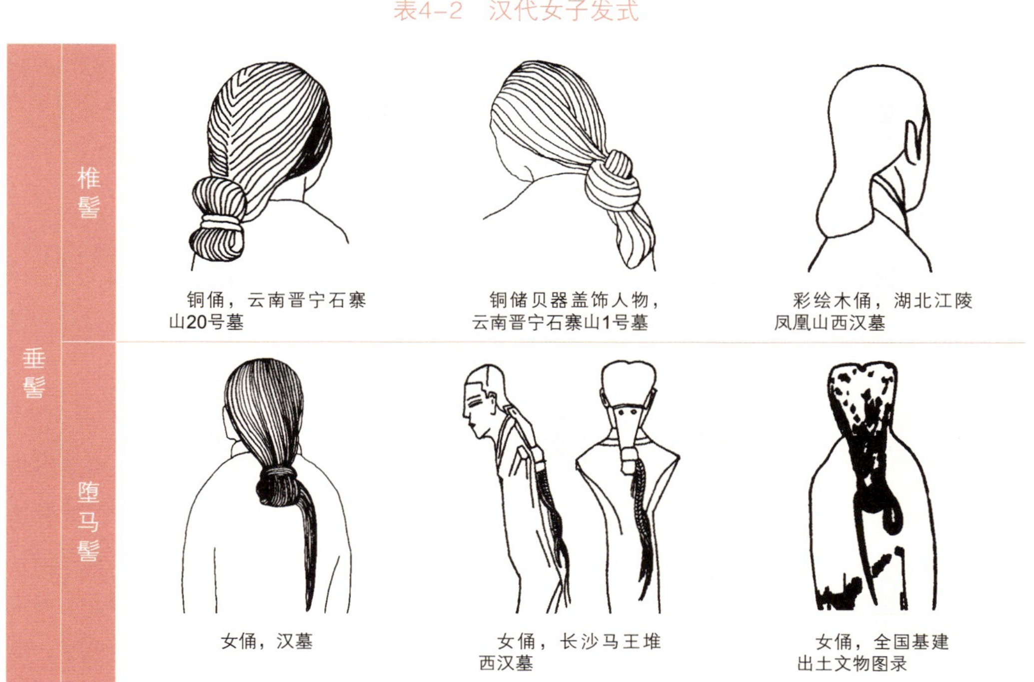

续表

高髻 	 倭堕髻，洛阳市郊永宁寺“汉魏故城”遗址	 反绾髻，长沙马王堆西汉墓	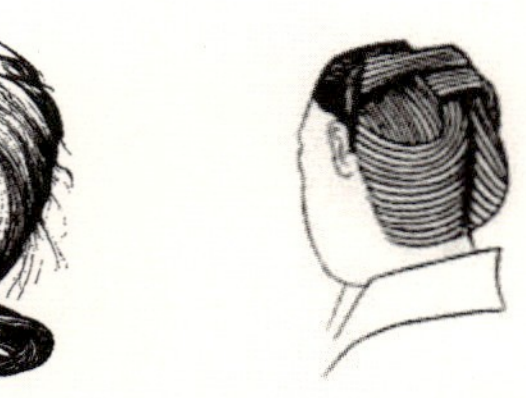 反绾髻，北京故宫博物院藏
	 巾帼髻，广东广州市郊东汉墓	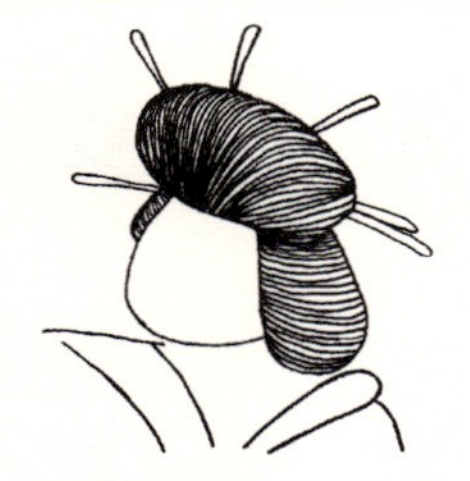 花钗大髻，河南新密市打虎亭东汉墓壁画	 三环髻，河南新密市打虎亭东汉墓壁画
垂髻 		 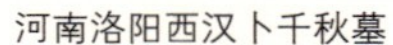 河南洛阳西汉卜千秋墓	 女俑，临沂银雀山出土

1．椎髻　汉代最流行的垂髻是“椎髻”（也称“椎结”）。早在战国时期，居住在西南地区的妇女，就已有梳椎髻的习俗，秦汉时更盛行于世，并传至中原。因其样式与带把的木制棰子十分相似，故名。这种发式主要用于普通妇女家居。在《后汉书·逸民列传》中记载着这样一个故事：东汉诗人梁鸿，为人高节，娶同县女孟光为妻。在出嫁那天，孟光穿着豪华，装饰入时，不料过门之后，梁鸿七日不予答理。孟光知悟，“乃更为椎髻，着布衣，操作而前”，梁

鸿见之大喜，不禁赞曰："此真梁鸿妻也！"可见在当时，梳这种发髻是一种贤淑与勤劳的象征。不仅汉族人喜梳，这个时期的少数民族也颇喜爱梳绾椎髻，且不分男女。《汉书·西南夷传》："此皆椎结（髻），耕田，有邑聚。"又《朝鲜传》："聚党千余人，椎结（髻）蛮夷服而东走出塞。"《后汉书·度尚传》："初试守宣城长，悉移深林远薮（sǒu）椎髻鸟语之人置于县下，由是境内无复盗贼。"而且不仅老百姓爱梳，兵士也有梳椎髻者。《汉书·陆贾传》中便载："贾至，尉佗魋（zhuī）结（髻）箕踞见贾。"服虔注："魋音椎，今兵士椎头髻也。"可见，椎髻因其简洁易梳，在汉时是下层人民普遍喜好的一种发式。这种下垂式的发髻，在整个秦汉妇女发式中一直占主导地位（图4－12）。

▲ 图4–12　梳垂髻仙人像，湖南长沙马王堆1号汉墓出土帛画，湖南省博物馆藏

2. 堕马髻　汉代另一种流行的垂髻，便是名重一时的"堕马髻"了。汉时的堕马髻梳挽时由正中开缝，分发双颞，至颈后集为一股，挽髻之后垂至背部，因酷似人从马上跌落后发髻松散下垂之状（图4－13~图4－15），故名。粗看起来，这种髻式与椎髻比较接近，不过它另在髻中分出一绺头发，朝一侧垂下，给人以发髻松散飘逸之感，这正是堕马髻的基本特征所在。关于这种发式的出现，可谓众说纷纭，有说其始于西汉武帝之时；也有人说始于东汉桓帝时，为梁冀之妻孙寿所作，故又有"梁家髻"之称。后一种说法似比较可信。《后汉书·五行志》中载："桓帝元嘉中，京都妇女作愁眉、啼妆、堕马髻、折腰步、龋齿笑。……始自大将军梁冀家所为，京都歙然，诸夏皆仿效。"另有《后汉书·梁冀传》中载："（冀妻孙）寿色美而善为妖态，

▲ 图4-13 堕马髻，汉代彩绘陶女俑

▲ 图4-14 梳堕马髻的汉代铜女俑，云南晋宁县石寨山出土，云南省博物馆藏（李芽摄）

（a）（b）（c）（d）（e）

▲ 图4-15 脑后梳各种椎结的汉代铜女俑，云南晋宁县石寨山出土，云南省博物馆藏（李芽摄）

作愁眉、啼妆、堕马髻，折腰步，龋齿笑，以为媚惑。”可见，这种发式在当时是一种非常妖媚的发式，因此流行起来也在情理之中，在汉代的诸多文献资料中这种发式均可见到。堕马髻虽然风行一时，但流行时间并不很长，东汉以后，梳这种发髻的妇女便逐渐减少，至魏晋时，已完全绝迹。到了唐代，虽又见其名，但样式却与汉式名同而实异。堕马髻之后，代之而起的是“倭堕髻”。“倭堕髻”是由堕马髻演变而来的，梳法是集发于顶，挽成一髻，朝一侧下垂，与唐式堕马髻形制基本相同，通常作于年轻妇女。汉乐府《陌上桑》诗中那美丽的罗敷便是“头上倭堕髻，耳中明月珠”。这种发式历魏晋而至隋唐五代，近千年来一直受到女士的青睐。

3. 高髻、假髻　汉代女子除了梳垂髻比较盛行外，梳高髻也很流行。汉代童谣中便有“城中好高髻，四方高一尺”的说法。但因其梳起来比较烦琐，故多为宫廷嫔妃、官宦小姐所梳。而且，在出席入庙、祭祀等比较正规的场合时，是一定要梳高髻的。例如汉代命妇在正规场合，多梳剪氂（máo）帼、绀缯帼、大手髻等。这里的帼，指的是“巾帼”，是古代妇女的一种假髻。这种假髻，与一般意义上的假髻有所不同。一般的假髻是在本身头发的基础上增添一些假发编成的发髻，而帼则是一种貌似发髻的饰物，多以丝帛、鬃毛等制成假发，内衬金属框架，用时只要套在头上，再以发簪固定即可。从某种意义上说，它更像一顶帽子。如广州市郊东汉墓出土的一件舞俑，头上戴有一个特大的“发髻”，发上插发簪数支，在“发髻”底部近额头处，有一道明显的圆箍，当是着巾帼的形象（图4－16）。除此之外，汉代宫廷中流行的高髻还有很多，多为皇帝所好，令宫人梳之。如“汉高祖又令宫人梳奉圣髻”，“（汉）武帝又令梳十二鬟髻”，“（汉）灵帝又令梳瑶台髻”。另外，

▲ 图4–16　戴巾帼女俑，广州市郊东汉墓出土

还有反绾髻、惊鹄髻、花钗大髻、三环髻、四起大髻、欣愁髻、飞仙髻、九环髻、迎春髻、垂云髻等，数不胜数。汉代妇女髻上一般不加包饰，大都作露髻式。

4. 垂髾　不论是梳高髻还是梳垂髻，汉代妇女多喜爱从髻中留一小绺头发，下垂于颀后，名为“垂髾”，也称“分髾”。前面讲的堕马髻便是如此。汉明帝令宫人梳“百合分髾髻”，自然也是如此。另外，汉代还有一种因形制散乱而得名的“不聊生髻”，顾名思义，当也是如此，而且或许还不只垂下一绺头发。汉武帝的上元夫人还喜爱作一种名为“三角髻”的发式，“头作三角髻，余发散垂至腰”。这虽不属垂髾，但却与垂髾有着异曲同工之情趣，即显得飘逸、洒脱、随意而不拘谨。这种发式风格直到魏晋仍盛行不衰（图4－17），但自唐以后便很难见到了。

5. 鬓发　汉时妇女的鬓发，初时仍如秦制，修剪成直角状，到了东汉末年，不少地区的妇女都将鬓发整理成弯曲的钩状了。这与思想意识的转变当有直接的联系。

▲ 图4－17　梳高髻垂髾的汉代女性，四川大邑出土东汉宴饮画像砖

（二）男子发式

汉族男子的发式自周代起便基本上是梳髻的形式。有的是梳髻于顶，有的是把头发梳编成低平的扁髻，贴于脑后，然后或戴冠、或束巾、或干脆就是露髻式（图4－18）。这种发式一直延续至明代，除了少数民族政权统治时期强制汉民改换发式（如元代蒙古族，清代满族）之外，汉族的男子发式一直是保持梳髻的形式。所区别的只是冠帽样式与制度的改变。如秦汉冠制便和周制不同，周时男子是直接把冠罩在发髻上，秦及西汉则在冠下加一带状

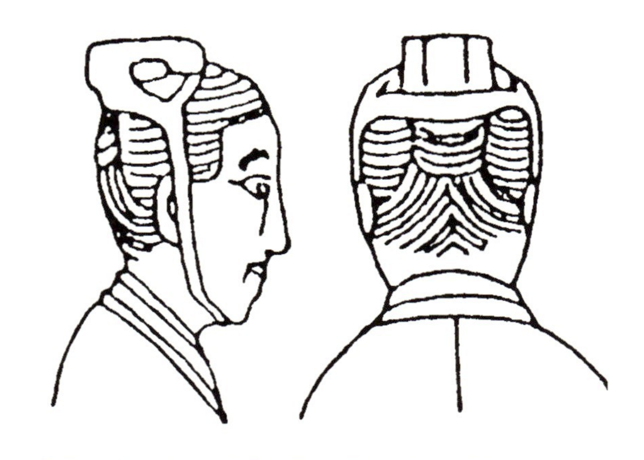

▲ 图4－18　以冠压发的男性玉人，河北满城西汉墓出土

的頍（kuǐ）与冠缨相连，结于颏下，至东汉则先以巾帻包头，而后加冠，这在秦代是地位较高的人才能如此装束的。汉刘熙的《释名·释首饰》说："巾，谨也。二十成人，士冠，庶人巾。"说明巾和冠都是古时表示青年人成年的标志，只是士"冠"，庶人"巾"，即有身份的人戴冠，而普通老百姓则裹巾（图4－19）。但在汉末，巾已为士人所接受，成为上下通用的一种发饰。如《傅子》中说："汉末王公，多委王服，以幅巾为雅。是以表绍、崔豹之徒，虽为将帅，皆著缣巾。"就连三国时贵为丞相的诸葛亮也是"羽扇纶（guān）巾"。

◀ 图4–19　着巾说唱俑，四川成都天回山东汉墓出土

资料来源：中国历史博物馆．华夏文明史（第一卷）［M］．北京：朝华出版社．2002：216

第五章

魏晋南北朝时期的妆饰文化

第一节 | 概述

魏晋南北朝是指从公元220年曹丕代汉，到公元589年隋灭陈统一全国，共369年。这一时期基本上处于动乱分裂状态。先为魏、蜀、吴三国呈鼎立之势。后来，司马炎代魏，建立晋朝，统一全国，史称西晋，不到四十年遂灭亡。司马睿在南方建立偏安的晋王朝，史称东晋。在北方，有几个少数民族相继建立了十几个国家，被称为十六国。东晋后，南方历宋、齐、梁、陈四朝，统称为南朝。与此同时，鲜卑拓跋氏的北魏统一北方，后又分裂为东魏、西魏，再分别演变为北齐、北周，统称北朝。最后，杨坚建立隋朝，统一全国，方结束了南北分裂的局面。

如此的战乱频仍，动荡不安，一方面使社会经济遭到相当程度的破坏。但另一方面，由于南北迁徙，民族错居，中央集权的统一大帝国不复存在，也加强了各民族之间的交流与融合，开阔了人们的眼界与知识，使思想上的禁锢被打破了。汉代以“仁”为本的儒学信仰出现了危机，对人生意义的重新思索，把魏晋思想引向了玄学。如果说儒家所追求的理想人格是个体绝对地服从于仁义道德，以此为最高价值的表现，那么魏晋玄学所追求的理想人格则恰好是要批判儒学的虚伪，打破它的束缚，以求得人格的绝对自由。正如宗白华先生曾指出的那样：“汉末魏晋六朝是中国历史上最混乱、社会上最痛苦的时代，然而却是精神上极自由、极解放，最富于智慧、最浓于热情的一个时代，因此也就是最富于艺术精神的一个时代。”

另外，由于天下大乱，人命如草，使西汉就已传入我国的讲求“转世轮回，因果报应”的佛教思想，在此时有了扩大其影响的条件。佛教虽然有着很多不益的宗教迷信成分，但伴随其同来的文学、音乐、舞蹈、建筑、雕塑、绘画、服装乃至妆饰等异域文化，却给汉文化注入了巨大的活力。佛教给中国文化与艺术领域带来的影响是巨大而深远的。

一、面妆

在这种时代背景下，妆饰文化呈现出一派求新求异，充满自由想象的崭新景象。在女子面妆方面，魏晋南北朝创造了一系列前所未有的新奇名目，如“斜红妆”“额黄妆”“寿阳妆”“碎妆”“紫妆”“佛妆”“黄眉墨妆”“徐妃半面妆”等，大多形象古怪，立意稀奇。其中“佛妆”“额黄妆”与发式中的“螺髻”和“飞天髻”等都是受佛教的影响而创作的，充满了浓郁的异域风情。在化妆品制作方面，北魏贾思勰所著的《齐民要术》一书，为我们介绍了许多详尽的制作方法，既是一部丰厚的文化遗产，也说明魏晋时期化妆品的制作已经达到了一个非常高的水平。可以这样说：在中国化妆史上，魏晋南北朝是一个最富创意与想象力的朝代。随后到来的大唐盛世的妆饰高潮，如果没有魏晋南北朝时积累起来的丰厚基础，是不可能达到的。

二、发式

在发式方面，汉代女子的垂髻已不再流行，巍峨的高髻开始在女子的发式中独领风骚。而且多喜爱把头发盘成环形，或一环、或数环，然后高耸于头顶，作一种凌空摇曳之状。虽高耸而不臃肿，显得俊秀而挺拔。汉代流行的“垂髾”此时依然盛行，在顾恺之的《女史箴图》中我们便可以明显地看到脑后长长的随风飘舞的“垂髾”，再与此时流行的飘逸长鬓相搭配，可谓把那种飘飘欲仙、玉树临风、飘逸潇洒、秀骨清像的时代气质演绎得淋漓尽致。

由于政治混乱，朝廷更换频繁，此时的文人虽意欲进贤，却又怯于宦海沉浮，只得自我超脱。除沉迷于饮酒、奏乐、吞丹、谈玄外，更在妆饰上寻求宣泄，以傲世为荣。故披发又在男子中重新流行。另外，像“丫髻”这种原本是未成年小孩梳的发式，这时也开始在士人中盛行。而且，由于士族阶级与庶族新贵的极端腐朽荒淫，男子敷粉施朱的现象大兴，这在中国历史上是不多见的。

第二节　魏晋南北朝时期的化妆

一、魏晋南北朝面妆

（一）面妆种类

六朝时的面妆相对于秦汉时期，可谓异常的多彩。其特点表现在彩妆的异常繁盛上，除

▲ 图5-1　东晋顾恺之《洛神赋图》（局部）

了前面所提到的红妆之外，还有白妆、墨妆、紫妆及额黄妆等。

1. 白妆　即以白粉敷面，两颊不施胭脂，多见于宫女所饰。《中华古今注》中云："梁天监中，武帝诏宫人梳回心髻，归真髻，作白妆青黛眉。"这种妆式多追求一种素雅之美，颇似先秦时的素妆（图5-1）。

2. 红妆　即红粉妆，以胭脂、红粉涂染面颊，秦汉时便已有之。南朝齐谢朓《赠王主簿》诗云："日落窗中坐，红妆好颜色。"梁武陵王《明君词》中也云："谁堪览明镜，持许照红妆。"北朝无名氏《木兰诗》中也写道："阿姊闻妹来，当户理红妆。"温庭筠《青妆录》中还记载有："晋惠帝令宫人梳芙蓉髻，插通草五色花，又作晕红妆。"这种晕红妆则是一种非常浓艳的红妆。做红妆必然要用胭脂，此时胭脂的制作相比于秦汉时期，亦有所发展，出现了绵胭脂和金花胭脂。绵胭脂是一种便于携带的胭脂。以丝绵卷成圆条浸染红蓝花汁而成，妇女用以敷面或注唇。晋崔豹《古今注》卷三中载："燕支……又为妇人妆色，以绵染之，圆径三寸许，号绵燕支。"金花胭脂是一种便于携带的薄片胭脂，以金箔或纸片浸染红蓝花汁而成。使用时稍蘸唾沫使之溶化，即可涂抹面颊或注点嘴唇。同是《古今注》卷三中还载："燕支……又小薄为花片，名金花烟支，特宜妆色。"即指此。

3. 紫妆　是以紫色的粉拂面，最初多用米粉、胡粉掺葵子汁调和而成，呈浅紫色。相传为魏宫人段巧笑始作，南北朝时较为流行。晋崔豹《古今注》卷下中载有："魏文帝宫人绝所爱者，有莫琼树、薛夜来、田尚衣、段巧笑四人，日夕在侧。……巧笑始以锦衣丝履，作紫粉拂面。"至于巧笑如何想出以紫粉拂面，根据现代化妆的经验来看，黄脸者，多以紫粉打底，以掩盖其黄，这是化妆师的基本常识。由此推论，或许段巧笑正是此妙方的创始人呢？北魏贾思勰《齐民要术》卷五中曾详细记载了紫粉的作法："作紫粉法，用白米英粉三分，胡粉一分，和合均调。取落葵子熟蒸，生布绞汁，和粉日曝令干。若色浅者，更蒸取汁。重染如前法。"唐代以后则掺入银朱，改成红色。明宋应星《天工开物》卷十六中便载有："紫粉，红色。贵重者用胡粉、银朱对和，粗者用染家红花滓汁为之。"

说到贾思勰的《齐民要术》一书，我们真应该感谢这位老人为我们留下了如此丰厚的一部文化遗产。前几章所提到的朱粉、铅粉、胭脂及本章所提到的紫粉、面脂、唇脂等化妆品的制作方法，均出自这本书中。由此我们也可以看出，魏晋时期，化妆品的制作已经达到了一个非常高的工艺水平，化妆的普及率自然也不会很低。

4. 墨妆　此妆始于北周，即不施脂粉，以黛饰面。《隋书·五行志上》载："后（北）周大象元年……朝士不得佩绶，妇人墨妆黄眉。"唐宇文氏《妆台记》中也载："后（北）周静帝，令宫人黄眉墨妆。"可见墨妆必与黄眉相配，也是有色彩的点缀。这里的以黛饰面，不知是否为整个脸上涂黛，还是仅一部分涂黛，但据明张萱《疑耀》卷三中所载："后（北）周静帝时，禁天下妇人不得用粉黛，今宫人皆黄眉黑妆。黑妆即黛，今妇人以杉木灰研末抹额，即其制也。"可知明时的黑妆是以黑末抹额，北周的墨妆或许也是如此吧。

5. 额黄妆　此妆是指于额间染黄，这在"面饰"一节会详细介绍。

6. 啼妆、半面妆　除了各种彩妆之外，魏晋南北朝时各种稀奇古怪的化妆也不少。如曾流行于东汉后期的啼妆，即"以油膏薄拭目下，如涕泣之状"，此时依然沿袭。南朝梁何逊《咏七夕》诗中便云："来观暂巧笑，还泪已啼妆。"梁简文帝《代旧姬有怨》诗中也云："怨黛愁还敛，啼妆拭更垂。"都提及了这种妆式。除了啼妆之外，还有一种更为奇特的面妆，称为"徐妃半面妆"。顾名思义，即只妆饰半边脸面，左、右两颊颜色不一。相传出自梁元帝之妃徐氏之手。《南史·梁元帝徐妃传》中载："妃以帝眇一目，每知帝将至，必为半面妆以俟。帝见则大怒而出。"徐妃如此大胆，在封建社会实属罕见。这种妆饰仅属个别现象，当为前无古人，后无来者了。

（二）化妆品

除了化妆之外，此时的女子也同样要用面脂、唇脂和香泽来护肤、护唇、护发。

1. 面脂、唇脂　南朝梁刘缓《寒闺》诗中载："箱中剪尺冷，台上面脂凝。"南朝刘孝威《都县遇见人织率尔寄妇诗》也云："艳彩裾边出，芳脂口上渝。"此时面脂的做法，已很精湛，《齐民要术》卷五中有详细记载："合面脂法，牛髓（牛髓少者用牛脂和之，若无髓，空用脂也得也）温酒，浸丁香、藿香二种，煎法一同合泽。亦著青蒿以发色。绵滤著瓷漆盏中，令凝。若作唇脂者，以熟朱和之，青油裹之。"

2. 香泽　护发用的香泽也很讲究。三国魏曹植《七启》中载："收乱发兮拂兰泽。"其《洛神赋》中也写道："芳泽无加，铅华弗御。"南朝梁萧子显《代美女篇》中也云："余光幸未惜，兰膏空自煎。”这里的兰泽、芳泽、兰膏均指的是润发用的油膏。其制作在《齐民要术》中也有详细记载：“合香泽法：好清酒以浸香。（夏用冷酒，春秋温酒令暖，冬则小热。）鸡舌香、（俗人以其似丁子，故为丁子香也。）藿香、苜蓿、泽兰香，凡四种，以新绵裹而浸之。（夏一宿，春秋两宿，冬三宿。）用胡麻油两分，猪脂一分，内铜铛中；即以浸香酒和之。煎数沸后，便缓火微煎；然后下所浸香，煎。缓火至暮，水尽沸定，乃熟。（以火头内泽中。作声者，水未尽；有烟出无声者，水尽也。）泽欲熟时，下少许青蒿以发色。”

3. 洗面用品　除了面脂与香泽外，此时的人们还发明了类似当今洗面奶的洗面用品，名“白雪”，即用桃花汁调雪洗面，使皮肤光泽妍丽。北齐崔氏《靧面辞》中便云：“取红花，取白雪，与儿洗面作光悦。取白雪，取红花，与儿洗面作妍华。取花红，取白雪，与儿洗面作光泽。取白雪，取花红，与儿洗面作华容。”除此之外，还有一种类似如今香皂之类的“化玉膏”。据说以此盥面，可以润肤，且有助姿容。相传晋人卫玠风神秀异，肌肤白皙，见者莫不惊叹，以为玉人。其盥洗面容即用此膏。《说郛》卷三十一辑无名氏《下帷短牒》中载：“卫篚盥面，用化玉膏及芹泥，故色愈明润，终不能枯槁。”

（三）妆具

魏晋南北朝时期，不仅化妆品精致、齐全，此时妇女化妆还有专门的妆具，总称“严器”“严具”或“奁具”（图5－2）。内装有许多小盒，有“五子”“七子”等名目（即内装

◀ 图5－2　东晋顾恺之《女史箴图》（局部），地上摆放的即为成套的严器

五个或七个小盒)，盆内脂粉、梳篦、刷子、描眉笔等一应俱全，和湖南长沙马王堆汉墓出土的漆奁相似，实际上也就相当于我们如今的化妆箱一般。但当时贵妇们所用的严器是十分讲究的，多以金银制成。齐永明十一年(公元493年)，有人挖掘桓温女冢，“得金巾箱，织金篾为严器”。江西南昌晋代夫妇合葬墓中，有一木方上记载了随葬器物的名称，其中便包括许多化妆品及用具：有严器一枚、铜镜一枚、白练镜衣一枚、白绢粉囊一枚、刷一枚、练细栉(梳、篦之类)二枚、面脂一抠(ōu)、饰面巾一枚等，可谓名目繁多，应有尽有了。

二、魏晋南北朝眉妆

表5－1为魏晋女子眉妆图示。

表5-1　魏晋女子眉妆图示

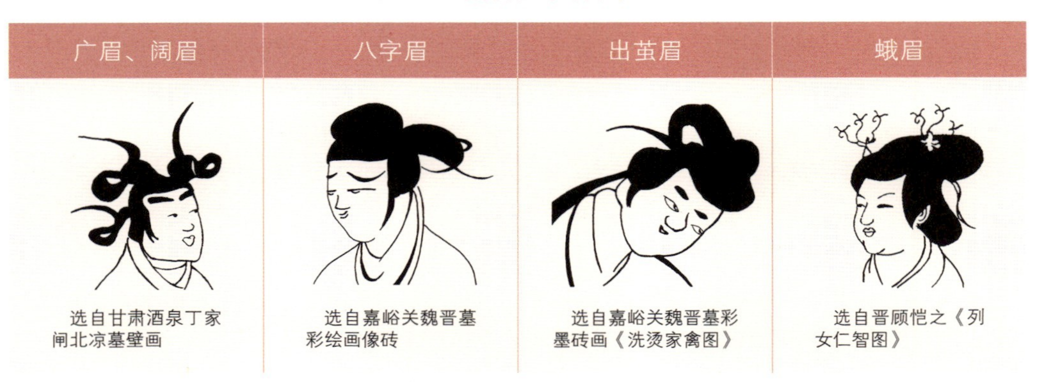

广眉、阔眉	八字眉	出茧眉	蛾眉
选自甘肃酒泉丁家闸北凉墓壁画	选自嘉峪关魏晋墓彩绘画像砖	选自嘉峪关魏晋墓彩墨砖画《洗烫家禽图》	选自晋顾恺之《列女仁智图》

(一)蛾眉、长眉

魏晋南北朝时，汉代的蛾眉与长眉仍然最为流行。晋崔豹《古今注》便写道：“今人多作娥(蛾)眉。”南朝梁沈约《拟三妇》诗中也有：“小妇独无事，对镜画蛾眉。”此时的长眉在汉代的基础上更有发展，呈现浓阔之势。《妆台记》中叙“魏武帝令宫人扫青黛眉，连头眉，一画连心细长，谓之仙蛾妆；齐梁间多效之”。《中华古今注》亦云：“魏宫人好画长眉，今作蛾眉惊鹄髻，……梁天监中，武帝诏宫人作白妆青黛眉。”文人诗赋中，亦有曹植《洛神赋》中“云髻峨峨，修眉联娟”的赞辞及南朝梁吴均《与柳恽相赠答》诗中“纤腰曳广袖，半额画长蛾”等。可见，此时的长眉，不仅仅只朝“阔耳”的方向延伸，且已然是连心眉了。长眉作为一个时代的审美标准，兼有复古之情寓于其中(图5－3、图5－4)。

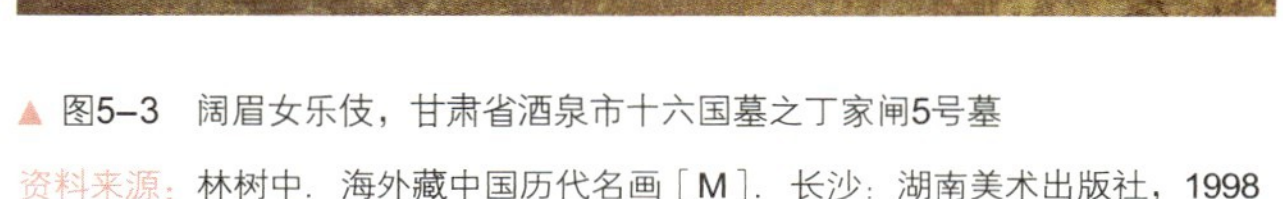

▲ 图5-3 阔眉女乐伎，甘肃省酒泉市十六国墓之丁家闸5号墓

资料来源：林树中．海外藏中国历代名画［M］．长沙：湖南美术出版社，1998

▲ 图5-4 阔眉女舞伎，甘肃省酒泉市十六国墓之丁家闸5号墓

（二）八字眉、出茧眉

除了蛾眉与长眉，汉时的八字眉此时也依然流行。晋葛洪《抱朴子·祛惑》云：“世云尧眉八彩，不然也。直两眉头甚竖，似八字耳。”唐李商隐《蝶三首》诗中描写南朝宋武帝刘裕之女寿阳公主时也曾写道：“寿阳公主嫁时妆，八字宫眉捧额黄。”公主出嫁尚且还画着八字眉，可见其流行程度了。

另外，此时还出现了眉形短阔，如春蚕出茧的出茧眉。南朝何逊《咏照镜诗》：“聊为出茧眉，试染夭桃色。”即指这种眉式，且还染成了发红的夭桃之色，当时当属另类了。

（三）黄眉

魏晋时期由于连年战乱，礼教相对松弛，且因佛教传播渐广，因此受外来文化的影响，在眉妆上，打破了古来绿蛾黑黛的陈规而产生了别开生面的“黄眉墨妆”新式样。面饰用黄，大概是印度的风习，经西域间接输入华土。汉人仿其式，初时只涂额角，即“额黄”。如北周诗人庾信诗云：“眉心浓黛直点，额角轻黄细安。”再后乃施之于眉，在眉史上遂别开新页，尤在北周时最为流行。明田艺蘅《留青日札》卷二十云：“后（北）周静帝令宫人黄眉墨妆。”《隋书·五行志上》也载有：“（北）后周大象元年，朝士不得佩绶，妇人墨妆黄眉。”

当然，除去黄眉之外，翠眉、黛眉此时依然为广大妇女所钟爱。晋陆机在《日出东南隅》赋中便描写罗敷有“蛾眉象翠翰”的美丽，梁简文帝《咏美人晨妆诗》中有“散黛随眉广，胭脂逐脸生”的面妆，在顾恺之的《女史箴图》和《列女仁智图》中也可窥见一二。晋左思在《娇女诗》中，言其小女“明朝弄梳台，黛眉类扫迹”。北周庾信在《镜赋》中则以大量篇幅，事无巨细地描写了贵妇梳妆的过程，其中也描写了眉妆：“鬓齐故掠，眉平犹剃，飞花砧子，次第须安，朱开锦蹋，黛蘸油檀，脂和甲煎，泽渍香兰。”

（四）画眉材料

至于此时画眉的材料，从上述诗中可以看出，仍以黛为主，但《墨谱》中载：“周宣帝令外妇人以墨画眉，禁中方得施粉黛。”可知，北周时已知道用墨画眉了。

三、魏晋南北朝唇妆

魏晋南北朝时期的唇妆沿袭汉制，仍以娇小红润为尚（图5－5）。多以红色丹脂点唇，亦称“朱唇”。魏曹植《七启》之六中写道：“动朱唇，发清商。”晋左思《娇女诗》中也写有：“浓朱衍丹唇，黄吻澜漫赤。”傅玄《明月篇》中也有：“丹唇列素齿，翠彩发蛾眉。”

除去红色的朱唇外，南北朝时还兴起了一种以乌膏染唇，状似悲啼的“嘿唇”。初为宫女所饰，后传至民间，成为一种时髦的妆饰。南朝徐勉《迎客曲》中便载有：“罗丝管，舒舞席，敛袖嘿唇迎上客。”

▲ 图5–5　口涂唇脂、额饰花钿的女子，东晋顾恺之《女史箴图》（局部）

四、魏晋南北朝面饰

（一）额黄

额黄是一种古老的面饰，也称“鹅黄”“鸦黄”“约黄”“贴黄”“宫黄”等（图5－6）。因为是以黄色颜料染画于额间，故名。其俗可能起源于汉代，因明张萱《疑

▲ 图5-6 额黄妆女子，《北齐校书图卷》（局部），美国波士顿美术博物馆藏

耀》中曾说："额上涂黄，亦汉宫妆。"但至六朝时方流行起来。它的流行，与魏晋南北朝时佛教在中国的广泛传播有着直接的关系。当时全国大兴寺院，塑佛身、开石窟蔚然成风，妇女们或许是从涂金的佛像上受到了启发，也将自己的额头染成黄色，久之便形成了染额黄的风习，并进而整个面部都涂黄，谓之"佛妆"。

北周庾信《舞媚娘》诗中曾写道："眉心浓黛直点，额角轻黄细安。"梁江洪《咏歌姬》诗中亦云："薄鬓约微黄，轻红淡铅脸。"南朝梁简文帝萧纲在多首诗中都曾提及额黄，如"同安鬟里拨，异作额间黄"（诗《戏赠丽人》）；"约黄出巧意，缠弦用法新"（《率尔为咏诗》）；"约黄能效月，裁金巧作星"（《美女篇》）。可见，梁简文帝时宫内妃嫔染额黄已成风习。

除了把黄色颜料染画于额间，也有用黄色硬纸或金箔剪制成花样，使用时以胶水粘贴于额上的。由于可剪成星、月、花、鸟等形状，故又称"花黄"。南朝梁费昶《咏照镜》诗云："留心散广黛，轻手约花黄。"陈后主《采莲曲》云："随宜巧注口，薄落点花黄。"就连北朝女英雄花木兰女扮男装，代父从军载誉归来后，也不忘"当窗理云鬓，对镜贴花黄"。实际上，严格说来，贴花黄已脱离了额黄的范畴，更多地接近花钿的妆饰，只因同属额间黄色饰物，故在此述。

（二）斜红

斜红是面颊上的一种妆饰，其形如月牙，色泽鲜红，分列于面颊两侧、鬓眉之间。其形象古怪，立意稀奇，有的还故意描成残破状，犹若两道刀痕伤疤，亦有作卷曲花纹者。其俗始于三国时。南朝梁简文帝《艳歌篇》中曾云："分妆间浅靥，绕脸傅（敷）斜红。"便指此妆。这种面妆，现在似乎看来不伦不类，但在古时却引以为时髦，这是有原因的。五代南唐张泌《妆楼记》中记载着这样一则故事：魏文帝曹丕宫中新添了一名宫女叫薛夜来，文帝对之十分宠爱。某夜，文帝在灯下读书，四周围有水晶制成的屏风。薛夜来走近文帝，不觉一头撞上屏风，顿时鲜血直流，痊愈后乃留下两道伤痕。但文帝对之仍宠爱如昔，其他宫女见而生羡，也纷起模仿薛夜来的缺陷美，用胭脂在脸颊上画上这种血痕，取名曰“晓霞妆”，形容若晓霞之将散。久之，就演变成了这种特殊的面妆——斜红。可见，斜红在其源起之初，是出于一种缺陷美（图5－7）。

▲ 图5–7　面饰斜红和花钿的女性形象，东晋顾恺之《女史箴图》（局部）

（三）花钿

这里的花钿，专指一种饰于额头眉间的额饰，也称“额花”“眉间俏”“花子”等（图5－8、图5－9），在秦始皇时便已有之。六朝时特别盛行一种梅花形的花钿，称为“梅花妆”。相传宋武帝刘裕之女寿阳公主，在正月初七仰卧于含章殿下，殿前的梅树被微风一吹，落下一朵梅花，不偏不倚正落在公主额上，额中被染成花瓣之状，且久洗不掉。宫中其他女子见其新异，遂竞相效仿，剪梅花贴于额间。后渐渐由宫廷传至民间，成为一时时尚，故又有“寿阳妆”之称。

▲ 图5–8　金箔花钿，湖南长沙晋墓出土

当时粘贴花钿的胶是一种特制的胶，名呵胶。这种胶在使用时，只需轻呵一口气便发黏。相传是用鱼鳔制成的，黏合力很强，可用来粘箭羽。妇女用之粘贴花钿，只要对之呵气，并蘸少量口液，便能溶解粘贴。卸妆时用热水一敷，便可揭下，十分方便。

（四）面靥

六朝时的面靥相比于汉代已有很大的发展。汉代的点“的”风俗依旧沿袭，如晋傅玄《镜赋》中便写道：“珥明珰之迢迢，点双的以发姿。”三国魏王粲《神女赋》中也写道：“脱衣裳兮免簪笄，施华的兮结羽钗。”

▲ 图5–9　面饰斜红、花钿和面靥的女性形象，《羽人图》（局部），甘肃省酒泉市丁家闸5号墓南顶

▲ 图5-10　碎妆女子形象，《庄园生活图卷》纸本著色，十六国，吐鲁番县阿斯塔那13号墓出土，新疆维吾尔自治区博物馆藏

除了在酒窝处点“的”之外，六朝时面靥的形状也并不只局限于圆点，而是各种花样、质地均有。如似金黄色小花的“星靥”，“靥上星稀，黄中月落”（北周庾信《镜斌》）；以金箔片制成小型花样的面靥，“裁金作小靥，散麝起微黄”（南朝张正见《艳歌行》）。并且，此时点靥已不局限于仅贴在酒窝处，而是发展到贴满整个面颊了，给人以支离破碎之感，故又称为“碎妆”（图5-10）。五代后唐马缟的《中华古今注》便记载道：“至后（北）周，又诏宫人帖（贴）五色云母花子，作碎妆以侍宴。”便指的此种面妆。

关于这种面饰的来历，还有一则美丽的故事。晋人王嘉《拾遗记》卷八中写道：“（三国）孙和悦邓夫人，常置膝上。和于月下舞水晶如意，误伤夫人颊，血流污袴，娇姹弥苦。自舐其疮，命太医合药，医曰：‘得白獭髓，杂玉与琥珀屑，当灭此痕。’……和乃命此膏，琥珀太多，及差而有赤点如朱，逼而视之，更益其妍。诸嬖人欲要宠，皆以丹脂点颊，而后进幸。妖惑相动，遂成淫俗。”可见，面靥在产生之初和斜红一样，也属于一种缺陷之美。

五、魏晋南北朝男子化妆

魏晋南北朝的男子比汉代的男子更爱敷粉。尤其是魏时，敷粉乃成为了曹氏的“家风”，不论是曹姓族人，还是曹家快婿，皆喜敷粉，称之为“粉侯”。《魏略》曰：“时天暑热，植（曹植）因呼常从取水，自澡讫，傅（敷）粉。”《世说新语·行止》称何晏“美姿仪，面至白”，似乎天生如此。于是，魏明帝疑其敷粉，曾经在大热天，试之以汤饼，结果“大汗出，以朱衣自拭，色转皎然”。宋代诗人黄山谷还用此事入《观王主簿酴醿（túmí）》诗，有“露湿何郎试汤饼”之句。古来每以花比美人，山谷老人在此却以美男子比花，也算是一个创造了。从《世说新语·行止》来看，似乎何晏生来就生得白皙，不资外饰。《魏略》中却说“晏性自喜，动静粉白不去手”。魏晋清谈之风甚炽，《世说》藻饰人物，不免添枝加叶，以为谈助，不能全以信史视之。但何晏生长曹家，又为曹家快婿，累官尚书，人称“敷粉何郎”。且敷粉乃曹氏“家风”，当时习尚，岂有不相染成习之理？这种风习，南北朝时更甚。《颜氏家训·勉学》中载：“梁朝全盛之时，贵族子弟，多无学术……无不熏衣剃面，傅（敷）粉施朱。”可见，梁时的男子可谓更上一层楼，不仅敷粉，还要施朱，且刮掉胡子，还要喷上香水。如果说魏时男子敷粉之为尚可理解，那么梁朝的男子则有些变态之嫌了，难怪让颜老先生义愤填膺了。

的确，男人和女人在社会上所扮演的性别角色毕竟不同，化妆之于男子身上，即使在当今如此开放的社会，依然是不能让大多数人接受的，更何况在礼教甚严的古代。其实，对男子化妆义愤填膺的又何止颜之推一人，沈德符在《万历野获编》卷二十四中写道：“妇人傅（敷）粉固为恒事，然国色必不尔。古来惟宫掖尚之。北周天元帝禁人间傅（敷）粉，但令黄眉黑妆，已属可笑。但北朝又笑南朝诸帝为傅（敷）粉郎君。盖其时天子亦用此饰矣。予游都下见中官辈谈主上视朝，必粉傅（敷）面及颈，以表睟（zuì）穆。意其言或不妄，至男子如佞幸藉闳之属所不论。若士人则惟汉之李固，胡粉饰面。魏何晏粉白不去手，最为妖异。近见一大僚年已耳顺，洁白如美妇人，密诇（xiòng）之，乃亦用李何故事也。昔齐王宣剃彭城王元韶须鬓，加以粉黛，目为嫔御，盖讥其雌懦耳。今剑珮丈夫以嫔御自居亦怪矣。金自章宗后，诸主亦多傅（敷）粉，为臣下所窃诮（qiào），岂宋世帝王亦有此风，而完颜染之耶，若乃陈思王粉妆作舞，骇天下之观。”这段话，从魏晋一直写到宋，皆有敷粉之男儿，但或被视为妖异，或讥其为雌懦，或为臣下所窃诮，或骇天下之观。可见，男子敷粉虽历代均有，但绝不构成主流，且多被视为异端。

第三节 | 魏晋南北朝时期的发式

一、女子发式

（一）高髻的由来

自魏晋南北朝始，汉代女子的垂髻已不再流行，巍峨的高髻开始在女子的发式中独领风

▲ 图5-11　巍峨的高髻，南朝贵妇出游画像砖，河南省邓县出土

骚。曹子建笔下那位“翩若惊鸿，婉若游龙”的洛神，便是“云髻峨峨”；而汉代那首著名的民谣“城中好高髻，四方高一尺”在六朝时也广为流传。北周诗人庾信在《春赋》一诗中便曾云：“钗朵多而讶重，髻高鬟而畏风。”意思是说，头上钗朵之多使人觉得沉重，而发髻之高则使人担心会被风吹倒，此时高髻之高可见一斑了（图5－11）。

高髻之所以会在此时广为流行，可能与佛教在中原广泛传播，人们不自觉地模仿佛陀的发型有关。根据传说，佛陀是作为迦毗罗卫国的太子降诞的，出生不久，在雪山苦修的老圣者阿私陀即预言这初生童子，若出家则为佛，若在家则为“转世轮王”。他指出了这婴儿身上已可看到佛所具有的种种体相之一——高高的肉髻。长大成人后，佛陀为了戴王冠而绾起头发，所以成佛得道后，这种高髻发型一直未有改变。根据这些传说，古希腊人在统治印度西北犍陀罗地区时，雕造了自己想象中的佛陀形象，其服饰、发型完全遵循印度的风俗习惯，发型是高髻式的。这种犍陀罗艺术的佛陀造像，通过丝绸之路，随着佛教东传至西域而被西域所接受。于是佛陀的高发髻式样随佛教雕刻、绘画艺术得以广泛传播。善男信女在顶礼膜拜佛陀的时候，把对佛陀的崇拜化作对自我修行解脱的一种朦胧幻想，认为对佛陀的举止行为、姿势外貌的模仿，会使自己更快地修得正果。这其中，便自然涉及对高发髻的模仿。如盛行于魏晋南北朝的“飞天髻”“螺髻”都明显是受到佛教中飞天与佛陀发髻的影响。当然，这种“模仿说”也是今人的一种推测，当时的人们是否真是这样想的，我们不得而知。但有一点却是可以肯定的，那就是千姿百态的高髻确实是美丽的，只有美的东西才能引诱得芸芸众生争相模仿，也只有美的事物才能历经千年而不衰。高髻不仅能衬托出女子如花的容颜，更能在视觉上提高女子的身段高度，犹如今日之女子喜穿高跟鞋一般，以增加人体的修长之美。还有的高髻自然危、邪、偏、侧，以表现妩媚的风姿。古时贵族女子不用劳作，又不能随意走动，整日关在屋里，闲来无事，自然就梳妆打扮以消磨时间，排遣寂寞，因此创造了千姿百态的高髻样式。

（二）高髻样式

高髻样式多种多样，其中较为奇异的有“灵蛇髻”“飞天髻”等，见表5－2。

表5-2　魏晋南北朝女子发式

灵蛇髻		飞天髻		高髻垂髾	
单环	双环	三环	多环		
 选自洛阳宁懋石室石刻画	 选自顾恺之《洛神赋图》	 选自南朝《斫琴图》	 选自河南邓县南北朝墓壁画	 选自嘉峪关魏晋墓彩墨砖画《洗烫家禽图》	 选自甘肃酒泉东晋十六国墓出土壁画
惊鹄髻	不聊生髻	螺髻	撷子髻	十字髻	倾髻
 选自新疆库木吐喇45窟壁画《散花飞天》	 选自甘肃酒泉丁家闸北凉墓壁画	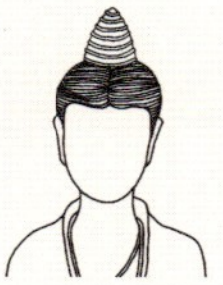 选自麦积山石窟北魏比丘	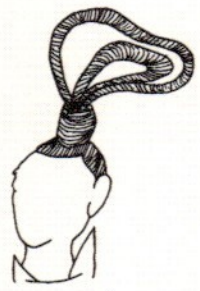 选自南朝《贵妇出游画像砖》	 选自陕西省西安市草场坡墓出土北魏陶女乐俑	 选自嘉峪关魏晋墓彩绘画像砖
丫髻					
 选自唐阎立本绘《列帝图》中陈文帝之侍女	 选自江苏常州戚家村六朝墓画像砖	 选自《北齐校书图》	 选自南朝邓县画像砖侍从	 选自太原圹坡北齐张肃俗墓出土物	

1. 灵蛇髻　这种发髻梳挽时将发掠至头顶，编成一股、双股或多股，然后盘成各种环形。因其样式扭转自如，似游蛇蜿蜒蟠曲，故以“灵蛇”命名。这种发式相传为魏文帝皇后甄氏所创。据《采兰杂志》记载：“甄后既入魏宫，宫廷有一绿蛇，口中恒吐赤珠，若梧（桐）子大，不伤人；人欲害之，则不见矣，每日甄后梳妆则盘结一髻形于（甄）后前，（甄）后异之，因效而为髻，巧夺天工，故后髻每日不同，号为‘灵蛇髻’。宫人拟之，十不得其一二。”这个故事

虽然带有神话传奇色彩，但并非全是臆造，因为古代妇女的发髻形状确有不少是取自动植物的形象，如“芭蕉髻”“芙蓉髻”“百合髻”“盘龙髻”等。相传东晋顾恺之《洛神赋图》中的洛神，即梳这种发髻。后来的“飞天髻”，便是在此基础上演变而成。

2. 飞天髻　始于南朝宋文帝时，初为宫娥所作，后遍及民间。《宋书·五行志一》中载：“宋文帝元嘉六年，民间妇人结发者，三分发，抽其鬟直向上，谓之‘飞天’。始自东府，流被民庶。”这种发髻梳挽时也是将发掠至头顶，分成数股，每股弯成圆环，直耸于上，因酷似佛教壁画中的飞天形象，故名。

3. 螺髻　形似螺壳的“螺髻”在北朝妇女中非常流行。因北朝迷信佛教，根据传说，佛发多为绀青色，长一丈二，向右萦绕，作成螺形，因而流行。不少人把头发梳成种种螺式髻。麦积山塑像和河南龙门、巩县北魏北齐石刻进香人宫廷妇女头上及《北齐校书图》女侍头上，均梳着各式螺髻。这种发式至唐代尤为盛行。

4. 惊鹤髻　惊鹤髻，晋崔豹《古今注》中载：“魏宫人好画长眉，今多作翠眉惊鹤髻。”这种发式兴于魏宫，流行于南北朝，至唐及五代仍盛行不衰。新疆库木吐喇45窟壁画“散花飞天”的发髻便是典型的惊鹤髻。头上发髻作两扇羽翼形，似鹤鸟受惊，展翅欲飞。

5. 撷子髻　撷子髻为晋代妇女的一种发髻。相传为晋惠帝皇后贾南风首创。干宝《晋纪》称：“初贾后造首纷，以缯缚其髻，天下化之，名撷子髻纷也。”这种发式样式是编发为环，以色带束之。撷子，意谓套束；其音“截子”，隐截害太子之意，故被视为服妖，也是对淫虐无道、专横跋扈的皇后贾南风的一种讽刺，乃“贾后废害太子之应也”，故此种发式并没有流传开来，只是一时的新奇。

6. 十字髻　另一种“十字髻”在晋时也很流行。这种发式是先在头顶前部挽出一个实心髻，再将头发分成两股各绕一环垂在头顶两侧，呈“十”字形，脸的两侧还留有长长的鬓发（图5－12）。

▲ 图5–12　梳十字髻女子，人物故事图漆绘屏风，北魏，山西省太原市司马金龙墓出土，山西省博物馆藏

起源并流行于魏晋南北朝时期的发式实在是太多了，除上述几种外，史籍中提及的还有反绾髻、函烟髻、云髻、盘桓髻、芙蓉髻、太

平髻、回心髻、双髻、飞髻、秦罗髻等等，数不胜数，在这里就不一一介绍了。

（三）假发

由于此时的女子都好挽高髻，因此假发的使用非常普遍，也是这一时期妇女最喜爱的头部盛饰。假发我们在周代时就已介绍过了，但自周至汉，妇女戴假发多只限于宫廷贵妇。而魏晋南北朝时期，假发则开始风靡全社会，上自妃后，下至贫女，莫不戴之以为美饰，这在历史上却属鲜见。《晋书·五行志》称：“太元中，公主妇女必缓鬓倾髻，以为盛饰。用髲既多，不可恒戴，乃先于木及笼上装之，名曰假髻，或曰假头。至于贫家，不能自办，自号无头，就人借头。遂布天下。”假发如同日用品，可以随便借，其盛况可知。自晋至南北朝，假发盛行不衰。梁刘缓《敬酬刘长史咏名士悦倾城》诗云：“钗长逐鬟髲，袜小称腰身。”北齐武成帝时，“又妇人皆翦剔以着假髻”。由于假发风靡社会，于是便成为一种商品，一些贫家女子常常截下秀发以换取钱财。如东晋陶侃贫贱时，其母湛氏为招待贵客范逵，将头上长发“下为二髲，卖得数斛米”。刘宋太尉参军、丹阳尹刘穆之“少时家贫诞节，嗜酒食，不修拘检。好往妻兄家乞食，多见辱”。其妻江氏深以为耻，乃“截发市肴馔，为其兄弟以饷穆之，自此不对穆之梳沐”。一头秀发能卖多少钱？史书上亦有例证。齐建元初，刘彪对异母杨氏不孝，与杨别居，杨死又不殡葬，一女子大义相助，乃剃发入崇圣寺为尼，改名慧首，卖发得“五百钱为买棺”。

（四）鬓发

魏晋南北朝时期女子的鬓发修饰也很有特色（表5－3）。魏晋初期的女子仍沿袭东汉末年的鬓发样式，把她们的鬓发理成弯曲的钩状。

表5–3　鬓发样式

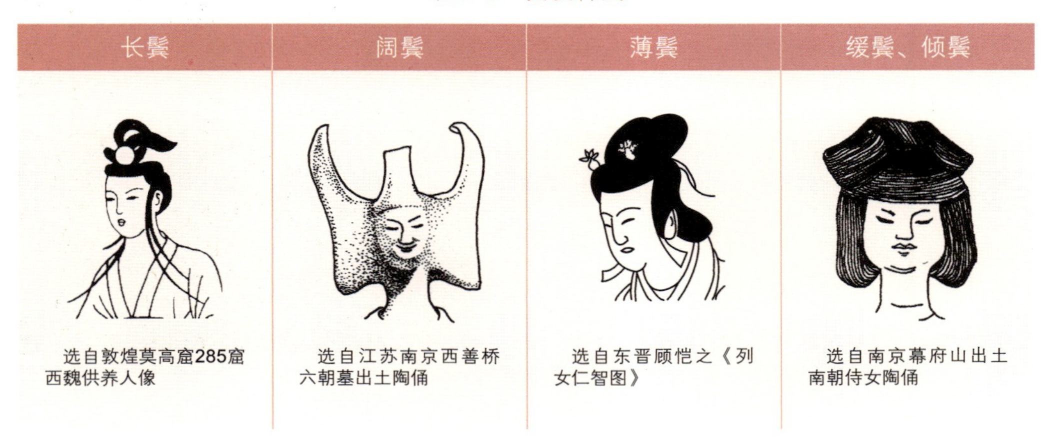

长鬓	阔鬓	薄鬓	缓鬓、倾鬓
选自敦煌莫高窟285窟西魏供养人像	选自江苏南京西善桥六朝墓出土陶俑	选自东晋顾恺之《列女仁智图》	选自南京幕府山出土南朝侍女陶俑

▲ 图5-13　缓鬓女子形象，北魏陶女乐俑，陕西西安市草场坡墓出土

1. 长鬓　进入南北朝以后，便都喜爱将自己的鬓发留长，下垂不仅过耳，而且还长至颈部，有的甚至披搭于两肩。更有一些别出心裁的妇女，将自己的发梢修剪成分叉式，一长一短，左右各一，远看似扎着两条飘带，和身上那长长的随风飘曳的披帛可谓相得益彰。

2. 阔鬓　除了流行飘逸的长鬓外，还流行“阔鬓”，即宽大的鬓式。此鬓式有鸦鬓、缓鬓之分（图5－13）。（1）“鸦鬓”，梳时将鬓发整理成薄片状，两头高翘弯曲，形似鸦翅；发髻部分窄而高耸，宛如鸦首，整个造型酷似展翅欲飞的雏鸦，故名。这种鬓式，始于六朝时期，至唐时大兴，多用于年轻妇女。后来引申为妇女鬓发的一种代称。江苏南京西善桥晋墓出土的陶俑就作此妆饰。（2）“缓鬓”，也是属于阔鬓的一种，可以将两耳遮住，并与脑后的头发相连。梳这种鬓发的女子，多为王公贵妇，她们除了饰以缓鬓外，还要配上假发作成“倾髻”，以达到一种雍容华贵之姿。前面提到过的《晋书·五行志》中便载：“太元，公主妇女必缓鬓倾髻，以为盛饰。”

3. 薄鬓　在历代妇女鬓饰中，最引人注目的当是一种薄鬓了。所谓“薄鬓”，即以膏沐掠鬓，将鬓发梳理成薄片之状，紧贴于面颊。因其轻如云雾，薄如蝉翼，因此又名“蝉鬓”“云鬓”“雾鬓”。这种鬓式出现于三国时期，相传为魏文帝宫人莫琼树所创。《古今注》中载：“琼树乃制蝉鬓，缥缈如蝉，故曰蝉鬓。”自此以后直至唐宋，皆盛行不衰。南朝梁简文帝便曾赋诗有：“妆成理蝉鬓，笑罢敛蛾眉。”同时代的江洪在《咏歌姬》诗中更是全方位地对歌女的妆饰进行了描写：“宝镊间珠花，分明靓妆点。薄鬓约微黄，轻红淡铅脸。”薄鬓流行的时间很长，各个时期的风格也有所不同。魏晋时期的薄鬓一般多作成狭窄的长条，下垂于颈。如顾恺之所绘的《列女仁智图》中，就有不少作薄鬓的贵妇（图5－14）。为了表现其轻薄、透明的质感，画家还特意将其处理成转折中的两面，给人以动荡、飘曳的感觉。南北朝时，

▲ 图5－14　薄鬓女子，东晋顾恺之《列女仁智图》（局部）

因受缓鬓倾髻的影响，鬓发面积逐渐扩大，并朝两边展开，形如蒲扇。

二、男子发式

魏晋南北朝时期的文人，因不受世俗礼教约束，行为放荡不羁，故披发又在男子中重新流行。《晋书·五行志》中载：“惠帝元康中，贵游子弟相与为散发裸身之饮。”东晋砖刻画《竹林七贤与荣启期》中的荣启期便为披发［图5－15（a）］。沂南汉墓石刻之仓颉图像、鄧县画像砖墓砖浮雕之浮邱公及南山四皓图像均同作披发状，有“不臣事于王侯”的寓意。唐代大诗人李白的“明朝散发弄扁舟”的感叹或许也有此意。另外，在《竹林七贤与荣启期》中，还有三人梳着丫髻［图5－15（b）］。丫髻原本是未成年小孩梳的发式，女子未嫁前多梳丫髻或丫鬟，因其形似树枝丫杈，故名。但魏晋南北朝时，士人为了表示不受世俗礼教约束，也梳丫髻，和长长的胡子搭配在一起，在当时当属奇妆异服了。另外，《女史箴图》中的彀弩人，《北齐校书图》中一坐在胡床上的男子，均为丫髻发式。

（a）

（b）

▲ 图5–15　东晋砖刻画《竹林七贤与荣启期》（局部）

第六章

隋唐五代时期的妆饰文化

第一节 | 概述

公元581年，隋文帝杨坚夺取北周政权建立隋王朝，后灭陈统一中国。但隋炀帝横征暴敛，挥霍无度，致使朝廷仅维持三十余年，本人也死于非命。隋代官僚李渊、李世民父子在诸多起义军中占据优势，进而消灭各部，建立唐王朝重新组织起中央集权制的封建秩序，时值公元618年。自此三百年后，公元907年，朱温灭唐，建立梁王朝，使中国又陷入长达半个世纪的混乱分裂之中。因梁、唐、晋、汉、周五个朝廷相继而起，占据中原，连并同时出现的十余个封建小国，故而在历史上被称为五代十国。

一、隋代妆饰文化

从隋代妇女妆饰来看，可以说上不如南北朝式样之富于变化，下不及唐代之丰富多彩。历史时间较短当然是其中原因之一。其次，北周统一时，对于妇女妆饰，曾用严格法令加以限制。《周书·宣帝纪》载："禁天下妇人皆不得施粉黛之饰，惟宫人得乘有幅车，加粉黛焉。"隋文帝取得政权后，由于初步统一，怕人心不服，常存警戒之心，力求保国的方法，其中主要的一条便是节俭。他常教训太子杨勇说："从古帝王没有好奢侈而能长久的。你当太子，应该首先崇尚节俭。"由于皇帝尚俭，因此积久成为风习。当时一般士人，便服多用布帛，饰带也只用铜铁骨角，而不用金玉。隋文帝的皇后独孤氏是鲜卑大贵族。隋文帝要通过她来收揽宇文氏以外的鲜卑贵族，因此畏惧独孤后，让她参与政权，在当时宫中称为"二圣"。独孤后性妒忌。在她14岁与隋文帝结婚时，便曾献酒立誓，要杨坚"无异生之子"。杨坚当了皇帝之后，她更是每日同舆迎送，使其无法接近其他女子，更不许妃妾美饰。这都在一定程度上助成了隋文帝的节俭生活。至于隋炀帝奢侈靡费，仅限于一时宫廷特殊生活，时间又极短（只有14年时间），不可能影响到社会的方方面面。因此，隋代不论从服装上看，还是妆饰上看，总体是崇尚简约的。

二、唐代妆饰文化

大唐王朝则是中国封建文明的鼎盛时期。这一时期，中国南北统一，疆域辽阔，政治稳定，经济发达，文教昌盛，对外交流频繁。唐代首都长安不仅君临全国，而且是当时亚洲的经济文化中心。各国使臣、异族同胞均亲密往来，互通有无。可谓一派“九天阊阖开宫殿，万国衣冠拜冕旒”的盛世景象。这一切无疑都促使妆饰文化有了更新的发展，并达到了中国古代妆饰史上富丽与雍容的顶峰。

唐朝前期（唐太宗、武则天执政时期），由于统治者接受隋末农民起义的教训，政治比较清明，社会比较安定，四裔宾附，富强无比，超越了隋文帝开皇年间的繁荣景象。这一时期，女性的妆饰风格尽管已经有了富丽的倾向，但总体来说还是一种健康、秀丽的美。红妆并不过分的浓艳，眉式崇尚浓阔，发式则呈一种高耸、挺拔之势，且在形式上比较简洁，均无珠翠、发梳等首饰。就连女性身材曲线也并不给人以丰肥的感觉，而是在俊朗中透着几分剽悍之色。此时的妆饰风格处处体现出人们对国家的强盛与发展充满了无比的自信。

从唐代盛期（唐玄宗开元、天宝年间）起，唐朝的殷富达到开国以来未有的高峰，对外关系也发展到了顶点。表现在妇女艺术形象上的丰肥之态所体现出的贵族气也就应运而生了。自安史之乱后，唐朝的政治开始日趋腐朽，宦官专权，朋党之争，南北司之争，再加上流内和流外相争、及第人和不及第人相争，唐统治阶级分裂成许多敌对的集团，各为争夺官位而狂斗。当然，其目的只有一个，就是剥削民众以满足其贪欲。此时的社会经济虽然遭遇了严重的破坏，但与其他朝代相比仍然是非常强盛的。再加上各个腐朽阶级穷奢极侈，因此，中晚唐妇女的妆饰风格不仅没有比之盛唐趋于衰落，反而更加富丽堂皇、雍容华贵。

（一）面妆、眉妆与唇妆

在面妆方面，浓艳的红妆成了面妆的主流，许多贵妇甚至将整个面颊，包括上眼睑乃至半个耳朵都敷以胭脂，如此的大胆与对红色的偏爱，在其他朝代是绝无仅有的。在眉妆上，则开辟了中国历史上眉式造型最为丰富的时期。各种长眉、短眉、蛾眉、阔眉交替流行，并且还出现了许多十分另类的短阔眉式。玄宗时就曾命人画过《十眉图》，可见唐代眉式之丰富。在唇妆方面，则在晚唐僖、昭年间达到顶峰。各种唇式名目达一二十种之多，且色彩十分丰富。在造型上则仍以小巧圆润为美。

（二）面饰

在面饰方面，各种各样的面饰已进入了寻常百姓之家。从唐代仕女画与女俑形象来看，极少有不佩面饰者。其造型各异，色彩浓艳，且多为几种面饰同时佩画，可说是唐女面妆中非常有特色的一个方面。

（三）发式

在发式方面，则一改初唐时期的那种挺拔、俊朗、简洁之美，而代之以珠翠满头，蓬松高大，且多朝一侧歪斜。此时女子的鬓发修饰颇有特色，多为“两鬓抱面”。可能是这样的鬓发与此时女子丰肥的面庞相配，不至于使面部显得过于突兀吧！

（四）胡妆、文身艺术

1. 胡妆　胡妆的盛行是唐代妆饰风格的另一大特点。李唐王朝的统治者本是由北方游牧部落中的关陇军事集团起家的。《朱子语类》中说“唐源流于夷狄”，这固然是中原本位和夷夏之别的陈旧观念，但其祖先出自鲜卑民族却是无法掩盖的事实。入主中原后，他们仍很大程度上保留着西北的“胡风”。再加上唐代各民族之间的交流广泛，民族关系融洽，因此，不仅胡服风行，胡妆的盛行也是自然而然的事。白居易《时世妆》一诗中所述妆饰便是一种典型的胡妆。

2. 护肤品应用　除了化妆，唐人的护肤观念也是非常讲究的。各种护肤品的制作均十分精湛和考究。而且最值得一提的是，唐时男子用护肤品的史料记载也极多。皇帝每逢腊日便把各种面脂和口脂分赐官吏，甚至将士。说明唐时护肤品的应用已是非常普及了。

3. 文身艺术　在唐代又复兴的文身艺术是这一时代妆饰文化中的一大特色。我们在先秦一章，曾讲过文身风习多为东南夷族所为。但到了唐代，由于封建文明空前高度发展，文身风俗却转而为中原大众所接受。此时的文身不仅不被视为蛮夷陋习，也并不具备宗教、图腾及功利之意，而是仅仅作为一种对美的追求与对自身的炫耀而一跃成为流行一时的时髦风尚，令人不得不惊叹唐文化的博大与包容。

不论从哪一个角度来说，唐代的妆饰文化都是中国古代史中最为丰富、最为富丽雍容的一个篇章。其为中国妆饰文化的发展所立下的功绩是不可磨灭的，其所散发出的熠熠光辉也一直照耀着我们今人，使我们为拥有如此一段辉煌的文化遗产而激动不已。但是，笔者认为，从另一个角度来看，盛唐以后女子的妆饰虽然多姿多彩，却并不能简单地称其为美丽。尤其到了晚唐，女子妆饰逐渐改为崇尚一种病态的美，处处体现为一副慵懒、无力、享乐之态。与其前汉魏的飘逸、俊朗之美及与其后宋代的端庄、典雅之美相比，都有着无法企及的一面。

三、五代十国妆饰文化

五代十国时期，尽管在政治上分裂成许多国家，经济上却互相依赖。尤其是南方各国战争较少，经济一般都处在上升阶段。因此，此时贵族妇女在妆饰上，继续延续着晚唐的富丽与奢靡。普通女子则一改盛唐之雍容丰腴之风，而被秀润玲珑之气所替代。

第二节　隋唐五代时期的化妆

一、隋唐五代面妆

隋代由于崇尚节俭，因此面妆上的记载不是很多，且多出于隋炀帝时期。而唐五代则是中国面妆史上最为繁盛的时期。在这一时期，出现了许多时髦且流行一时的面妆，称为时妆或时世妆，尤以唐代最为突出，见表6－1。

表6–1　唐五代面妆

酒晕妆	桃花妆	飞霞妆	白妆	碎妆
选自唐俑，陕西西安西北政法学院34号墓出土	选自宋《唐人宫乐图》	选自唐张萱《捣练图》	选自唐周昉《簪花仕女图》	选自敦煌第61窟五代女供养人像

（一）红妆

由于唐代是一个崇尚富丽的朝代，因此，浓艳的“红妆”是此时最为流行的面妆。不分贵贱，均喜敷之。唐李白《浣纱石上云》诗云：“玉面耶溪女，青蛾红粉妆。”唐崔颢《杂诗》中也有：“玉堂有美女，娇弄明月光。罗袖拂金鹊，綵屏点红妆。”唐董思恭《三妇艳诗》中同样写有：“小妇多姿态，登楼红粉妆。”就连唐代第一美女杨贵妃也一度喜着红妆。五代王仁裕在《开元天宝遗事》中便记载：“（杨）贵妃每至夏日，……每有汗出，红腻而多香，或拭之于巾帕之上，其色如桃红也。”唐代妇女的红妆，实物资料非常之多，有许多红妆甚至

▲ 图6-1《弈棋仕女图》，绢本著色，吐鲁番县阿斯塔那187号墓出土，新疆维吾尔自治区博物馆藏

将整个面颊，包括上眼睑乃至半个耳朵都敷以胭脂（图6－1），无怪乎不仅会把拭汗的手帕染红，就连洗脸之水也会犹如泛起一层红泥呢。王建的《宫词》中就曾有过生动的描述："舞来汗湿罗衣彻，楼上人扶下玉梯。师到院中重洗面，金盆水里拨红泥。"

当然，所谓"红妆"并不是千篇一律的，因脂粉的涂抹方法不同，其所饰效果也略有不同。

1. 酒晕妆　红妆中最为浓艳者当属酒晕妆，亦称"晕红妆""醉妆"。这种妆是先施白粉，然后在两颊抹以浓重的胭脂，如酒晕然。通常为青年妇女所作，流行于唐和五代。《新五代史·前蜀·王衍传》中便载："后宫皆戴金莲花冠，衣道士服，酒酣免冠，其髽（zhuā）髻然；更施朱粉，号'醉妆'，国中之人皆效之。"

2. 桃花妆　比酒晕妆的红色稍浅一些的面妆名为"桃花妆"。其妆色浅而艳如桃花，故名。唐宇文氏《妆台记》中写得很是清楚："美人妆，面既傅（敷）粉，复以胭脂调匀掌中，施之两颊，浓者为'酒晕妆'，淡者为'桃花妆'；薄薄施朱，以粉罩之，为'飞霞妆'。"此种妆流行于隋唐时期，同样多为青年妇女所饰。宋高承的《事物纪原》中记载："隋文宫中红妆，谓之桃花面。"

3. 节晕妆　隋代宫廷妇女还流行一种面妆，名"节晕妆"。也是以脂粉涂抹而成，色彩淡雅而适中，和桃花妆相类似，均属于红妆一类。

4. 飞霞妆　比桃花妆更淡雅的红妆便是上面提到的"飞霞妆"。这种面妆是先施浅朱，然后以白粉盖之，有白里透红之感。因色彩浅淡，接近自然，故多见于少妇使用。另外，还有将铅粉和胭脂调和在一起，使之变成檀红，即粉红色，称为"檀粉"，然后直接涂抹于面颊的。五代鹿虔扆（yǐ）《虞美人》词："不堪相望病将成，钿昏檀粉泪纵横。"杜牧在《闺情》一诗中有"暗砌匀檀粉"一句，均指此。其化妆后的效果，在视觉上与其他方法有明显的差异，因为在敷面之前已经调和成一种颜色，所以色彩比较统一，整个面部的敷色程度也比较均匀，能给人以庄重、文静的感觉。从形象资料来看，这种妆式多用于中年以上的妇女。

除了红妆外，隋、唐两代还一度流行过白妆。唐刘存《事始》中载："炀帝令宫人梳迎唐髻，插翡翠铧（duǒ）子，作白妆。"不过，这种白妆也只是女子一时新奇，偶尔为之。因为一般情况下，白妆是民间妇女守孝时的装束。白居易便曾为此赋诗："最似孀闺少年妇，白妆素袖碧纱裙。"

（二）胡妆

由于大唐是一个开放的王朝，对于外来文化采取一种广收博取的姿态，尤其与胡人接触甚广，不仅在服装方面，不论男女皆尚胡服。在化妆领域，也出现了很多颇具异域风情的胡风妆饰。唐元稹的《新题乐府·法曲》中便曾写道："自从胡骑起烟尘，毛毳腥膻（膻）满咸洛。女为胡妇学胡妆，伎进胡音务胡乐。……胡骑与胡妆，五十年来竞纷泊。"形象地写出了胡文化对中原文化的影响与冲击。

在胡妆当中，最有代表性的当属流行于唐代天宝年间的"时世妆"了。唐代的白居易曾为此专门赋诗一首："时世妆，时世妆，出处城中传四方。时世流行无远近，腮不施朱面无粉。乌膏注唇唇似泥，双眉画作八字低。妍媸黑白失本态，妆成尽似含悲啼。圆鬟无鬓椎髻样，斜红不晕赭面状。……元和妆梳君记取，椎髻面赭非华风。"从这首诗中可以看出，此时的妆饰已然成配套之势，是由发型、唇色、眉式、面色等所构成的整套妆饰。这里的面赭是指以"褐粉涂面"，是典型的胡妆。近人陈寅恪在其所著《元白诗笺证稿》中，对白氏的"椎髻面赭非华风"作按语曰："白氏此诗谓面赭非华风者，乃吐蕃风气之传播于长安社会者也……贞元、元和之间，长安五百里外，即为唐蕃边疆……此当日追摹时尚之前进分子所以仿效而成此蕃化之时世妆也。"又对其《城盐州》篇"君臣赭面有忧色"句作按语曰："《旧唐书》卷一九六《吐蕃传》上云：'文成公主恶其人赭面，（弃宗）弄赞令全国中权且罢之。'敦煌写本法成译如来像法灭尽之记中有赤面国，乃藏文kha－mar之对译，即指吐蕃而言，盖以吐蕃有赭面之俗故也。"

（三）另类面妆

隋唐五代是一个追求新异的朝代，在面妆上，唐女除了引进胡妆之外，也沿用或自创了一系列另类妆饰。

1. 啼妆　是沿用东汉六朝时期的一种面妆。《妆台记》中载："（隋炀帝宫人）梳翻荷髻，作啼妆。"《中华古今注》中也载："贞观中，梳归顺髻。又太真偏梳朵子，作啼妆。"

2. 泪妆　新创的面妆则有"泪妆"，即以白粉抹颊或点染眼角，如啼泣状。多见于宫掖。五代王仁裕《开元天宝遗事》卷下中载："宫中嫔妃辈，施素粉于两颊，相号为泪妆，识者以为不祥，后有禄山之乱。”

3. 血晕妆　“血晕妆”是唐代长庆年间京师妇女中流行的一种面妆。以丹紫涂染于眼眶上下，故名。《唐语林·补遗二》中载有：“长庆中，京城……妇人去眉，以丹紫三四横约于目上下，谓之血晕妆。”

4. 北苑妆　一种面妆名。这种面妆是缕金于面，略施浅朱，以北苑茶花饼粘贴于鬓上。这种茶花饼又名“茶油花子”，以金箔等材料制成，表面缕画各种图纹。流行于中唐至五代期间，多施于宫娥嫔妃。唐冯贽《南部烟花记》中便有详细记载：“建阳进茶油花子，大小形制各别，极可爱。宫嫔缕金于面，皆以淡妆，以此花饼施于鬓上，时号北苑妆。”亦有将茶油花子施于额上的，作为花钿之用。

二、隋唐五代眉妆

隋代的眉妆，大多出于隋炀帝时期。隋炀帝好色，又极爱眉妆，为了给宫人画眉，他不惜加重征赋，从波斯进口大量螺子黛，赐给宫人画眉。殿角女吴绛仙因善于描长眉而得宠，竟被封为婕妤。颜师古在《隋遗录》中载道：“由是殿角女争效为长蛾眉，司宫吏日给黛五斛，号为蛾绿。螺子黛出波斯国，每颗值十金。后征赋不足，杂以铜黛给之，独绛仙得赐螺子黛不绝。”狂热之情，不难想象，亦可见隋时画眉仍以长眉最为盛行。而昂贵的螺子黛，亦使“螺黛”成为眉毛的美称。

（一）眉式

唐代是一个开放浪漫、博采众长的盛世朝代。仅在眉妆这一细节上，便一扫长眉一统天下的局面，各种变幻莫测、造型各异的眉形纷纷涌现。且各个时期都有其独特的时世妆，开辟了中国历史上，乃至世界历史上眉式造型最为丰富的辉煌时代，见表6－2。

表6-2 唐代女子眉式

选自唐阎立本《步辇图》

选自新疆阿斯塔那187号出土墓彩绘陶俑

选自唐《弈棋仕女图》

选自新疆吐鲁番出土泥俑

选自新疆吐鲁番出土绢画

选自新疆阿斯塔那墓泥头木身俑

选自宋《唐人宫乐图》

选自唐周昉《纨扇仕女图》

选自唐周昉《调琴啜茗图》

选自新疆阿斯塔那张礼臣墓出土

选自唐张萱《捣练图》

选自陕西乾县章怀太子墓壁画

选自阿斯塔那张礼臣墓出土绢画

选自陕西永泰公主墓出土壁画

选自唐周昉《簪花仕女图》

选自新疆吐鲁番出土女俑

1. 柳叶眉　唐代妇女的画眉样式，比起从前略显宽粗。尽管有时也流行长眉，但形似蚕蛾触须般的长眉已不多见。一般多画成柳叶状，时称“柳叶眉”，亦称“柳眉”，多见于莫高窟130窟的唐代壁画，流行于公元828—907年间。在文学作品中，如吴融《还俗尼》诗“柳眉梅额倩妆新”，韦庄《女冠子》词“依旧桃花面，频低柳叶眉”，白居易《长恨歌》中的“芙蓉如面柳如眉”更是神来之笔。

2. 月眉　初唐女子多喜宽而曲的月眉，这是一种比柳眉略宽，比长眉略短的眉式。因其形状弯曲，如一轮新月，故又名“却月眉”。从贞观年间阎立本所绘《步辇图》上，可看到宫女皆作此妆。西安羊头镇李爽墓中总章元年的壁画和敦煌莫高窟壁画中同代的供养人形象也多类似。这种月眉的两端，大多画得比较尖锐，黛色也用得比较浓重。唐诗中，有不少关于月眉的描写。如李白《浣纱石上女》云：“长干吴儿女，眉目艳新月。”罗虬《比红儿诗》云：“诏下人间觅好花，月眉云髻选人家。”牛希济《生查子》：“新月曲如眉。”至晚唐，月眉仍受唐女喜爱，得到杜牧“娟娟却月眉”的赞美（《闺情》）。

3. 阔眉　初唐的月眉宽而曲，已渐露出阔眉的初兆，阔眉逐渐成为唐女的主要眉式。到唐高宗时代逐渐过渡，于则天帝在位时达到高潮，并持续至开元盛世。这段时期中，眉妆崇尚长、阔、浓，十分醒目。刘绩《霏雪录》中称：“唐时妇女画眉尚阔，故老杜《北征》云‘狼藉画眉阔’……余记张司业《倡女词》有‘轻鬓丛梳画眉阔’之句，盖当时所尚如此。”礼泉郑仁泰墓出土的陶俑，制于麟德元年，其眉阔长，可为实证。唐诗中描写眉妆则多见于声妓的形象。如法宣《和赵王观妓》诗曰：“城中画广黛”。沈佺期《李员外秦援宅观妓》诗曰：“拂黛隋时广”。万楚《五日观妓》中的“眉黛夺得萱草色，红裙妒杀石榴花”更为名句。

从形象资料来看，阔眉的描法也有演变：垂拱年间，眉头紧靠，仅留一道窄缝，眉身平坦，钝头尖尾；如意年间，眉头分得较开，两头尖而中间阔，形如羽毛；万岁登封年间，眉头尖，眉尾分梢；长安年间，眉头下勾，眉身平而尾向上扬且分梢；景云年间，眉短而上翘，头浑圆，身粗浓……凡此种种，诡形殊态，可谓变幻莫测。但万变不离其宗，都是长、阔、浓的集锦之作，有关形象，可以参考《捣练图》和《弈棋仕女图》等。

4. 蛾眉、远山眉、青黛眉　盛唐时期，从开元盛世到天宝年间，流行长、细、淡的眉式，名称有蛾眉、远山眉、青黛眉等。白居易《上阳人》中有“青黛点眉眉细长，天宝末年时世妆”。《井底引银瓶》中有“宛转双蛾远山色”。韦庄《江城子》中有“髻鬟狼藉黛眉长”。更有李商隐的名句：“总把春山扫眉黛，不知共得几多愁。”新疆吐鲁番阿斯塔那唐墓出土的这个时代的许多绢画中，都有这种眉妆女子的形象。

5. 八字眉　中唐时期，“八字眉”又重新流行，与乌唇、椎髻形成了“三合一”特色的“元和时世妆”。这种起源于西汉的眉式此时更富迷人的魅力，无论在宫中还是民间，都受到普遍的欢迎。白居易《时世妆》云：“乌膏注唇唇似泥，双眉画作八字低。”李商隐亦吟：“寿阳公主嫁时装，八字宫眉捧额黄。”（《蝶三首》）从图像看，这时的八字眉与汉代已有很大不同，不仅更为宽阔，而且相对弯曲。如果说西汉时的“八”字仅还是意似的话，那么这时的“八”字已达到形似了。唐代画作《纨扇仕女图》和《簪花仕女图》中都出现了这种眉妆。

6. 啼眉　另外，此时以油膏薄拭眉下，如啼泣之状的“啼眉”也风行一时。白居易《代书诗一百韵寄微之》中便有“风流夸堕髻，时世斗啼眉”的吟咏。

7. 桂叶眉　晚唐的眉妆继承了浓和阔的特点，但非常短。最有代表性的便是“桂叶眉”。“桂叶双眉久不描”的形象在《簪花仕女图》中跃然纸上。

（二）记眉妆的文献

隋唐五代眉妆的繁盛，与强大的国力和统治者的重视是分不开的。唯其国力强盛，广受尊重崇尚，才能表现出充分自信、自重、开放和容纳各种外来文化的大家气度，从而增添本身的魅力。由于统治者的重视，则为妇女妆饰资料提供了记录、结集和传世的机会。唐张泌《妆楼记》中载：“明皇幸蜀，令画工作《十眉图》，‘横云’‘却月’皆其名。”明代杨慎的《丹铅续录》中还详细叙述了这十眉的名称：“一曰鸳鸯眉，又名八字眉；二曰小山眉，又名远山眉；三曰五岳眉；四曰三峰眉；五曰垂珠眉；六曰月棱眉，又名却月眉；七曰分梢眉；八曰涵烟眉；九曰拂云眉，又名横烟眉；十曰倒晕眉。”事实上，遑论隋唐五代，仅玄宗在位之时，各领风骚的又何止十眉呢？

由于帝王和士大夫的推崇，妇女更把眉妆放到了首位。相传唐代妇女多为青黛眉，自从画黑眉的杨玉环得宠后，众人争画黑眉。徐凝《宫中曲》吟：“一旦新妆抛旧样，六宫争画黑烟眉。”《杨太真外传》则叙述了杨玉环之姐虢国夫人“不施妆粉自有容貌，常淡妆以朝天子”的典故。并有杜甫诗证：“虢国夫人承主恩，平明上马入宫门，却嫌脂粉污颜色，淡扫蛾眉朝至尊。”看来脂粉可以不施，蛾眉却不可以不扫。有趣的是，唐代诗人朱庆馀还借“画眉”的影射意义，投石问路作了一首《进试上张水部》：“洞房昨夜停红烛，待晓堂前拜舅姑。妆罢低声问夫婿：画眉深浅入时无？”明写新娘问丈夫眉妆是否时髦，实际上问：“我的文章合不合主考官的意？”

（三）化妆品

统治者的重视所产生的另一结果便是使大量名贵化妆品的进口成为可能。

1. 螺子黛　进口化妆品中最为名贵的当属“螺子黛”了，其在汉魏时可能便已有之，但在隋唐时代才见到有明文记载。除去颜师古的记载，唐冯艺的《南部烟花记》中也有相同的记载：“炀帝宫中争画长蛾，司宫吏日给螺子黛五斛，出波斯国。”据此看来，可知螺子黛的消费，以隋大业时代为最巨，且非中国本土所产。它在大业时代每颗已值十金，而据清人陆次云之说，清时价值已增加百倍之多，即“螺子黛每颗值千金”，其名贵实属可惊！

2. 铜黛　螺子黛是很珍贵的修饰品，且得之不易，无怪乎在穷奢极侈的炀帝时期，尚且要“杂之以铜黛”呢！那么“铜黛”到底是什么呢？由推考大约怕是铜锈一类。

3. 石墨　“铜黛”虽比“螺子黛”较为易得而且价廉，究非民间所能常用的。一般小百姓的儿女，除了仍沿用我国土产的石墨之外，不得不再绞尽脑汁去发明更廉价的代用品。

三、唐代眼妆

中国古代女子对画眉和涂胭脂是情有独钟的，而对眼睛的修饰却是少之又少。在文学作品中歌咏美目，也多赞颂其自然之美，如“巧笑倩兮，美目盼兮”（《诗经》），“青色直眉，美目媔只”（《楚辞·大招》），“两弯似蹙非蹙笼烟眉，一双似喜非喜含情目”（《红楼梦》）等，均是很含糊地歌咏其美丽与含情，而绝少提到描画之事。

1. 勾画上眼线　我们欣赏历代仕女图，有时也多少可看出些勾画的痕迹。但大多是勾画上眼线，使眼睛显得细而长，有的甚至延长到鬓发处。如英国国家博物馆（又名不列颠博物馆）所藏我国唐代《炽盛光佛并五星图》（图6－2）中的太白金星便是如此。

2. 泪妆　除了勾画上眼线外，另有一些面妆与眼部有关。如流行于东汉的啼妆，便是以油膏薄拭目下，如啼泣之状。流行于唐宋时期的“泪妆”，则是以白粉抹颊或点染眼

▲ 图6－2　敦煌藏经洞发现，《炽盛光佛并五星图》（局部），英国国家博物馆藏

角，如啼泣之状。《宋史·五行志三》中便载："理宗朝，宫妃……粉点眼角，名'泪妆'。"

3. 血晕妆　另外还有流行于唐长庆年间京师妇女的一种面妆，名"血晕妆"。这种妆是以丹紫涂染于眼眶上下。宋王谠《唐语林·补遗二》中载："长庆中，京城……妇人去眉，以丹紫三四横约于目上下，谓之血晕妆。"这些面妆都与眼部有关，但也仅限于此。

四、唐代唇妆

（一）口脂

唐代以前，点唇的口脂一般都是装在盒子里的，使用时，需用唇刷刷于唇上，很不方便。唐代时，点唇的唇脂则有了一定的形状。唐人元稹《莺莺传》里有这样一段情节：崔莺莺收到张生从京城捎来的妆饰物品，感慨不已，立即给张生回信。信中有句云："兼惠花胜一合，口脂五寸，致耀首膏唇之饰。"从"口脂五寸"这句话里，可看出当时的口脂，已经是一种管状的物体，和现代的口红基本相似了。

在唐代，口脂除妇女使用外，男子也可用之。不过两种口脂名同实异。男子使用的口脂，一般不含颜色，是一种透明的防裂唇膏。这在唐代男子化妆一节有详细记述。

（二）唇脂颜色

妇女所用的唇脂，则主要是为了妆饰，因此都含有颜色。

1. 檀口　有浅红色唇脂，称为"檀口"。唐韩偓《余作探使以缭绫手帛子寄贺因而有诗》中便云："黛眉印在微微绿，檀口消来薄薄红。"

2. 朱唇　有大红色，称为"朱唇"，亦称"丹唇"。唐岑参《醉戏窦子美人》诗中便有一描写美唇的名句"朱唇一点桃花殷"，形容美人的唇如桃花一般殷红鲜润。

3. 绛唇　唐代妇女还非常喜欢用深红色（即檀色或浅绛色）点唇，即成"绛唇"。如敦煌曲《柳青娘》中便有"故着胭脂轻轻染，淡施檀色注歌唇"的诗句。秦观的《南乡子》中也有："揉蓝衫子杏黄裙，独倚玉栏，无语点檀唇。"而《点绛唇》也成了一首著名的词牌名。

4. 嘿唇　除了红唇之外，唐代还流行过以乌膏涂染嘴唇的"嘿唇"，这在南北朝时便已有之，至中唐晚期大兴，广施于宫苑民间。《新唐书·五行志一》中载："元和末，妇人为圆鬟椎髻，不设鬓饰，不施朱粉，惟以乌膏注唇，状似悲啼者。"唐白居易在《时世妆》一诗中也有生动的描写："乌膏注唇唇似泥，双眉画作八字低。"

（三）妆唇形状

唐代除了唇色丰富外，妆唇的形状更是千奇百怪，但总的来说依然是以遵循娇小浓艳的樱桃小口为尚。相传唐代诗人白居易家中蓄妓，有两人最合他的心意：一位名樊素，貌美，尤以口形出众；另一位名小蛮，善舞，腰肢不盈一握。白居易为她俩写下了“樱桃樊素口，杨柳小蛮腰”的风流名句，至今还仍然被用作形容美丽的中国女性的首选佳句。当然“樱桃小口”只是形容唇小的一个概称，其具体的形状则并不仅仅只是圆圆的樱桃形状。晚唐时流行的唇式样式最多，据宋陶谷《清异录》卷下记载：“僖昭时，都下娼家竞事唇妆。妇女以此分妍与否。其点注之工，名色差繁。其略有胭脂晕品、石榴娇、大红春、小红春、嫩吴香、半边娇、万金红、圣檀心、露珠儿、内家圆、天宫巧、洛儿殷、淡红心、猩猩晕、小朱龙、格双唐、媚花奴等样子。”其形制虽然大多不详，但仅从这众多的名称便可看出唐时点唇样式的不拘一格。

从出土的唐代文物中，我们可以看到一系列唐女点唇的样式。如新疆吐鲁番阿斯塔那墓出土的女性泥俑，其唇便被画成颤悠悠的花朵状，上下两唇均为鞍形，如四片花瓣，两边略描红角，望之极有动感，鲜润可爱。唐人的《弈棋仕女图》中所绘之女子，也如口衔一朵梅花，娇小丰润；唐代的敦煌壁画《乐庭环夫人行香图》中的女性，有的将唇画成上下两片小月牙形，有的画成上下两片半圆，也有的则加强嘴角唇线效果，整个唇形如一个菱角之状。从表6－2中也可见各式唇形。

五、隋唐五代面饰（表6－3）

（一）额黄

1. 妆式　此妆始于汉代，流行于六朝，至隋唐五代则尤为盛行。唐虞世南《应诏嘲司花女》：“学画鸦黄半未成，垂肩亸（duǒ）袖太憨生。”唐卢照邻《长安古意》：“片片行云著蝉鬓，纤纤初月上鸦黄。鸦黄粉白车中出，含娇含态情非一。”五代牛峤《女冠子》词：“鹅黄侵腻发，臂钏透红纱。”这些诗词中都提到了这种额黄妆（鸦黄、鹅黄即额黄）。

在唐代，妇女们还对额黄妆有所发展，出现了“蕊黄”。即以黄粉绘额，所绘形状犹如花蕊一般，异常艳丽。唐温庭筠便在多首词中提及这种妆饰，如《菩萨蛮》：“蕊黄无限当山额，宿妆隐笑纱窗隔。”《南歌子》：“扑蕊添黄子，呵花满翠鬟。”唐张泌在《浣溪沙》一词中也曾提到蕊黄：“小市东门欲雪天，众中依约见神仙，蕊黄香画帖金蝉。”由此可见，蕊黄妆在当时是非常盛行的。

2. 涂黄方法　从文献记载来看，古代妇女额部涂黄，有两种作法：一种由染画所致；一种为粘贴而成。所谓染画法，就是用画笔蘸黄色染料涂染在额上。粘贴法，与染画法相比则较为简便。这种额黄，是一种以黄色材料制成的薄片状饰物，用时以胶水粘贴于额部。唐崔液《踏歌词》中的"翡翠贴花黄"，说的便是这种饰物。

表6-3　隋唐五代面饰

额黄	选自《北齐校书图》（半涂法）		
花钿	选自徽宗摹张萱《捣练图》，美国波士顿美术博物馆藏	选自吐鲁番县阿斯塔那187号墓出土《弈棋仕女图》，绢本著色，新疆维吾尔自治区博物馆藏	选自阿斯塔那230号墓出土《舞乐屏风》，新疆维吾尔自治区博物馆藏
	圆靥	花靥	鸟靥
面靥	选自鸟毛立女屏风第4扇，日本正仓院藏	选自陕西西安唐三彩	选自甘肃敦煌出土唐代绢画

染画法具体画法又有三种：一种为平涂法，即整个额部全用黄色涂满，如裴虔余《咏篙水溅妓衣》诗云："满额鹅黄金缕衣"。第二种为半涂法，即不将额部全部涂满，仅涂一半，或上或下，然后以清水过渡，呈晕染之状。吴融《赋得欲晓看妆面》诗："眉边全失翠，额畔半留黄"即指此。今观传世的《北齐校书图》中的妇女，眉骨上部都涂有淡黄的粉质，由下而上，至发际处渐渐消失，当是这种面妆的遗形。第三种便是我们上面讲的"蕊黄"，即以黄粉在额部绘以形状犹如花蕊的纹饰。这当属最美的一种额黄妆了。

额上所涂的黄粉究竟是何物，文献中并没有明确的答案。从唐王涯《宫词》云“内里松香满殿开，四行阶下暖氤氲（yīnyūn）；春深欲取黄金粉，绕树宫女着绛裙”。以及温庭筠“扑蕊添黄子”等诗句看来，或许黄粉就是松树的花粉。松树花粉色黄且清香，确实宜作化妆品用。

（二）斜红

描斜红之俗始于南北朝时，至唐尤为盛行。许多出土的女俑与仕女绘画中，面部都妆饰有斜红。在文学作品中，有很多提到斜红的诗句，如唐宇文氏《妆台记》：“斜红绕脸，即古妆也。”元稹《有所教》：“莫画长眉画短眉，斜红伤竖莫伤垂。”罗虬《比红儿诗》：“一抹浓红傍脸斜，妆成不语独攀花。”其咏的都是这种妆饰。

从表6－4的图像看，唐代妇女脸上的斜红，一般都描绘在太阳穴部位，工整者形如弦月，繁杂者状似伤痕。为了造成残破之感，有时还特在其下部，用胭脂晕染成血迹模样。新疆吐鲁番阿斯塔那唐墓出土的泥头木身俑，即作这种妆饰。另外，在1928年出土于新疆吐鲁番唐墓的绢画《伏羲女娲图》中，还绘有卷曲状斜红的形象。不过，斜红这种面妆终究属于一种缺陷美，因此自晚唐以后，便逐渐销声匿迹了。

表6－4　唐代斜红妆

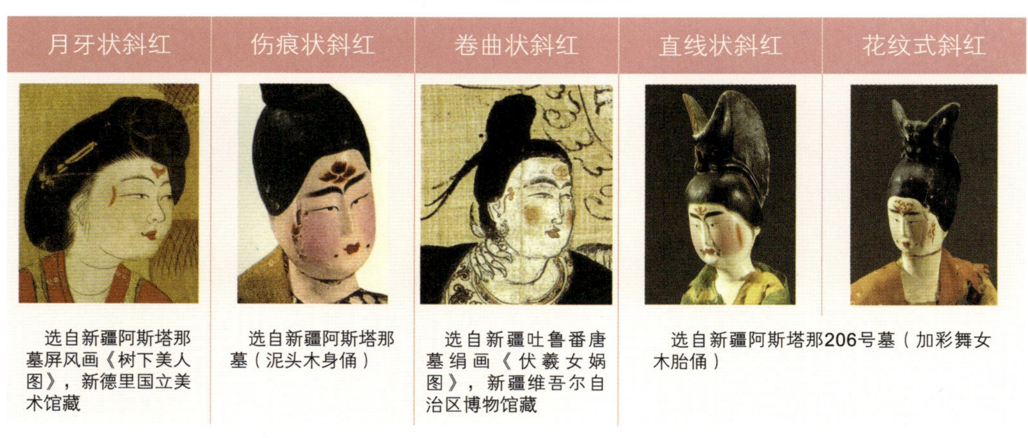

月牙状斜红	伤痕状斜红	卷曲状斜红	直线状斜红	花纹式斜红
选自新疆阿斯塔那墓屏风画《树下美人图》，新德里国立美术馆藏	选自新疆阿斯塔那墓（泥头木身俑）	选自新疆吐鲁番唐墓绢画《伏羲女娲图》，新疆维吾尔自治区博物馆藏	选自新疆阿斯塔那206号墓（加彩舞女木胎俑）	

（三）花钿

1. 花钿图案　花钿之俗于先秦时便已有之，至隋唐五代则尤为兴盛。从形象资料看，最为简单的花钿只是一个小小的圆点，颇似印度妇女的吉祥痣。复杂的则以金箔片、黑光纸、鱼鳃骨、螺钿壳及云母片等材料剪制成各种花朵形状，其中尤以梅花形为多见，也许是承南朝寿阳公主梅花妆的遗意。五代牛峤《红蔷薇》诗：“若缀寿阳公主额，六宫争肯学梅妆。”《酒泉子》词：“眉字春山样，凤钗低袅翠鬟上，落梅妆。”唐吴融《还俗尼》诗中也写道：“柳眉梅额倩妆新，笑脱袈裟得旧身。”均咏的是此种梅花形花钿。其具体形象在西安等地唐墓出土的陶俑上反映得较为清楚。除梅花形之外，花钿还有各种繁复多变的图案。有的形似牛角，有的状如扇面，有的又和桃子相仿。复杂者则以珠翠制成禽鸟、花卉或楼台等形象。更多的是描绘成各种抽象图案，疏密相间，大小得体。这种花钿贴在额上，宛如一朵朵鲜艳的奇葩。

2. 花钿颜色　从颜色看，花钿的色彩比额黄要丰富得多。额黄一般只用一色，而花钿则有多色，其色彩通常是由材料本身所决定的。例如有一种花钿是用昆虫翅膀制作的。宋陶谷《清异录》中记载：后唐宫人或网获蜻蜓，爱其翠薄，遂以描金笔涂翅，作小折枝花子，金线笼贮养之，尔后上元卖花者取象为之，售于游女。”也有根据图案需要染上各种颜色的。其中，最为精彩的是一种“翠钿”，它是以各种翠鸟羽毛制成，整个饰物呈青绿色，清新别致，极富谐趣。“脸上金霞钿，眉间翠钿深”（唐温庭筠《南歌子》）、“寻思往日椒房曳，泪湿衣襟损翠钿”（五代张太华《葬后见形诗》）、“翠钿金缕镇眉心”（唐张泌《浣溪沙》词）等都是指的这种饰物。

3. 花钿的作用　至于女子们为何都喜爱戴花钿，除为了增添美丽外，还有一个很重要的原因便是借以掩瑕。这听起来似乎有些荒诞，但却是千真万确的。相传武则天时，每次诏见宰臣时，都令上官昭容卧于床裙下记录所奏之事。一日，宰相来对事，昭容偷偷窥看，被武则天发觉，大怒，用甲刀朝她脸上刺去，上官昭容后来便常用花子来掩饰其脸上的伤痕。段成式的《酉阳杂俎·前集》卷八中便载：“今妇人饰花子，起自昭容上官氏所制，以掩点迹。”这即指此。

另外，《续玄怪录》中还载有这样一个故事：传说唐朝有一衙役名韦固，一日出差去宋城，走至夜间，见月光下有一老人在翻一本书，韦固非常好奇，便走上前问老人看的是什么书。老人对他说：“我看的这是《婚姻簿》，人的姻缘都是上天早就定好的。等他们到了结婚的年龄，我就会用一根红绳把两人的脚拴在一起，他们两个就是夫妻了。”韦固听后非常新奇，便向老人打听其妻子是哪一位。老人翻了翻簿子，说道：“真巧了，你的妻子就在宋城，是城南卖菜婆的女儿。”韦固第二天便在城南找到了卖菜婆，见其的确有一女儿，但却只有一岁大，满脸污垢坐在一张破席之上。他心中十分不满，遂动了邪念，雇了一个打手，把女孩杀了。转眼十七年过去，韦固当了一个小官，受到太守的接见。太守很喜欢他，想把他的女儿许配给韦固，韦固欣然接受。太守的女儿年方十八，姿容华丽，然而其眉间常贴一花子，即使沐浴入寝时，也不摘去。日子久了，韦固便问其故，其妻便实情相告，原来她就是十七年前城南卖菜婆的女儿，那个打手并没把她打死，但却在她脸上留下了一个永退不去的伤疤，遂常常贴翠来掩饰。一日她和母亲坐船，正好太守也在这条船上。太守不幸落入水中，卖菜婆舍身把太守救了上来，自己却死了。于是，太守便收她做了义女。韦固听到这里，才恍然大悟，原来人的婚姻真的是逃不过上天的安排。这虽然是一个神怪故事，但任何神怪故事必然是以现实生活为依据的。明杨慎《词品》中便载："自吴宫有獭髓补痕之事，唐韦固妻少时为盗刃所制，以翠掩之，女妆遂有靥饰。"看过这两则故事，再加上前面讲过的孙和夫人獭髓补痕之事，细细一想，的确，通过贴花钿来掩饰面上的疤痕，真可以说是化腐朽为神奇的伟大创举了。

（四）面靥

1. 面靥的形式　隋唐五代，点面靥之风极为盛行。在盛唐以前，一般如汉代的点"的"一般，多以胭脂或颜料作两颗黄豆般的圆点，点于嘴角两边的酒窝处，通称"笑靥"。如唐元稹《恨妆成》云："当面施圆靥。"唐韦庄《叹落花》诗："西子去时留笑靥，谢娥行处落金钿。"陕西西安、新疆吐鲁番等地唐墓出土的女俑脸部，常见有这种妆式。盛唐以后，面靥的范围有所扩大，式样也更加丰富，有的形如钱币，称为"钱点"；有的状如杏桃，称为"杏靥"；还有的制成各种花卉的形状，俗称"花靥"。五代欧阳炯《女冠子》词："薄妆桃脸，满面纵横花靥。"温庭筠的《归国遥》词中也云："粉心黄蕊花靥，黛眉三两点。"另外，还有一种制成金黄色小花的花靥，称为"黄星靥"，也称"星靥"，非常流行。唐段公路《北户录》卷三云："余仿花子事，如面光眉翠，月黄星靥，其来尚矣。"段成式《酉阳杂俎》中也写道："近代妆尚靥，如射月，曰黄星靥。"诗词中也有不少提及这种妆靥的，如"敛泪开星靥，微步动云衣"（唐杜审言《奉和七夕侍宴两仪殿应制》）、"星靥笑偎霞脸畔，蹙金开襜衬银泥"（五代和凝《山花子》词）。可见，星靥在唐代着实流行了一阵。

这些种种面靥，在陕西西安、新疆吐鲁番等地出土唐俑的脸上都有明显反映，只不过花卉图案不一定只施于嘴角，而是范围逐渐扩大到鼻翼两侧。晚唐五代之时，妇女的妆饰风气有增无减，从大量图像上看，这个时期的面靥妆饰愈益繁褥，除传统的圆点花卉形外，还增加了鸟、兽等形象。如有一种草名"鹤子草"，唐刘恂《岭表录异》中载："采之曝干，以代面靥。形如飞鹤，翅尾嘴足，无所不具。"有的女子甚至将各种花靥贴得满脸皆是，尤以宫廷妇女为常见。在敦煌莫高窟、柏孜克里克等石窟壁画中常常可见有这种面妆，形如一只斗彩大花瓶（图6－3）。

2. 面靥的材料　至于面靥的材料，和花钿是一样的，其实二者本身也并没有很严格的界限，都可以泛指妇女的面饰，只是为了叙述清楚，才分开来写。粘贴面靥与花钿的胶，是一种以鱼膘制成的呵胶。五代毛熙震《酒泉子》中云："晓花微微轻呵展，袅钗金燕软。"宋人欧阳修也赋词曰："清晨帘幕卷轻霜，呵手试梅妆。"这些诗词都形象地写出了妇女呵靥贴脸的情景。"腻如云母轻如粉，艳胜香黄薄胜蝉，点绿斜蒿新叶嫩，添红石竹晚花鲜。鸳鸯比翼人初贴，蛱蝶重飞样未传，况复萧郎有情思，可怜春日镜台前。"王建此诗可谓淋漓尽致地写出了花靥五彩缤纷的图样和女子春日临镜贴花靥的感觉和心态。

▲ 图6-3　贵妇礼佛图，德国柏林印度美术馆藏，原为伯孜克里克石窟第32窟壁画

六、隋唐五代护肤护发品

在唐代，不仅化妆品的品目繁多、空前绝后，在护肤品的运用上，也同样面面俱到，精细考究。

（一）面脂

面脂是滋润皮肤的油脂性敷料，冬天涂用可防止皮裂，起到护肤的作用。唐代面脂种类非常的多，而且色彩非常丰富。

1. 白色面脂　最常见的白色面脂这时使用依然最广。如"香雪"，便是一种白色且有香气的面脂。唐韦庄《闺怨》诗中便曾提及："啼妆晓不干，素面凝香雪。"再如"面药"，抹在脸上可防止皮肤燥裂冻伤，多用于冬季。唐杜甫《腊月》诗中曾提及："口脂面药随恩泽，翠管银罂下九霄。"其制法在《四时纂要》中有记载："面药：（七月）七日取乌鸡血，和三月桃花末，涂面及身，二三日后，光白如素（太平公主秘法）"。这是用药力改变生理状态，使皮肤洁白细腻的药膏，其性能犹如今日的增白霜、增白露。既云是太平公主秘法，可确知为唐人发明。还有一种更为名贵的品种，名"太真红玉膏"，亦称"龙膏"。据说是因杨贵妃（号太真）常喜把它敷在脸上，色如红玉而得名。宋陈元靓《事林广记·合集》中详细地记述了其制法："太真红玉膏：杏仁去皮，与滑石粉、轻粉各等份为末，蒸过，入脑麝少许，以鸡子清和匀，常早洗面毕傅（敷）之，旬日后色如红玉。"类似于今日的面膜。另外，还有一种妇女敷面用的妆粉，名"贵妃粉"。据清代《广舆记》中说："唐代杨贵妃死于马嵬坡，民间传说此坡土白如粉，以水和之涂抹脸面，可以消除妇女脸上的斑点。"这自然属于杜撰，不可信之。

2. 彩色面脂 除了白色的面脂外，唐代还出现了很多彩色的面脂。如“紫雪”，因制作时加入紫色素，故名；“红雪”，因制作时加入红色素，故名；还有“碧雪”，因制作时加入绿色素，故名。这三者都有防裂护肤之功效，多用于冬季。唐代帝王常于腊日把它们赐予群臣。唐刘禹锡《代谢历日口脂面脂等表》中便曾提及：“腊日口脂、面脂、红雪、紫雪……雕奁既开，珍药斯见，膏凝雪莹，含夜腾芳，顿光蒲柳之容，永去疠疵之患。”明代李时珍《本草纲目·石部》中也曾提到：“唐时，腊日赐群臣紫雪、红雪、碧雪。”

（二）澡豆

除了面脂，在刘禹锡的表中还提到了“澡豆”。澡豆是类于今日香皂的洗面粉，原以豆末和诸药制成，故名。在化妆前用澡豆洗面乃至洗身，可以洗涤污垢，保健肌肤，甚至可以因配药的不同，使之具备治疗雀斑等功能。请看一种唐代的配方：“配澡豆：糯米二升，浸捣为粉，曝合极干；若微湿，即损香。黄明胶一斤，炙令通起，捣筛，余者炒作珠子，又捣取，尽须过熟。皂角一斤（去皮后称），白芨、白芷、白蔹、白术、藁本、芎䓖、细辛、甘松香、零陵香、白檀香十味，各一大两，乾构子一升（一名楮子）。右件捣筛细箩都匀，相成。澡豆方甚众，此方最佳。”采用这样复杂的配方，使澡豆的保健、美容作用更为突出。澡豆在南朝时只限皇家使用，“王敦初尚主，如厕……既还，婢擎金澡盘盛水，琉璃碗盛澡豆，因例著水中而饮之，谓是干饭。群婢莫不掩口笑之”。王敦是士族，尚且不知澡豆，可见其物之罕。但到了唐代，已成为贵族必备的化妆品，医药学家孙思邈即云：“面脂、手膏、衣香、澡豆，士人贵胜，皆是所要。”

（三）香泽

唐代妇女喜梳高髻，润发的香泽自是不能少的了。唐代的香泽品种很多，如有“郁金油”，因掺入郁金香料制成，故名。唐冯贽《云仙杂记》中便有提及：“周光禄诸妓，掠鬓用郁金油，傅（敷）面用龙消粉。”再如有“香胶”，因掺入香料而成，故名。唐元稹《六年春遣怀》诗中便曾有提及：“玉梳钿朵香胶解，尽日风吹玳瑁筝。”另外，还有一种名“兰膏”，亦名“泽兰”。以兰草汁和油脂调和而成，涂在发上以增光泽和香气，故名。唐浩虚舟《陶母截发赋》云：“象栉重理，兰膏旧濡。”其中的“兰膏”便指此物。

七、唐代文身

（一）时髦风尚

1. 文身 在先秦一章，曾讲过文身风习多为东南夷族所为，如吴人、越人，等等。由于文身风俗非出华夏，所以被当时中原人视为夷狄陋习，是愚昧和落后的标志。自春秋起，以周礼为代表的华夏族文化进一步向东发展，使东夷族逐渐遗弃了文身断发之俗，改行汉族礼俗，文身一度销声匿迹。但到了唐代，由于封建文明空前高度发展，文身风俗却转而为中原大众所接受，充分体现出了唐文化的博大与包容。

唐代京都长安是全国的中心，人口密集，流风所集，尽汇于此，文身之风也在此盛行。会昌年间，长安文身者颇多。京兆尹薛元赏对此风极为反感，进行了严厉打击，仅一次就处决三十余人，足见文身已成为社会问题。段成式在《酉阳杂俎》中称："上都街市恶少，率髡而肤札。"肤札即文身。词语虽不免夸张，但在一定程度上反映出文身是当时长安青少年的一种时尚，年轻人竞相趋附，人数众多。

2. 刺肤技术　在当时号称天府的蜀地，经济发达，人文荟萃，文身者亦不乏其人。蜀地不仅文身者众多，而且技术高超，远近闻名。段成式曾专门论及蜀人的刺肤技术："蜀人工于刺，分明如画，或言以黛则色鲜，成式问奴辈，言但用好墨而已。"由此观之，蜀地刺肤不仅刺得精，点画分明，犹如图画，而且设色讲究，如用眉黛。功夫之深，非它处可比。

作为文身的发源地，荆越一带文身者就更多了。百越有雕题旧俗。《通典》云："谓雕题，刻其额也。"唐代南中有绣面老子，段成式认为是"雕题之遗俗"，说明南中一带雕额涅面是很具普遍性的。荆州一带文身风俗，史家认为是由吴越传入的。到了唐代，文身风气与本地习俗相结合，发展更速，而且在技术上又有进步。"荆州贞元中，市有鬻（yù）刺者，有印，印上簇针，为众物状，如蟾蝎杵臼，随人所欲。一印之，刷以石墨，细于随求，印疮愈后，细于随求印"。这种文身方式改变了过去一针一针慢慢刺去的方法，一次成型，缩短了刺肤时间，减少了文身者的痛苦。同时，这种方法所刺的花纹深浅度相等，刷墨之后墨迹均匀，也是对文身技术的一个重大改进。

（二）文身内容

唐代文身波及地域广泛，内容也十分丰富，形式多种多样。从文身的内容来看可分为四类。

1. 美的享受　出于作者的审美情趣，具有欣赏价值。由于唐代文身是作为一种对美的追求流行起来的，所以，许多人把刺肤看成是一种美的享受。京都人王力权，"刻胸腹为山、庭院、池塘、草木、鸟兽，无不悉具，细若设色"。这可以看作是一幅精美的文身山水图画。另如黔南观察使崔承宠，少时遍身刺一蛇，蛇头就刺在右手的虎口上，然后"绕腕匝颈，龃龉在腹，拖股而尾及骭焉。对宾侣常衣覆其手，然酒酣辄袒而努臂戟手，捉优伶辈曰：'虫咬尔！’优伶等即大叫毁而为痛状，以此为戏乐。”说明当时的文身技艺已是相当高明，并且善于利用人体骨干特点，因材施针，处理得惟妙惟肖，以致令人真假难辨。

2．崇拜名人　文身者出于对名人的崇拜，刺上当时名人诗词书画，以附庸风雅，标榜多识。蜀州小将韦少卿便把张燕公的《挽镜寒鸦集》图解为画，于胸上刺一树，“树梢集鸟数十，其下悬镜，镜鼻系所，有人止于侧牵制”。他的叔父看过后不解其意，他以此自负，笑语其叔父：“叔不曾读张燕公诗否？《挽镜寒鸦集》耳！”最典型的当属荆州人葛清，“自颈以下，遍刺白居易舍人诗，凡刻三十余首，体无完肤。且诗间配画，画中藏诗。至‘不是此花偏爱菊’，则有一人持杯临菊丛；又‘黄夹缬林寒有叶’，则指一树，树上挂缬，缬窠锁滕绝细”。白居易的诗通俗易懂，民间广为流传，一曲《长恨歌》熟诵于“王公妾妇牛童马走之口”，娼妓能诵白诗都会身价百倍，葛清文身白诗，同样表示对白居易其人的崇拜。

3．推崇宗教　文刺宗教人物，这一类极具代表性，数量上也很多。在唐代，佛教备受推崇，这种风气在文身上也有表现。如“成式门下，骆路神通，每军较力，能戴石登靸（sǎ）六百斤石，啮破石粟数十”。他也由于力大而受到上司赏识。然而，他把力大归于神的帮助，“背刺天王，自言得神力，入场神助之则力生。常至朔望日，具乳糜，焚香袒坐，使妻儿供养其背而拜焉”。还有些人利用人们对宗教的虔诚笃信作为自己为非作歹的护身符，“李夷简，元和末在蜀，蜀市人赵高好斗，常入狱，满背镂毗沙门天王，吏欲杖背，见之辄止，恃此转为坊市患害”。这种怪现象的出现，完全是由于人们对佛教的愚昧虔诚。

4．情感表现　以文身来表现自己的情感体验，甚至将自己的不满或磨难诉之于此，以示警醒。京都人宋元素，左臂刺上“昔日以前家未贫，苦将钱物结交余，如今失路寻知己，行尽关山无一人”；右臂上刺葫芦，上出人首，如傀儡戏郭公者，县里不解，问之，言“葫芦精也”。从上面四句短诗可看出作者部分生平经历，也概括了作者愤愤不平的心境，他文身是为了发泄自己的怨恨情绪。另一人赵建武在左、右臂上刺言：“野鸭滩头宿，朝朝被鹘梢。忽惊飞入水，留命到今朝。”他把自己比作野鸭，苟延残喘，以此自嘲。从这一类文身作品中可以窥见这些人的生活态度及人生经历，也多少反映了他们的社会观念。

文身风气到唐后期，进一步恶性发展，许多青年人遍身文刺，在街上为非作歹，欺行霸市，形成社会隐患，以至于堂堂京兆尹也拿他们没有办法。

（三）文身的复兴背景

文身在唐代的复兴，和唐代的社会背景有着直接的联系。

1．民族融合交往　唐代是一个继南北朝民族大融合之后建立起来的多民族统一国家，民族交往频繁，各民族融合发展，风俗习惯亦相融会。文身作为东南少数民族风俗，在此民族融合之时亦不免传入中原，与华夏民族风俗并存于世。这种域外之俗，被人们喜好外来东西之心理所接受，在唐代的开放风气影响下，自然就能够盛行起来。

2. 佛教风习传入　随着佛教中国化的进程，许多佛教风习也随着宗教的传入而渐渐融入中原内地。佛教讲究只有行人所不能行，舍他人所难舍才会求得无上正果。所以唐代人普遍有一种追求新奇、怪异的思想观念。而且，按照佛教僧祇律规定，“比丘作梵王法，破肉以孔雀胆、铜青等画身，作字及鸟兽形，名为印黥”。可见佛教徒本身就有这种文身的规定。戒律所限，势在必行，同时也促进了世间文身风气的盛行。

八、唐五代男妆

（一）敷粉施朱

隋代，由于崇尚节俭，女子化妆者尚不多，男子自然更不大可能。

唐代男子敷粉施朱者也并非常人所为，多为面首，即男宠。尤在武则天统治时期最为突出。武则天在晚年养了面首张宗昌、张易之两兄弟，这两个宝货整日皆锦衣绣服、敷粉施朱，俱承武后“辟阳之宠”，被时人斥骂为故作妇人态的“人妖”。

五代时，除了面首，也有皇帝参与者。如后唐庄宗李存勖（xù），便尝自敷粉与伶人戏（见赵翼《陔余丛考·男娼尼姑和尚教坊》）。

（二）面脂、口脂

在唐代，男子非常盛行涂抹面脂、口脂类护肤化妆品。当然，这只是一种正常的护肤行为，与化妆不可同样视之。唐代皇帝每逢腊日便把各种面脂和口脂分赐官吏（尤其是戍边将官），以示慰劳。唐制载:“腊日赐宴及赐口脂面药，以翠管银罂盛之”。韩雄撰《谢敕书赐腊日口脂等表》云:“赐臣母申园太夫人口脂一盒，面脂一盒……兼赐将士口脂等”。唐刘禹锡在《为李中丞谢赐紫雪面脂等表》云:“奉宣圣旨赐臣紫雪、红雪、面脂、口脂各一合（盒），澡豆一袋”。唐白居易《腊日谢恩赐口蜡状》也载:“今日蒙恩，赐臣等前件口蜡及红雪、澡豆等”。唐高宗时，把元万顷、刘祎之等几位文学之士邀来撰写《列女传》、《臣轨》，同时还常密令他们参决朝廷奏议和百司表疏，借此来分减宰相的权力，人称他们为“北门学士”。由于他们有这种特殊身份，高宗非常器重，每逢中尚署上贡口脂、面脂等，高宗也总要挑一些口脂赐给他们使用。唐段成式《酉阳杂俎·前集》卷一中便载:“腊日，赐北门学士口脂、蜡脂，盛以碧镂牙筩（筒）。”可见，在唐代，面脂和口脂不仅妇人使用，男性官员甚至将士也广泛享用，当是非常大众之物了。

第三节 | 隋唐五代时期的发式

表6－5为唐代女子发式图例。

表6-5　唐代女子发式图例

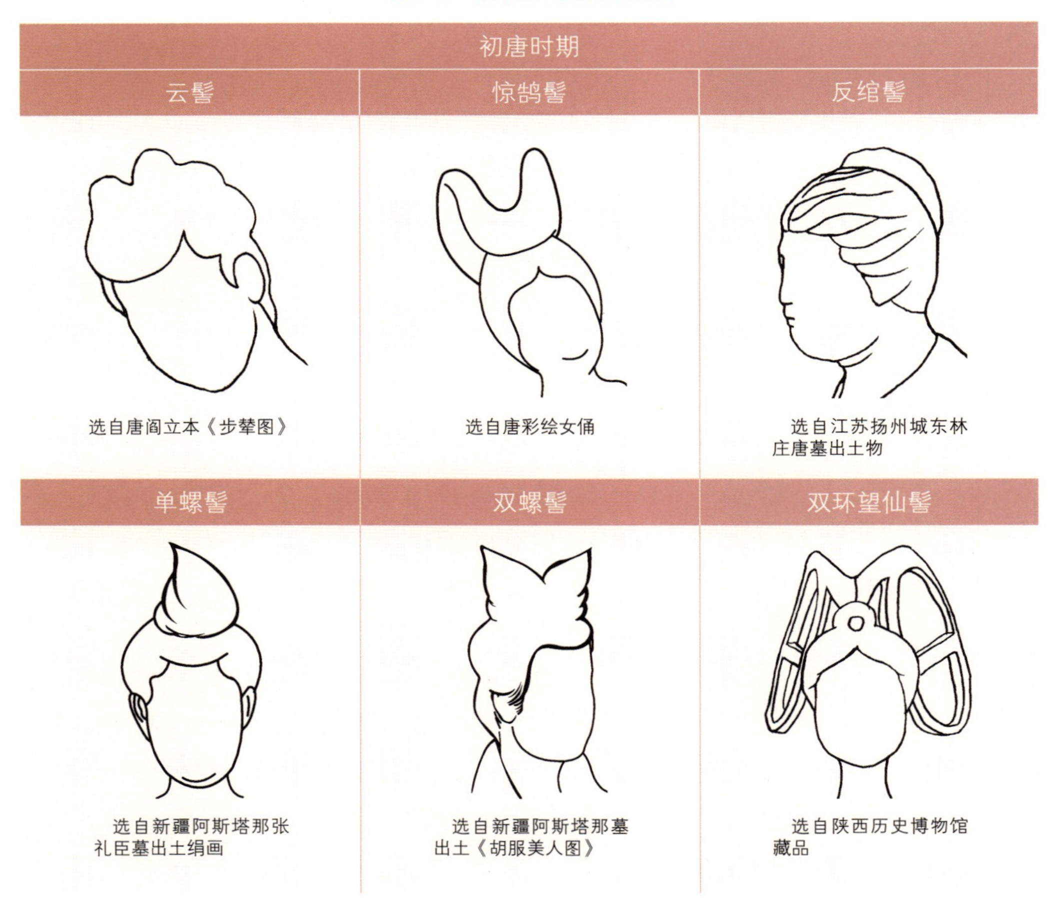

初唐时期		
云髻	惊鹄髻	反绾髻
选自唐阎立本《步辇图》	选自唐彩绘女俑	选自江苏扬州城东林庄唐墓出土物
单螺髻	双螺髻	双环望仙髻
选自新疆阿斯塔那张礼臣墓出土绢画	选自新疆阿斯塔那墓出土《胡服美人图》	选自陕西历史博物馆藏品

续表

盛唐时期		
半翻髻	两鬓抱面	三角髻
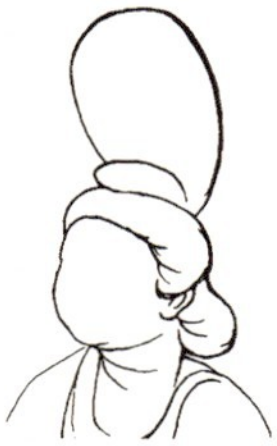 选自陕西长安县南里王村壁画	 选自陕西西安东郊高楼村唐墓出土物	 选自河南洛阳涧西谷水第6号唐墓出土物
丫髻	宝髻	插梳
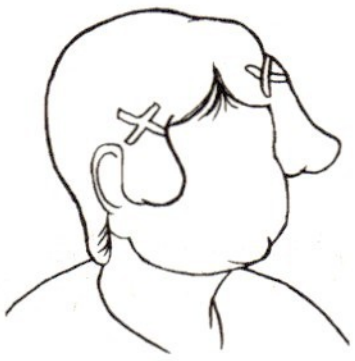 选自唐《弈棋仕女图》	 选自甘肃安西榆林窟壁画《五代女供养人》	 选自唐张萱《捣练图》
乌蛮髻	高髻	回鹘髻
 选自陕西省西安市鲜于庭诲墓出土女俑	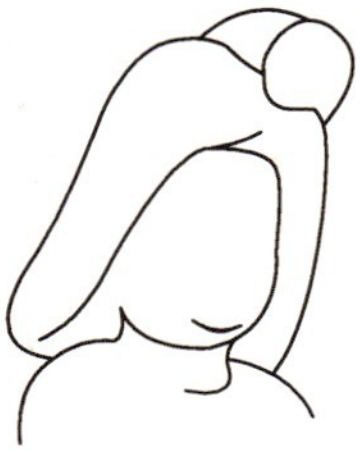 选自唐彩绘女俑	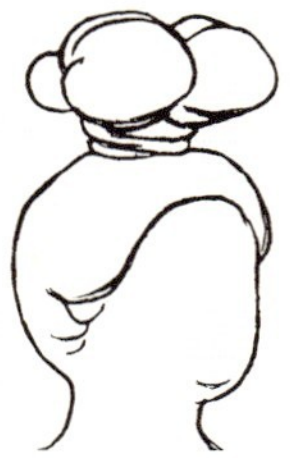 选自河南洛阳关林第59号唐墓出土物

续表

晚唐时期		
抛家髻	堕马髻	拔丛髻
选自宋《唐人宫乐图》	选自唐张萱《虢国夫人游春图》	选自明丁云鹏《树下人物图》

隋代是一个崇尚节俭的朝代，因此隋代女子的发式也是比较简单的。从出土的隋俑来看，如北京故宫博物院藏隋青釉陶俑、敦煌390窟壁画女供养人像、西安西郊李静训墓出土女侍从俑，发式多为上平而较阔，如戴帽子，或作三饼平云重叠式，且额部、鬓发均剃齐（图6－4）。

在传世文献中，还记载有不少隋代妇女的发式名称，如唐王叡（ruì）《炙毂子录》中载："隋有九真髻、凌虚髻。"唐刘存《事始》中载："炀帝令宫人梳迎唐髻，插翡翠钗子，作白妆。"宇文氏《妆台记》载："（炀帝）又令梳翻荷髻，作啼妆；（梳）坐愁髻，作红妆。"五代后唐马缟《中华古今注》中则载："隋大业中（即炀帝在位之时），令宫人梳朝云近香髻、归秦髻。"从记载来看，这些发式大多为隋炀帝在位之时令宫人所梳，到目前为止还只见其名而不见其形。沈从文先生在叙及此处时曾写道："凡小说杂著叙妆饰部分，常为有意附会，巧立名目，难于徵信。"从大量出土陶俑看，前段所述发式在隋代实具一般

▲ 图6－4　隋代弹琵琶女俑，上海博物馆藏

性，贵贱差别不是很大。甚至初唐女子发式，与此时也并无显著的区别，应可为隋代发式的代表。

唐代是我国封建社会发展的鼎盛时期，也是我国妆饰文化发展的辉煌时期。此时的妇女发髻式样和当时社会生活其他方面一样，也是丰富多彩的。其造型之多、名称之美，可谓前无古人，充分体现了这一时代的审美情趣和时代风尚。唐代的女子不仅继承了许多传统的发式，而且还创造了许多新的优美高雅的髻式。

一、唐代初期发式

（一）女子发式

在唐代初期，女子的发式（包括服饰）仍沿袭隋式。如阎立本的《步辇图》中宫女的发式，仍如隋画中常见的样子，上部平起云皱，变化不多。宫女的这种发式因皆作云朵之状，连额发也处理成云形，可视为“云髻”的典型式样。这些数以万计从民间掠来的宫女，据史传记载，多属隋代原有宫人，因此衣着发式沿袭隋代当在情理之中。唐初李寿墓中石刻舞伎、乐伎及女俑的衣着发式风格也是如此。

直至武则天政权末期，据陕西乾县永泰公主墓壁画所绘女子来看，所有宫女还均无耳环、手镯及金翠首饰，这表明唐代前期宫廷妇女装束还是比较朴素的。这和唐前期统治者的励精图治有着直接的关系。即使如此，从此时的发式来看，也已开始呈现出各不相同的趋势了。纵观墓中女子之发式，大多为高髻和偏高髻两种。究其样式，则不下五六种之多。

1. 惊鹄髻　惊鹄髻的前身是流行于南北朝的惊鹤髻。做法是将长发编盘成惊鸟双翼欲展的样子，用绵或丝带缚住，耸竖于头顶。这种发式在唐昭陵陪葬墓、乾陵章怀太子墓、懿德太子墓中都可看到，可见在唐时颇为流行。

2. 反绾髻　这种发髻因做法不同而分为两种形式。一种是双高髻的形式，为了使头发不蓬松下垂而从头的两侧各引出一绺头发向脑后反绾，然后高耸于头顶。一种不属高髻，只是集发于后，绾成一髻，然后由下反绾至顶，便于各项姿态的活动。顾况在《险竿歌》中便有“宛陵女儿擘飞手，长竿横之上下走……反绾头髻盘旋风”之句，描写的正是一个梳着反绾髻的杂技女艺人的娇美身姿。这是初唐时较为流行的一种发髻。

3. 螺髻　这种发髻在魏晋南北朝时已经介绍过了。在唐代盛行于武则天时代。螺髻有双螺髻、单螺髻之分。双螺髻（包括双鬟、双髻）即处女之标志，出嫁后则绾合为一，诗文中称“同心结”。杜甫《负薪行》中有：“夔州处女发半华，四十五十无夫家。……至老双鬟只垂颈，野花山叶银钗并。”白居易《新乐府·井底引银瓶》：“感君松树化为心，暗合双鬟逐君去。”这里的“暗合双鬟”便指跟她的心上人私奔。另外如晏几道的“双螺未学同心绾”，姜夔的“双螺未合，双蛾先敛”等，都是指未婚女子。清朝笔记中，常记一些青楼鸨母，叫已接客之妓绾成“双螺”去欺骗嫖客，强索高价。可知这一习俗历史悠久。在永泰公主墓壁画和出土的女俑中，螺髻占有相当多的数量，证明此发式是当时最时髦的发髻。

4. 双环望仙髻　西安羊头镇李爽墓壁画中有这种“双环望仙髻”，其发式是由正中分发，将头发分成左右两股，于底部各扎一结，然后将发弯曲成环状，发梢编入耳后发内，也是少女发式的一种。唐宇文氏《妆台记》中便有“开元中梳双环望仙髻”的记载。

5. 半翻髻　这是由隋代的翻荷髻演变而来，其形状像翻卷的荷叶，尤以侧面看时最为相似。梳发时自下而上，掠至头顶，然后朝一侧翻转。其髻高耸而顶部向一边倾斜。宇文氏《妆台记》中载：“唐武德中，宫中梳半翻髻。又梳反绾髻、乐游髻。上行下效，成为风气。”段成式《髻鬟品》中还有：“高祖宫中有半翻髻。”可见，此发式也是在初唐时较为流行的发式。

（二）女子发式风格

永泰公主墓中壁画和女俑所体现的发式，可以说基本上体现了初唐时期妇女的发式风格［初唐，这里指自唐高祖武德元年（公元618年）至唐玄宗先天元年（公元712年）］。

1. 发式简洁　在形式上比较简洁，基本上没有什么珠翠、发梳等装饰。

2. 高髻　此时的发式已一改隋代平云式的单纯，均为发髻高耸的高髻。唐初盛行高髻与唐太宗李世民很有关系。太宗时，宫中“俗好高髻”，影响到贵族社会乃至平民百姓。中牟丞皇甫德害怕社会风气奢靡，曾批评说：“俗好高髻，盖宫中所化。”唐太宗却大怒，对房玄龄等说：“德参欲……宫人皆无发，乃可其意耶!”甚至想治他个“谤讪”之罪，经魏徵劝谏才罢。但后来又询及近臣令狐德棻，问妇女发髻加高是什么原因。令狐以为，头在上部，地位重要，高大些有理由。因此高髻不受任何法令限制，逐渐更加多样化。太宗李世民有魄力，颇开通。他认为朝代的兴衰与“高髻”这一社会风气及所谓“靡靡之音”并无关系。他说：“礼乐之作，盖圣人缘物设教，以为撙节，治之隆替，岂此之由？”他甚至对大臣说，陈后主爱《玉树后庭花》而亡国；今天，我们来奏《玉树后庭花》，还会这样吗？正由于他对宫中及宫外追求美的风气不加干涉，对艺术采取宽容的政策，所以才有了唐代女子对美的大胆追求与尝试，开辟了中国古代史上最为丰富的妆饰时代。

3. 层堆盘卷造型　在高髻的做法上，造型时均先以丝绦或绵把全部头发束缚于顶，紧紧缠绕，将发分作二层、三层，层层堆上，然后再进行盘卷，做成各种髻式。这种挺拔而又简洁的高髻与初唐时期健康、挺拔、骨肉均匀的女性形象相呼应，更衬托出了初唐女子秀美的身姿。

（三）初唐时期男子的发式

从永泰公主墓中出土的男俑发式来看，男子发式大多为辫发，以形式不同可分为四种。

1. 单辫　形式是将发从头的正中心分成左、右两半，从前额梳于脑后，然后再编成一条辫子垂于脑后，形似现代女子所系的辫子。

2. 单辫加发带　第二种形式与上述相同，只是在额前缚一条三角形发带，看上去很美观。

3. 双辫　第三种形式是将发直接在额前梳成左、右两条辫子，绕头一周，然后盘结在左、右耳后。

4. 双辫盘结　第四种形式是将发分成左、右各半，然后从耳上开始梳成两条辫子，绕于额前，再回到两耳之上盘结。

从唐代史料看，几乎找不到关于汉族男子辫发的记载。永泰公主墓中的男俑很可能是少数民族或西域诸国的形象。

二、盛唐时期发式

唐玄宗开元、天宝年间（公元713—756年），唐朝的殷富达到开国以来未有的高峰，对外关系也发展到了顶点，为大唐最为繁盛的时期。在唐初时即已开始流行起各式各样的高髻。高髻真正的盛行必然和生产恢复有一定的联系，因此在盛唐时，高髻达到了高峰。又由于当时的对外关系发展到了顶点，盛行胡妆也在情理之中。《新唐书·五行志》便称："天宝初，贵族及士民好为胡服胡帽，妇人则簪步摇钗，衿袖窄小。"

（一）女子发式的特点

盛唐女子的发式风格主要有以下三个特点。

1. 盛行假髻　因为有了义髻（即假髻）的加入，发式显得格外蓬松高耸。美人杨贵妃便常以假髻为首饰，且好服黄裙。时人为之曰："义髻抛河里，黄裙逐水流。"在唐代考古中也发现了不少有关假髻的资料。考古科学工作者在新疆吐鲁番阿斯塔那206号墓内发现25个女俑，其中3个戴着云髻式假髻；在新疆喀拉和卓发现的盛唐绢画残片中，有一妇女手中就托着一朵"假髻"；在阿斯塔那张雄夫妇墓中还出土了一个唐代木质义髻（图6－5），状如半翻髻，外涂黑漆，其上绘有白色忍冬花纹，从其底部圆洞及洞周围孔内残存的金属锈迹来

▲ 图6-5 木质义髻，高16.3厘米，新疆阿斯塔那唐代张雄夫妇墓出土

看，原来是罩于女尸发髻之上，并用铜钗固定的。假髻的盛行从盛唐一直延续到晚唐。唐末黄巢起义时，唐僖宗李儇逃难至成都，随行的宫女为了应付非常时期的急变，简化梳妆打扮，还制作了一种假髻名“囚髻”，使用时直接戴在头上，无须梳掠。《新唐书·五行志一》载：“僖宗时，内人束发极急，及在成都，蜀妇人效之，谓之‘囚髻’。”宋赵彦卫《云麓漫钞》卷三中还详细记载了“囚髻”的做法：“唐末丧乱，自乾符后，宫娥宦官皆用木围头，以纸绢为衬，用铜铁为骨，就其上制成而戴之，取其缓急之便，不暇如平时对镜梳系裹也。”由此可见，唐女对高髻可谓情有独钟，即使是在丧乱亡国之际，依然不忘制作特制的假髻来妆饰发型。这种风气直接影响了五代十国。

2. 鬓发抱面　盛唐时妇女的鬓发修饰非常有特色。此时多数妇女的鬓发，披于耳际，很少有像南北朝时垂至颈间的现象，而且鬓发都向脸部梳掠靠拢，俗谓“两鬓抱面”。实际上就是“蝉髻”的新发展。而且，不仅鬓发如此，此时的许多发髻形式也是垂于耳际。如汉代便已有的三角髻唐代复又流行，前额为一髻，左、右两侧各梳一髻垂于耳际。再如此时的丫环、侍女所梳的丫髻，也不再像魏晋南北朝时期那般梳于头顶两侧，而是垂于耳际两侧。

3. 宝髻、插梳　盛唐一改初唐时的简洁之风，而代之以珠翠满头、雍容富丽。如开元、天宝时任太原都督乐廷环夫人王氏及其家属的行香图中，主要人物均是蓬松义髻，两鬓满着金翠花钿，一派珠光宝气的样子。而且此时发式中还有一种发式称为“宝髻”，实际上就是在发髻上缀以花钿（特指一种插于发髻的首饰）、金雀、玉蝉、钗簪、金玉花枝等珠宝饰物而故名。除了饰以珠翠外，也有以鲜花装饰发髻的。李白《宫中行乐词》中便写道：“山花插宝髻，石竹绣罗衣。”此外，唐代妇女在梳高髻的同时，还非常喜欢于发髻上插几把小小梳子，当成装饰。讲究者用金、银、犀、玉或牙等材料，露出半月形梳背。唐代的诗词中经常有吟咏插梳的诗句，如“归来别赐一头梳”“满头行小梳，当面施圆靥”等。用小梳作装饰始于盛唐，中晚唐至五代依然流行，这在唐五代画中常有反映。所插梳子数量不一，有多到十来把的（陕洛唐墓常有实物出土）。但总的趋势为数量逐渐减少，而规格逐渐加大，至宋代甚至有的大及一尺二寸。头上插梳可说是唐宋时期非常独特的一种头面装饰习俗。

以上所述三点，不仅是盛唐女子发式特点，也是最具唐代特色的发式特点。可以说，唐代女子从此时才开始确立其不同于其他朝代的独特的妆饰风格。

（二）少数民族的发式

盛唐时期，由于各民族之间交流非常频繁，因此许多少数民族的发式也成了汉族妇女竞相模仿的式样。

1. 乌蛮髻　这种发髻是南方少数民族的一种发髻。《苗俗纪闻》在解释“乌蛮髻”时说：“妇人髻高一尺，婀娜及额，类叠而锐，倘所谓乌套耶。”唐代的乌蛮髻通常是与蝉鬓相配合，将头发掠至头顶挽成一或二髻，再向额前俯偃下垂。西安开元十一年鲜于庭诲墓出土女俑，莫高窟205、217等窟盛唐壁画中的女供养人，大都梳这种髻。如果梳出蝉鬓后，不使髻向前俯偃，却让它立在头顶上，那就是典型的盛唐式的高髻了。

2. 回鹘髻　盛唐时还盛行“回鹘髻”。这是回鹘族妇女的发髻，它的形制，在甘肃安西榆林窟壁画上反映得比较具体。那是一组供养人形象，画中的女主人为五代回鹘国圣天公主曹夫人，她们发髻集束于顶，被一顶桃形冠帽罩住，仅露出系着红色绢带的髻根。在夫人身后，还站着一些侍女，其中一位也梳着这种发髻，由于她未戴冠帽，发髻的形制显示得比较清楚。《新五代史·回鹘传》称：“妇人总发为髻，高五六寸，以红绢囊之；既嫁，则加毡（毡）帽。”说的正是这种发式。盛唐时期，回鹘与汉两族人民交往密切，习俗渗透，此髻遂也为汉族妇女所作。唐宇文氏《妆台记》中便载：“开元中，梳双环望仙髻及回鹘髻。”

三、唐代中晚期发式

（一）中晚唐女子的发式

唐代中晚期，由于各个腐朽阶级穷奢极侈，因此，中晚唐妇女的妆饰风格不仅没有趋于衰落，反而更加富丽堂皇，并逐渐改为崇尚一种病态的美。唐代大诗人白居易那首著名的《时世妆》一诗便出自此时，诗中所描写的妆饰主要特征是圆鬟垂鬓椎髻、乌膏注唇、赭黄涂脸、眉作八字，一副带着病态美的域外另类风情。颇似汉代梁翼妻的“服妖”之状，代表着一种典型的晚唐妆饰风格。

1. 抛家髻　从发式上分析，这里的圆鬟指的是一种低垂的环髻，垂鬓则依然是盛唐以来披于耳际蓬松的“蝉鬓”，而椎髻则和汉代的垂髻式的椎髻截然不同了，是一种将头发束于头顶而成椎状的发型。此时最流行的椎髻就是“抛家髻”了。《新唐书·五行志一》中载：“唐末，京都妇人梳发以两鬓抱面，状如椎髻，时谓之‘抛家髻’。”因头上发髻似抛出之状，故名。这种发髻在周窻所绘的《纨扇仕女图》及郭慕熙摹的《宫乐图》中均可见到。

2. 堕马髻　在汉代曾盛极一时的堕马髻此时又重新流行，只是汉时的堕马髻是垂髻，而唐代的堕马髻则类似于倭堕髻，为集发于顶，挽髻后朝一侧下搭的样式。白居易《代书诗一百韵寄微之》中有“风流夸堕髻”句，原注：“贞元末城中复为堕马髻，啼眉妆也”。堕马髻在晚唐很是常见，徽宗摹张萱《虢国夫人游春图》中右起第四、第五人，就梳着这种髻，和抛家髻颇为类似，都体现为一副慵懒、无力、寄食、享乐之态，和初唐时健康向上的气质截然相反。

3. 乱髻　除了慵懒的髻式，唐末还一度流行“乱髻”。典型的如“闹扫妆髻”。这是一种髻式蓬松，呈杂乱状的发式。唐段成式《髻鬟品》中载：“贞元中有归顺髻，又有闹扫妆髻。”明杨慎《艺林伐山》卷十二（闹扫梳头）：“闹扫妆，唐末宫中髻名，形如焱风乱鬈（shùn）。”除此之外，还有一种髻名为“拔丛”，约流行于唐昭宗时期。髻内以乱发为衬，梳成高髻，额发下垂及目。宋王傥《唐语林》卷七中载：“唐末妇人梳髻，谓‘拔丛’；以乱发为胎，垂障于目。”也是乱髻的一种。这两种发式，若在如今则可视为颓废型发式的典型了，也可体现出唐末人心惶惶，宫人百无聊赖的一种末世心境。

（二）晚唐的服饰与妆饰

唐朝后期一改“小头鞋履窄衣裳”的天宝末年时世，贵族妇女的衣着不仅官服拖沓阔大，连便服也多向长大发展，实有官服转为常服之势，同样近于病态。有些衣袖竟大过四尺，衣长拖地四五寸。所以，李德裕任淮南观察使时，曾奏请用法令加以限制，“妇人衣袖四尺者，皆阔一尺五寸，裙曳地四五寸者，减三寸”。《新唐书·舆服志》中也曾提及对全国禁令：“妇女裙不过五幅，曳地不过三寸。”可见，唐末妇女在服饰上的奢靡，连统治者也难以接受了。可以说，此时无论是在妆饰上，还是在服饰上，都可明显看出唐朝正在走向无可挽回的衰败。

五代十国时期，尽管在政治上分裂成许多国家，经济上却互相依赖。尤其是南方各国战争较少，经济一般都处在上升阶段。因此，此时贵族妇女在妆饰上，继续延续着晚唐的富丽与奢靡。普通女子则一改盛唐之雍容丰腴之风，而被秀润玲珑之气所代替。

从陕西西安榆林窟壁画中五代女供养人的衣冠妆饰来看，和唐代敦煌壁画《乐廷环夫人行香图》中的王氏比起来，同为最上层贵族命妇盛装，不论从衣纹佩饰，还是其脸上的花靥与头上的簪钗，其繁缛程度可谓均比大唐有过之而无不及。而且其发式都同样是高髻博鬓。唐代妇女好高髻的风习，可以说直接影响到五代十国的女子。此时女子在发式上也是竞尚高大，利用自己收集或别人剪下的头发加添在自己头发中，或以之做成各种假髻来装戴，并插戴各种首饰与之相配。例如南京南唐李升墓出土的女陶俑便是高髻上着花朵，酷似盛唐后期流行的“博鬓”与“义髻”。南唐后主李煜是个风流皇帝，其国后周娥皇好穿窄细“纤裳”，梳高髻，满头金翠珠玉首饰，鬓旁插鲜花并淡扫蛾眉，人称“高髻纤裳首翘鬓朵之状”。纤丽袅娜，很能表现出女性的体态美，令宫人争相仿效。五代南唐顾闳中所绘《韩熙载夜宴图》（图6－6）中女子的衣着发式便和这种妆束颇为相合。同一时期，后蜀也流行高髻。《宋史·五行志》云：“蜀孟昶末年，妇女竞治发为高髻，号‘朝天髻’。”这种高髻是束发于头顶，先编成两个圆柱形发髻，然后将发髻朝前反搭伸向前额。为使发髻高耸，一般还在髻下衬以簪钗等物，使发髻前端高高翘起。这种发髻一直到北宋年间还甚为流行。

▲ 图6–6　五代十国南唐顾闳中《韩熙载夜宴图》（局部）

（三）男子的发式

隋唐五代时期的男子发式，则仍是束发成髻，外有巾帽。当时掩发巾帽的主要形式是幞头纱帽（图6－7）。

▲ 图6–7　唐代阎立本《步辇图》中唐太宗便是头戴幞头

第七章

宋辽金元时期的妆饰文化

第一节 | 概述

公元960年，后周禁军赵匡胤发动“陈桥兵变”，夺取后周政权，建立宋王朝，基本上完成了中原和南方的统一，定都汴京（今河南开封），史称北宋。当时，在我国西北地区尚有契丹族建立的大辽、党项族建立的西夏等几个少数民族政权。公元1127年，东北地区的女真族利用宋王朝内部危机，攻入汴京，掳走北宋徽、钦二帝，建国号为金。钦宗之弟康王赵构南越长江，在临安（今浙江杭州）登基称帝，史称南宋。自此，我国又形成南北宋金对峙局面。正当中原地区宋金纷争不已之时，北方蒙古族开始崛起于漠北高原，成吉思汗统一蒙古各部，并开始东征和统一全国的活动。成吉思汗及后辈先后灭西辽、高昌、西夏、金、大理、吐蕃等少数民族政权，进而灭亡南宋，统一全国。忽必烈即位，国号为元。自宋起至元末共经历400余年。

宋元汉族女子的妆饰，从总体风格上看，一方面较之唐代要素雅、端庄得多；但另一方面崇尚华丽、新颖之风并未减弱。

一、理学对美学理论的影响

两宋时期的统治思想是理学。理学又称道学，是以程颢、程颐兄弟与朱熹为代表的，以儒学为核心的儒、道、佛相互渗透的思想体系，学术界称为“程朱理学”。其宣扬尊古、复礼、妇教，提倡“存天理而灭人欲”。这种哲学体系影响到美学理论，出现了宋（特别是南宋）一代的理性之美。诸如建筑上用白墙黑瓦与木质本色；绘画上多水墨淡彩；陶瓷上突出单色釉；服饰上也趋于拘谨、保守。表现在化妆领域，则是在面妆上一反唐代浓艳鲜丽之红妆，而代之以浅淡、素雅的薄妆；在眉妆上则以纤细秀丽的蛾眉为主流；在唇妆上也不似唐代那样形状多样，而是以“歌唇清韵一樱多”的樱桃小口为美；在发式上则只注重高髻而已，不再如唐代的“两鬓抱面”了，这也恰好与宋代女子的苗条身材相协调，愈发突出宋女的纤丽、端庄与清秀之美。

二、妆饰文化

（一）缠足

宋元时期妆饰文化中的一个非常重要的现象，便是“缠足”习俗的出现。缠足始于五代，至宋元开始逐渐盛行。缠足的盛行与女性地位的陨落及封建礼教的风行有着直接的关系。在宋以前，礼法对女子的束缚相对来说是比较薄弱的。北齐颜之推所著的《颜氏家训·治家篇》中就曾经说：“邺下（今河南安阳北）风俗，专由妇人主持门户，诉讼争曲直，请托公逢迎，坐着车子满街走，带着礼物送官府，代儿子求官，替丈夫叫屈。”武则天就是从这种风气里产生出来的杰出人物。不仅如此，宋以前女子改嫁、淫奔的事例也有很多。但到了宋代，出现了程朱理学之后，“饿死事小，失节事大”的观念占据了女性贞操观的主流。对女性的行动束缚一下子变得趋于严酷。“男女七岁不同席”“叔嫂不通问”“女子出中门必拥蔽其面”的教条比比皆是。女子一朝卑贱到成为男子的附属品，为私人所拥有，女子的言行举止变得都应该是以讨男子的欢心为目的的。缠足陋习就是在这种社会背景下流行开来的。“三寸金莲”使男女之别极端化。女子不能走上社会，不能抛头露面，唯缠足才能有效地达到这一目的。《女儿经》中便曾明确教导人们之所以要缠足“不是好看如曲弓，恐她轻走出门外”。可见，缠足作为一种妆饰现象的出现，与远古一切妆饰手段一样，其本意也并不是简单地源于对美的追求。

缠足虽不源于美，但“风俗移人，贤者不免”。随着小脚女人的越来越多，对这种残缺美的认同也就越来越强烈。刘汉东在《缠足：畸形审美文化心理剖析》一文中说：“从审美的角度说，某一种审美观念超出了自然范畴而极端发展，又未被社会所接受为普遍认可的美学观念，就可以视为是一种特异化的、美的意识。小脚美正是这么一种特异美感的体现。”用中国传统的审美眼光看女人，上看头，即长眉入鬓，樱桃小口；下看手脚，纤纤玉指为“一生巧拙之美，百岁荣枯所系”（清李渔语）。脚，自然要以纤小为美，即使不是“步步莲花”，也应该是“行行如玉立”。由小脚女人行动不便而生出怜惜之情，以增加情欲，已属于带有病态的审美趣味。待到“瘦欲无形”“柔若无骨”，便已是带有一种不折不扣的偏执审美倾向了。其病态发展，就是弱不禁风、病不胜衣的畸形美。“三寸金莲”“樱桃小口”，加上“拥蔽其面”，标志着自宋代起，女性美的观念正在逐步朝着小巧、病弱与慵懒的方向发展。

但另一方面，宋代又是一个经济文化高度发展的封建帝国。在经济方面，其农业、商业、手工业等的发展水平，都大大超过唐代，成为秦汉以后中国经济发展的又一高峰期。在文化方面，宋代的文学、艺术、哲学、史学、科学技术等方面的全面发展，也非唐代之所能及。可以说，宋代在物质文明与精神文明领域所达到的高度，在中国整个封建社会历史时期是空前的。尤其到宋徽宗时，由于“奉身之欲，奢荡靡极”。官贵富庶之间开始竞相华美，娇奢成风。这一切自然也都对妆饰文化产生了广泛的影响。

（二）妆饰

1. 汉族女子妆饰　在眉妆方面，名妓莹姐画眉日作一样，“可率同志为修《眉史》矣”；在面饰上，不仅样式丰富，在材质上也更加花样翻新，出现了前世所未有的“鱼媚子”等新奇样式；在发式上，各种发式流行周期之短、名目之多可谓前无古人，且不论贫富都爱戴高冠、插长梳，其尺寸之长大，导致朝廷屡有禁令而不止。而且，宋代不论男女，簪花习俗异常兴盛，各种节令与季节均会插戴不同的花朵或类似花朵的饰物，这在其他朝代是不曾有的现象。另外，市井之间，文身习俗依然兴盛。这一切都印证着宋时妆饰现象的繁盛与新异。

2. 北方游牧民族女子妆饰　蒙古族、女真族、契丹族都是北方游牧民族。无论男女，皆常年过着以畜牧为主的游荡生活。因此，在化妆方面当然不如汉族女子那样种类齐全，细致考究。只有有限的几种化妆样式，如契丹族的“佛妆”，蒙古族贵族女子的“一字眉”，均充满着一种异族情调。在发式方面，则皆髡发，余发或垂散，或辫发。这种髡发的发式很适合游牧生活，一来免去因缺水而不能经常洗发的困扰，二来又不会遮挡眼睛，便于骑射。但是他们剽悍勇武的民族个性并没有抵挡住中原文化的侵扰，在他们掳掠中原的过程中，汉女缠足的风习也掳掠了他们的心灵。

第二节　宋辽金元时期的化妆

一、宋辽元面妆

（一）薄妆

宋元妇女由于受理教的束缚颇深，因此，此时的面妆大多摒弃了唐代那种浓艳的红妆与各种另类的时世妆与胡妆，而多为一种素雅、浅淡的妆饰，称为“薄妆”“淡妆”或“素妆”（图7－1）。宋王铚（zhì）《追和周窻琴阮美人图》曾云：“髻重发根急，薄妆无意添。”陶谷《清异录》卷下也曾云：“宫嫔缕金于面，皆以淡妆”。元曲中也有“缥缈见梨花淡妆，依稀闻兰麝余香”的咏叹（郑光祖《双调·蟾宫曲》）。宋元的女子虽然也施朱粉，但大多是施以浅朱，只透微红。

▲ 图7–1 山西晋祠圣母殿宋代仕女彩塑

1. 飞霞妆　曾流行于唐代的先施浅朱，然后以白粉盖之，呈浅红色的“飞霞妆”（图7－2）。

2. 慵来妆　汉代便已有之的薄施朱粉，浅画双眉，鬓发蓬松而卷曲，给人以慵困、倦怠之感的“慵来妆”。宋代张先《菊花影》一词中便曾云：“堕髻慵妆来日暮，家在画桥堤下住。”

3. 檀晕妆　还有一种面妆称“檀晕妆”。这种面妆是先以铅粉打底，再敷以檀粉（即把铅粉与胭脂调和在一起），面颊中部微红，逐渐向四周晕染开，是一种非常素雅的妆饰（图7－3）。而且，以浅赭色薄染眉下，四周均呈晕状的一种面妆也称为“檀晕妆”，唐宋两代

▲ 图7–2 《历代帝后像》之《宋仁宗皇后像》

▲ 图7–3 檀晕妆，元周朗《杜秋娘图》

都很流行，宋代皇后亦有作此妆容者（图7－4）。明代陈继儒在《枕谭》中曾经记载："按画家七十二色，有檀色、浅赭所合，妇女晕眉似之，今人皆不知檀晕之义何也。"可见，这种面妆到明代便已经失传了。此外，曾流行于唐五代的泪妆在宋时也依然流行。

▲ 图7–4　宋人《却座图》（局部）

（二）佛妆

与宋代并立的辽代契丹族妇女有一种非常奇特的面妆，称为"佛妆"。这是一种以栝楼（亦称瓜蒌）等黄色粉末涂染于颊，经久不洗，既具有护肤作用，又可作为妆饰，多施于冬季。因观之如金佛之面，故称为"佛妆"。北宋叶隆礼在《契丹国志》中便记载有："北妇以黄物涂面如金，谓之'佛妆'。"朱彧（yù）的《萍洲可谈》卷二中也载："先公言使北时，使耶律家车马来迓，毡车中有妇人，面涂深黄，红眉黑吻，谓之佛妆。"可见与面涂黄相搭配的还有眉妆和唇妆，其整体共同构成为佛妆。宋代彭汝砺曾赋有一首非常谐趣的诗，表达了宋人与辽人面妆观念的差异。诗是这样写的："有女夭夭称细娘（辽时称有姿色的女子为细娘），珍珠络臂面涂黄。南人见怪疑为瘴，墨吏矜夸是佛妆。"把辽女的"佛妆"误以为是得了"瘴病"，读起来令人忍俊不禁。

二、宋辽元眉妆

宋元眉妆总的风格是纤细秀丽，端庄典雅。表7－1为宋元时期的眉式示图。

表7-1　宋元眉式

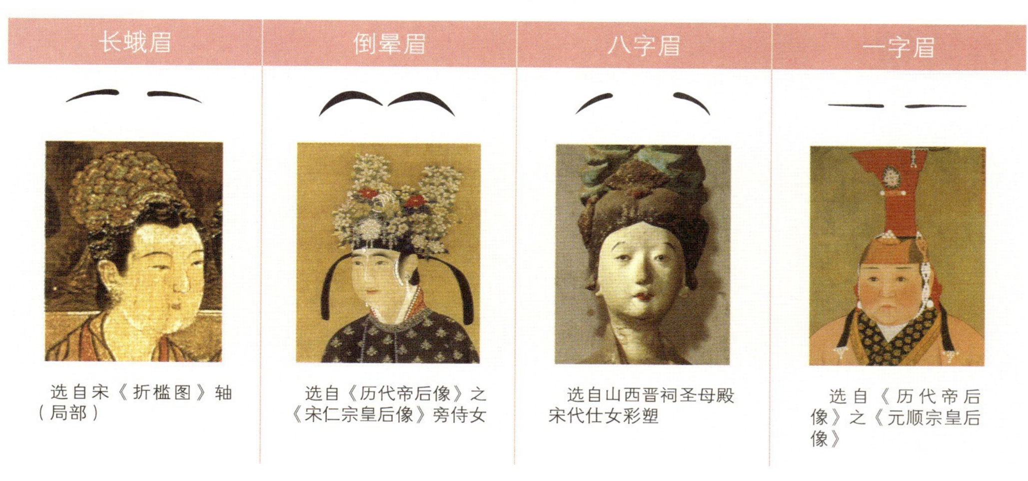

长蛾眉	倒晕眉	八字眉	一字眉
选自宋《折槛图》轴（局部）	选自《历代帝后像》之《宋仁宗皇后像》旁侍女	选自山西晋祠圣母殿宋代仕女彩塑	选自《历代帝后像》之《元顺宗皇后像》

（一）宋代眉妆

1. 长蛾眉　宋元两代的宫女和民间女子所画的基本都是复古的长蛾眉。宋词中，有辛弃疾《青玉案》中的“蛾儿雪柳黄金缕”，欧阳修《诉衷情》中的“都缘自有离恨，故画作远山长”，以及《踏莎行》中的“蓦然旧事上心来，无言敛皱眉山翠”，《阮郎归》中的“青梅如豆柳如眉”，还有吴文英《莺啼序》中的“长波妒盼，遥山羞黛”之句。尽管名目不同，但从宋人绘画彩塑来看，基本类似蛾眉。

在宋代，眉妆中虽然蛾眉占据主流，但也不乏其他的眉式。

2. 浅文殊眉　宋陶谷《清异录·浅文殊眉》中载：“范阳凤池院尼童子，年未二十，秾艳明俊，颇通宾游，创作新眉，轻纤不类时俗，人以其佛弟子，谓之浅文殊眉。”其眉式淡雅而纤细，既符合尼姑的身份，也可看出尼童子大多凡心未尽。

3. 出茧眉　宋陆游《无题》诗中则提到了出茧眉：“出茧修眉淡薄妆，丁东环佩立西厢。”这是一种眉形短阔，如春蚕出茧的眉式，其在魏晋、唐代都曾有流行。

4. 广眉　一度出现广眉眉式。苏轼在《监试呈诸试官》诗中便曾云：“广眉成半额，学步归踔踸（chuō chěn）。”据宋人陶谷在《清异录》中载，宋代有一名妓名莹姐，画眉日作一样。曾有人戏之曰：“西蜀有《十眉图》，汝眉痴若是，可作《百眉图》，更假以岁年，当率同志为修《眉史》矣。”可见其画眉式样之多。只可惜随着时间的流逝，这些眉式多已失传，现只能从仅存的图像资料中看到一些痕迹。

5. 倒晕眉　旧藏于南薰殿的《历代帝后像》中的宋代妇女，眉式就很有特点。不论是皇后还是宫女，眉毛通画成宽阔的月形，另在一端（或上或下）用笔晕染，由深及浅，逐渐向外部散开，一直过渡到消失，别有一种风韵。典籍中所谓的“倒晕眉”，即指这种眉式。苏轼在《次韵答舒教授观余藏墨》诗中便曾云：“倒晕连眉秀岭浮，双鸦画鬓香云委。”

（二）宋代画眉材料

1. 烟墨　宋代女子画眉的材料较之前代又有了进一步的发展。“墨”渐渐取代了“黛”。烟墨的制法，到了这个时代不但很进步，而且很普遍了。我们在宋人的笔记里，便可见到以烟墨画眉的记载。如宋人陶谷《清异录》载：“自昭哀来，不用青黛扫拂，皆以善墨火煨染指，号薰墨变相。”莹姐虽画眉日作一样，也同样是用烟墨来作修眉的质料，故当时“细宅眷而不喜莹者，谤之为胶煤变相”。墨的发明，在纸笔之后。汉代尚以石墨磨汁作画，至魏晋间始有人拿漆烟和松煤制墨，谓之“墨丸”。唐以后，墨的制造逐渐进步，至宋而灿然大备，故开始以墨画眉。因此，以墨画眉虽始于魏晋之间，却至唐末宋初才普遍盛行。

2. 画眉墨制法　《事林广记》的作者把画眉墨的制法给我们留下了一条很详明的记载，这种墨因其专供镜台之用，故时人特给它起了一个非常香艳的名字叫作“画眉集香丸”。其制法为：“用真麻油灯一盏，多着灯芯搓紧，将油盏置器水中焚之，覆以小器，令烟凝上，随得扫下。预于三日前，用脑麝别浸少油，倾入烟内和匀，其黑可逾漆。一法旋剪麻油灯花用，尤佳。”（据《永乐大典》所引）若论色泽，这种人工制品，也许不及天然石黛的鲜艳且深浅由人。“画眉集香丸”只可画黑眉，不能作翠眉、绿眉，当是可以推想得到的。但论制作手续的繁复，却不能不承认比单纯利用自然产物进步得多了。因此，自宋以后，眉色以黑为主，青眉、翠眉逐渐少见，当与画眉材料的更新有着直接的联系。

（三）元代眉妆

1. 蛾眉　元代民间汉人所画眉式基本承袭宋制，多为蛾眉。记录元代社会风情的《三风十衍记》云：“……窈窕少女，往来如织，摩肩蹑踵，混杂人群，恬不为怪，然不事艳妆色服，淡扫蛾眉，以相矜尚而已。”

2. 远山眉　元曲中也有描写“如望远山”的远山眉句子：“今古别离难，蹙损了蛾眉远山”（刘燕歌《仙吕 · 太常引》）。

3. 柳叶眉　元代也有中间宽阔，两头尖细，形似柳叶的柳叶眉。元代杨维桢《冶春口号》之六中便有“湖上女儿柳叶眉，春来能唱《黄莺儿》”之句。

4．一字眉　元代后妃的眉式颇具特色，据《历代后妃像》中所绘，不分年代先后，都画“一”字眉式。这种眉式不仅细长，而且平齐，大约取端庄之意。可能是蒙古族贵妇所特有的一种妆饰吧！

（四）辽代眉妆

辽代契丹族女子的眉妆中有一种“红眉”，是与其“佛妆”相搭配的，颇另类。

三、宋辽元唇妆

（一）宋元唇妆

宋元时期女子的唇妆不似唐女那样形状多样，但仍以小巧红润的樱桃小口为美。正所谓“歌唇清韵一樱多”（宋赵德麟《浣溪沙》），“唇一点小于朱蕊”（宋张子野《师师令》），“注樱桃一点朱唇”（元徐琬《赠歌者吹箫》）。元代王实甫在《西厢记》中也曾写道：“恰便似檀口点樱桃，粉鼻儿倚琼瑶。”可见，点染樱桃小口是宋元时期唇妆的主流。

宋元时期的女子仍以唇脂点唇，王安中《蝶恋花》词便曾咏叹到：“拾翠人寒妆易浅，浓香别注唇膏点。”但此时唇脂的色彩相对来说比较淡雅。

（二）辽代唇妆

辽代契丹族女子的唇妆则是与“佛妆”相搭配的“黑吻”，即以乌膏涂染嘴唇，属于一种独特的异域风情。

四、宋辽金元面饰

宋代的妇女虽说受理学束缚很深，在面妆上舍弃了以往的浓妆艳抹而呈现一种清新、淡雅的风格。但对面饰却依旧情有独钟。除了斜红之外，过去朝代有的宋时都有，且在材质上更加花样翻新了。刘安便专门赋有一首《花靥镇》诗：“花靥谁名镇？梅妆自古传。家家小儿女，满额点花钿。”表达了宋时妇女对花钿与面靥的热爱之情。

元代的女子在化妆方面也是面面俱到。元代熊梦祥在《析津志·岁纪》中曾详细记载了当时向宫廷进贡的化妆品及首饰的种类：“资正院、中正院进上，系南城织染局总管办，金条、彩索、金珠、翠花、面靥、花钿、奇石、戒指、香粉、胭脂、洗药，各个精制如扇拂。”可谓品种齐全了。其中依然没有缺少面靥和花钿。可见，元代女子对面饰的喜爱也是依然如故。元无名氏《十二月十二首》词中便云：“面花儿，贴在我芙蓉额儿。”

▲ 图7-5 《梅花仕女图》，中国台北故宫博物院藏

资料来源：天津人民美术出版社．中国历代仕女画集［M］．天津人民美术出版社等，1998

（一）梅妆（梅钿）

在所有的花钿中，梅花形花钿（梅钿）依旧很流行。或许由于寿阳公主那则美丽的故事总爱勾起女人们的幻想，也或许梅花的形状放在额头真的很漂亮。总之，自从它一出现，便一直吸引着女人们的注意力，也成为无数文人骚客诗词中永不厌倦的题材。在宋代，咏叹梅妆的诗词非常之多。如“小舟帘隙，佳人半露梅妆额”（汪藻《醉落魄》），“晓来枝上斗寒光，轻点寿阳妆”（李德载《眼儿媚》），“寿阳妆鉴里，应是承恩，纤手重匀异重在”（辛弃疾《洞仙歌·红梅》），“蜡烛花中月满窗，楚梅初试寿阳妆”（毛滂《浣溪沙·月夜对梅小酌》），“茸茸狸帽遮梅额，金蝉罗翦胡衫窄”（吴文英《玉楼春·京市舞女》），“深院落梅钿，寒峭收灯后”（李彭老《生查子》）等，均为咏叹梅妆的词句。而其中最著名的当属大才子欧阳修的那句“清晨帘幕卷轻霜，呵手试梅妆”了。有佳人的衷情，才子们才会咏叹；而有了才子的咏叹，佳人自会更加衷情。梅妆在宋代之流行程度可见一斑了（图7－5）。

（二）翠钿、花饼

除梅钿之外，曾流行于唐代的翠钿与花饼宋代也很盛行。《宋史·礼志十八》中有记载：“诸王纳妃，（定礼）……花粉、花幂、眠羊卧鹿花饼，银胜、小色金银钱等物。”其中的“眠羊卧鹿”便指的是花饼上镂画的纹饰，把此饰于额上，一定十分美丽。至于翠钿，我们在诗词中也可读到，如宋王珪（guī）《宫词》：“翠钿贴靥如笑，玉凤雕钗袅欲飞。”甚至与宋代同时的金代，其男子也点翠靥，只是不似女子般为粘贴于面或涂绘于面，而是黥刺于面，类似于文面。在《金史·隐逸·王予可传》中便有这样的一段描写：“为人躯干雄伟，貌奇古，戴青葛巾，项后垂双带，着牛耳，一金镂环在顶额之间，两颊以青涅之为翠靥。”元代的女子也很喜爱戴翠钿，元白仁甫在《裴少俊墙头马上》第一折中便曾写道：“我推粘翠靥遮宫额，怕绰起罗裙露绣鞋。”关汉卿在他的《无题》词中也曾云：“额残了翡翠钿，髻松了柳叶偏。”山西洪洞广胜寺元代壁画中的宫女，额间即作此饰（图7－6）。另外，宋时的女子还喜爱用脂粉描绘面靥。宋高承《事物纪原》中便记载：“近世妇人妆，喜作粉靥，如月形、如钱样，又或以朱若燕脂点者。”

▲ 图7-6 山西省洪洞县广胜下寺水神庙元代壁画之《后宫奉食图》

▲ 图7-7 《历代帝后像》之《宋高宗皇后像》，中国台北故宫博物院藏

（三）面饰材料

面饰材料除沿袭前代外，宋代在面饰的材质上还有所创新，出现了很多过去从未有过的新奇花靥。

1. 团靥　它是一种以黑光纸剪成的圆点，贴于面部作为面靥。此外，更有讲究者，在此"团靥"之上，还镂饰以鱼鳃之骨，称为"鱼媚子"，贴于额间或面颊两侧。此种古怪的面饰在宋淳化年间大为流行。《宋史·五行志三》中对此有详细的记载："京师里巷妇人竞剪黑光纸团靥，又装镂鱼鳃中骨，号'鱼媚子'，以饰面。黑，北方色；鱼，水族，皆阴类也。面为六阳之首，阴侵于阳，将有水灾。明年，京师秋冬积雨，衢路水深数尺。"把面饰与水灾联系起来，当然是古时的迷信，但也预示着这种奇特面饰的生命力不会长久，只是人们一时新奇的产物。

2. 玉靥　宋代还出现有以珠翠珍宝制成的花钿，称为"玉靥"，多为宫妃所戴。翁元龙在《江城子》一词中便有咏叹："玉靥翠钿无半点，空湿透，绣罗弓。"元好问在元曲中也曾咏有："梅残玉靥香犹在，柳破金梢眼未开。"若观形象资料，《历代帝后像》中的皇后与其侍女的眉额脸颊间便都贴有以珍珠制成的面靥（图7－7）。

辽代契丹族女子还有一种鱼形的面花。清厉鹗《辽史拾遗》中载："《嘉祐

▲ 图7－8　元代银妆奁，江苏省苏州市张士诚父母合葬墓出土，通高24.3厘米，苏州博物馆藏

杂志》曰：'契丹鸭喙水牛鱼鳔，制为鱼形，赠遗妇人贴面花。'"

3. 额黄　染额黄在宋元时期虽然不像唐代那样流行，却依旧没有消失。宋周邦彦在《瑞龙吟》一词中便曾有描写："清晨浅约宫黄，障风映袖，盈盈笑语。"这里的宫黄便指的是额黄。元代张可久在《梅友元帅席间》一词中也有"额点宫黄，眉横晚翠"之咏叹。孟珙在《蒙鞑备录》中也载，蒙古族妇女"往往以黄粉涂额，亦汉旧妆"，说明蒙古族女子也有染额黄之俗。

图7－8为元代银妆奁。

五、宋辽护肤品

宋代的护肤护发品在隋唐五代的基础上又有进一步发展。

（一）面脂

护肤用的面脂有很多品种。

1. 香雪　这是一种白色且有香气的面脂。宋田为在《江神子慢》词中曾云："铅素浅，梅花傅（敷）香雪，冰姿洁。"

2. 却老霜　除香雪外还有"却老霜"，是一种以植物为主要原料的面霜。宋陶谷《清异录》中载："却老霜，九炼松枝为之，辟谷生长。"

3. 驻颜膏　此膏能防止皮肤衰老。宋陈元靓在《岁时广记》卷三十九辑《韩獭传》中曾提及："腊日，赐银合（盒）子驻颜膏、牙香等，绣香囊一枚。"

4. 玉龙膏　一种专供宫中嫔妃用于涂颊，以助姿容的高级面脂，称为"玉龙膏"。相传为宋太宗所制，因被贮于雕有龙纹的玉盒之内，故名。宋庞元英在《文昌杂录》中载："礼部王员外言：今谓面油为玉龙膏，太宗皇帝始合此药，以白玉碾龙合（盒）子贮之，因以名焉。"

5. 玉女桃花粉　除去油性的面脂之外，有些粉质的妆粉也可助容。两宋时期妇女常用的便有"玉女桃花粉"。据说用此粉擦脸能去除瘢点、润滑肌肤和增益姿容。《事林广记》中详细记载有其做法，用料甚是高级："玉女桃花粉：益母草，……茎如麻，而叶小，开紫花。端午间采晒

（shài）烧灰用稠米饮搜团如鹅卵大，熟炭火煅一伏时，火勿令焰，取出捣碎再搜炼两次。每十两别煅石膏二两，滑石、蚌粉各一两，胭脂一钱，共碎为末，同壳麝一枚入器收之，能去风（粉）刺，滑肌肉，消瘢点，驻姿容，甚妙。”没有半点铅粉含量，真是一种高级养颜粉了。

（二）香泽

1．香膏　宋代润发用的脂胶膏泽亦是不少。有一种油脂名“香膏”，亦可用于点唇。可见其是无毒无害的纯天然之品，而非现在那些禁止儿童触摸的发胶、摩丝可比。宋周去非《岭外代答·安南国》中记载：“以香膏沐发如漆，裹乌纱巾。”其质厚实，含有黏性，涂在发上，既便于梳挽发髻，又具有护发作用。宋陆游《禽言》诗中曾云：“蠶女采桑至煮茧，何暇膏沐梳髻鬟。”至于这些润发及敷面用的香脂到底是如何制作的呢？宋陈元靓《事林广记》中曾详细记载有其做法：“宫制蔷薇油：真麻油随多少，以瓷瓮盛之，令及半瓮，取降真香少许，投油中，后用油纸封定瓮口，顿甑中随饭炊两饷，取出放冷处，三日后去所投香。凌晨，旋摘半开柚花，俗呼为臭橙者，拣去茎蒂，纳瓮中，令燥湿恰好，如前法密封十日后，以手泚（cǐ）其清液，收之其油。与蔷薇水绝类。取以理发经月，常香又能长鬓。茉莉素馨油造法皆同，尤宜为面脂。”可见，当时普通的香脂通常是以麻油、鲜花和香料配制而成的，有护发、助容等功用。除此之外，《事林广记》中还记载了：香发木犀油、洁鬓威仙油、惜发神梳散等，也都是护发用的良品。

2．孙山少女膏　宋代还有一种洗面之膏，类似于今日之洗面奶，名“孙山少女膏”。内含多种药物，可用于沐浴。其制法在《事林广记》中亦有所载：“孙山少女膏：黄柏皮三寸，土瓜根三寸，大枣七个，同研细为膏，常早起化汤洗面用。旬日，容如少女。取以治浴，尤为神妙。”

3．栝楼　宋代契丹妇女常用的护肤品便是我们前面所提到的妆扮“佛妆”所用的黄粉——栝楼。庄季裕的《鸡肋篇》中有载：“其家仕族女子，……冬月以栝蒌（楼）涂面，谓之佛妆。但加傅（敷）而不洗，至春暖方涤去，久不为风日所侵，故洁白如玉也。”这种护肤方式，犹如给肌肤敷上了一层面膜，只是数月不洗，不知是何滋味？但这种用植物护肤的方法，还是被宋代妇女所仿效，而流行于北方地区。

六、宋代文身

宋人依唐代之风，文身之俗依然兴盛。尤其常在大多数囚犯和军人的身上或脸上的某一部位刺字或图案。文身目的：一来以此作为对囚犯的一种刑罚，名“黥刑”；二来是为了防止囚犯和军人逃亡，而作以记号；其三则是有些军队和军人为了表达某种志向而在身上刺字，如著名的“岳母刺字”便当属其例。由于这些文身大多不属自愿，与妆饰实在没有什么关系，便不再予以详细讲述了。在这里，只简单地介绍一下宋代普通百姓的文身习俗，他们文身大多是出于自愿，且多是出于妆饰或炫耀的目的。

（一）文身

宋代的文身，虽然不像唐代那样多见，但依然有不少人以此为好，当时雅称其为“刺绣”。宋太祖、太宗时，有“拣停军人”张花项，晚年出家做道士，虽然“衣道士服”，但“俗以其项多雕篆”，即指他的脖子上文满花纹，“故曰之为‘花项’”。宋徽宗时，睿思殿应制季质年轻时行为“不检”，“文其身”，被徽宗赐号“锦体谪仙”。东京的百姓每逢庆祝重要节日，总有一批“少年狎客”追随在妓女队伍之后，都“跨马轻衫小帽”，另由三五名文身的“恶少年”“控马”，称“花腿”。所谓花腿，指自臀而下，文刺至足。东京“旧日浮浪辈以此为夸。”南宋孝宗、宁宗时，饶州百姓朱三在其“臂、股、胸、背皆刺文绣”。波阳东湖阳步村民吴六，也是“满身雕青，狠愎不逊”。吉州太和居民谢六“以盗成家，举体雕青，故人曰为‘花六’，自称‘青狮子’”。理宗淳祐（公元1241—1252年）后，临安府“有名相传”的店铺中，有金子巷口的“陈花脚面食店”，其主人显然是在双腿上刺满了花纹。若观形象资料，则可看今存宋人所绘的一幅杂剧《眼药酸》绢画，便绘有一位两臂“点青”的市民（图7－9）。

（二）文面

在当时南方少数民族妇女中，还以文面作为一种面饰，又称“绣面”。通常在成年时进行，以示成人，为成人礼的一种。宋周去非《岭外代答》中载：“猺人执黎弓，垂剪筒。……其妇人高髻绣面，耳带铜环，垂坠至肩。”又“海南黎女以绣面为饰，盖黎女多美，昔尝为外人所窃，黎女有节者，涅面以砺俗，至今慕而效之。其绣面也犹中州之笄也。女年及笄，置酒会亲旧女伴，自施针笔，为极细花卉飞蛾之形，绚之以遍地淡粟纹，有晰（通皙）白而绣文翠青，花纹晓了（liǎo），工致极佳

▲ 图7－9　宋杂剧《眼药酸》册页（佚名）

者。惟其婢不绣。”由此可见，黎女绣面之初衷与前面所提及的非洲及南美的原始部落人戴唇栓之起源同出一辙，起初都是为了逃避掳掠而被迫施行的。

第三节 | 宋辽金元时期的缠足

读者乍一看到缠足，可能会很奇怪。讲妆饰文化怎么会讲到缠足呢？这实际上是中国古代独特审美观下的产物。在缠足风行的年代里，一双金莲的巨细不仅要重于女子的容貌姿首，而且还要重于女子的贤淑之德。曾有诗云："锦帕蒙头拜天地，难得新妇判媸妍。忽看小脚裙边露，夫婿全家喜欲颠"（引自高洪兴《缠足史》）。可见，在当时那样一个审美畸形的年代里，女子有一双美丽的小脚，远比化一个美丽的面妆要重要得多。当时的女子也因此而把缠裹双足列为每日妆饰工作之首。这虽然是博取男子欢心的一种无奈之举，却也因其是获得幸福的重要手段而乐此不疲了。因此，把缠足文化作为自宋到民国期间妆饰文化中的重要一环，是必不可少的。

一、缠足起始

缠足之风究竟起于何时？从始于夏禹之说一直到始于宋代，可谓是众说纷纭。但大多数学者都认为缠足始于五代。其主要根据是五代时南唐李后主嫔妃窅（yǎo）娘用帛缠足的史实。窅娘是“绝代才子，薄命君王”的南唐后主李煜的爱妃。李煜是一个对国事漠不关心，而将大部分精力用于宠幸舞女的亡国之君。他别出心裁，为窅娘筑了一座六尺高的金莲花，用珠宝璎珞装饰，命窅娘以帛绕足，使之纤小屈突而足尖成新月状，外着素袜而歌舞。据说这样一来，舞姿会更加优美，飘飘然若仙子凌波。窅娘也因此被推崇为妇女缠足的祖师奶奶。但实际上，窅娘缠足还只是宫廷舞女中的个别现象，并没有在南唐宫中流行起来。即便是北宋初年，在至今史料和出土文物中都尚未发现妇女缠足的迹象。直到北宋中后期，缠足才略显规模，但也多为宫廷妇女、贵族妇女或富贵人家的家妓为之。

著名服饰学家王孖先生还有一种颇为新颖的观点，即认为辽金的缠足可能在宋之先，特别是辽代。因为在宋代市井坊间有一个瘦金莲方专卖，这是一种番药，明确地说是契丹人所制之药。而且从出土文物来看，契丹的鞋都很小、很窄。很可能是在开始时他们先把脚包窄，但并不是包成畸形尖脚。另外，从缠足的地域分布看，南方不如北方普及，而且越是北方越厉害。这也很可能是因为北方受辽金的影响较深。特别是在山西，甚至近现代有的家里小姑娘小时候没包脚，到十七八岁了还嫁不出去，就自己包，拿磨盘压着，承受着极大的痛苦，最后也包成个小脚。当然这一观点也只是众多猜想当中的一个。

无论缠足究竟始于何时，从宋朝开始已出现文人词客吟咏缠足的诗词了。这就说明至少在宋代，缠足已经作为品评女子美貌的一个重要因素了。大词家苏轼的《菩萨蛮·咏足》大概就是中国诗词史上第一首专咏缠足之作：

涂香莫惜莲承步，长愁罗袜凌波去。

只见舞回风，都无行处踪。

偷穿宫样稳，并立双趺困。

纤妙说应难，须从掌上看。

这是一首吟咏教坊乐籍舞女之足的词。词中所谓的“宫样”就是指宫廷中流行的“内家”式样。可见，缠足是由宫廷传向民间的。

在宋徽宗宣和（公元1119—1125年）之后，统治阶级生活日渐腐化，妇女装束花样百出，缠足之风也有了进一步的发展。宋百岁老人所撰的《枫窗小牍》中记载说：“宣和以后，汴京闺阁妆抹，花靴弓履，穷极金翠，一袜一领，费至千钱。”其鞋式也千奇百怪，出现了专门的缠足鞋——“错到底”。这种鞋子，鞋底尖锐，由二色合成，鞋前后绣金叶和云朵，坡跟三寸长。鞋上有丝绳，系在脚踝上。元人张翥的《多丽词》中有“一尖生色合欢靴”的说法，指的就是这种鞋。宋人赵德麟在《侯鲭录》一书中说：“东师妇人妆饰与脚皆天下所不及。”京师，便指的是北宋的首都汴京，即今河南开封。表明此时京城妇女的妆饰与脚，已为天下之先了。缠足的现象，正在得到社会的正视和首肯。

二、缠足的流行

（一）南宋

到了南宋时期，由于缠足妇女的南下，把缠足的风习带到了江南。缠足则开始在南方流行并普及开来。与此同时，还把瘦金莲方、莹面丸、遍体香等妇女缠足、化妆的方法和化妆品也传到了江南。《艺林伐山》中便载：“谚言：杭州脚者，行都妓女皆穿窄袜弓鞋如良人。”此时女子缠足有其独特的一种样式，《宋史·五行志》中记载：“理宗朝，宫人束脚纤直，名快上马。”这和窅娘的“纤小屈突而足尖作新月状”及明清时的“三寸金莲”都有明显的区别。这种又细又直的样式只是一时的风行，大多数女子的缠足还是以弯曲、上翘为美的。南宋时期，民间妇女缠足也相当普遍。当时妇女的画像，脚作弓足的比比皆是。如北京故宫博物院收藏的《搜山图》及《杂剧人物图》（图7－10）中的妇女，双足都十分纤小，有的还带有明显的弯势，上翘作新月状。宋赵德麟在其《浣溪沙》一词中曾专门吟咏过小脚之美。其题注云：“刘平叔出家妓八人，绝艺，乞词赠之。脚绝、歌绝、琴绝、舞绝。”在他眼里，家妓的脚与她们的色、艺同等重要。其词云：“稳小弓鞋三寸罗，歌唇清韵一樱多，灯前秀艳总横波，指下鸣琴清杳渺；掌中回旋小婆娑，明朝归路奈情何？”在这首词中，已出现了“三寸罗”的字样，看来南宋时期有些缠足妇女的脚与后来的“三寸金莲”已相去不远了。

▲ 图7–10　宋《杂剧打花鼓图》册页（佚名），绢本

（二）金朝

女真人把北宋统治者赶出中原，建立了占据北方半壁江山而与南宋对峙的金朝。最初女真人同赵宋王朝作战时，就以俘获缠足女子为乐。《烬余录》卷二中记载说：“金兀术略苏……妇女三十以上及三十以下未缠足与已生产者，尽戳无遗”，即在抓获的女性中，独留下年轻未育的缠足女子，余者皆杀掉。在后来的同汉族文化的频繁接触过程中，女真族女子也开始缠起足来。《枫窗小牍》云：“今闻虏中（即金朝）闺饰复尔，如瘦金莲方、遍体香、莹面丸，皆自北传南者。”此书作于南宋初年，女真族这个马背上的民族，素以所向披靡闻名于世，但是在他的铁蹄踏遍万里中原的同时，也不禁被浑厚而博大的中原文化所同化了。

（三）元朝

元朝统治者也同样经不住中原文化的诱惑，其入主中原以后，对缠足现象也由不反对而逐渐转变为欣赏和赞叹。元代出现奉帝王之命唱和应酬的有关女子缠足的应制诗就是一个明证。李炯《舞姬脱鞋吟》：

吴蚕八茧鸳鸯绮，绣拥彩鸾金凤尾。
惜时梦断晓妆慵，满眼春娇扶不起。
侍儿解带罗袜松，玉纤微露生春红。
翩翩白练半舒卷，笋箨初抽弓样软。
三尺轻云入手轻，一弯新月凌波浅。
象床舞罢娇无力，雁沙踏跛参差迹。
金莲窄小不堪行，自倚东风玉所立。

晨妆不整，娇羞懒散，娇弱无力，小脚难行，倚风玉立，这都成了曾经以剽悍勇武著称的蒙元统治者眼中的美人形象。

在统治阶级的赞赏提倡及风俗势力的惯性作用下，元代的缠足之风可谓更甚于宋朝。汉族女中缠足风气愈演愈烈。“弓鞋”“金莲”等小脚的代名词常见于元人杂剧、词曲之中。如萨都剌《咏绣鞋》诗云：“罗裙习习春风轻，莲花帖帖秋水擎；双尖不露行复顾，犹恐人窥针线情。”似乎元代妇女的小脚比宋代的“快上马”式更加纤小。最明显的莫过于元代的词曲杂剧中，无论描写何代人物，无不提及纤足。如古典名剧《西厢记》中，张生遇到莺莺之后，独自回房。百般思恋纠结在心头：“想她眉儿浅浅描，脸儿淡淡妆，粉香玉搓腻咽顶，翠裙鸳鸯金莲小，红袖鸾鸟玉笋长。”关汉卿《闺思》中也有：“玉笋频搓，绣鞋重跌（fū）”等。元陶宗仪撰《辍耕录》中则云：“近年则人相效，以不为者为耻也。”可见这种以不缠足为耻的观念在元朝末年已越来越盛行了。甚至，此时还出现了崇拜小足的拜脚狂。元末的杨铁崖，以腐臭为神奇，常常在酒席筵上脱下小脚妓女的绣鞋载杯行酒，号称“金莲杯”。令崇拜小脚的变态审美情趣也逐渐风行起来。

三、缠足方法

那么，如此令男人痴迷的小脚究竟是如何缠就的呢？最初窅娘的缠足实际上并不是真正意义上的缠足，只是在歌舞时偶加勒束，于人体并无损伤。真正意义上的缠足则是一件非常痛苦与残忍的事情。一般来说，缠足是从幼年期便开始，有的早至三四岁，有的至多延迟到七八岁。缠足的主要目的是使脚的前部和脚跟尽可能地靠在一起，其做法是逐渐把它们扳压和缠裹到一起，就像扳一幅弓那样。如果缠裹顺利，被这样缠裹成型的脚就被称为“弓足”（图7－11）。脚跟的大骨头在自然状态下本来是处于半水平位置的，经过缠裹后，则被推向了前方，呈垂直姿势，以其骨尖直立，其效果或外表与高跟鞋的足形很相似，造成身体中心前倾。经过这样的缠裹，势必造成脚部肌肉萎缩，脚背皮肤坏死、脱落，并出现一段时间的出血、化脓、溃烂，会使压入脚下的足趾（特别是小脚趾）废掉。总之，缠足的痛苦，惨绝人寰。要想缠就一双金莲，非得骨折痉挛不可。不经历皮肉溃烂、脓血淋漓的过程，是不可能得到一双三寸金莲的。

然而，在当时那样的社会，女人的命运全在一双脚上。经过几年的痛苦煎熬，得到的代价便是赢得嫁人的资本和社会对做女人标准的认可。正如那一代一代流传下来的歌词所唱：

三寸金莲最好看，全靠脚布日日缠。

莲步姗姗多大方，门当户对配才郎。

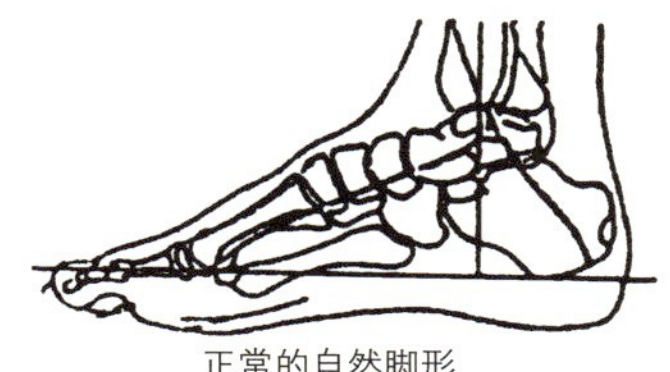

正常的自然脚形

缠足后的畸形脚形

▲ 图7-11　弓足

第四节　宋辽金元时期的发式

一、宋代发式

宋代妇女的发式承晚唐五代之遗风，也以高髻为尚，且发髻之高大，可谓比唐代有过之而无不及。当时妇女为了加高发髻，自己的头发不够，往往要掺入假发，甚至直接用假发编成各式发髻，需要时往头上一戴，十分方便。宋人诗句中便有“门前一尺春风髻”的咏叹。宋史志和私人笔记涉及宋人发髻向高大发展，以致一再见于政府法令禁止的记载特别多。如《舆服志》载：“端拱二年诏，妇人假髻并宜禁断，仍不得作为高髻及高冠”。除《舆服志》外，《宋朝纪实》《燕翼贻谋录》等都道及，有的还规定了明确的尺寸。这种发式的禁令，必是由于因高髻流行而竞相攀比，以致夸张得近于服妖才会颁布的。禁令越是多，规定得越是细致，则说明流行得越是广泛与不可遏止。而且，宋代女子的高髻往往是配合着高冠与长梳的，并非单纯的发髻。宋女对于戴冠，尤其是花冠的热衷，可谓前无古人，后无来者。

（一）发式风格

宋代的发式虽不及唐代那般丰富多彩，但也颇具风格，见表7－2。

表7-2　宋代女子发式

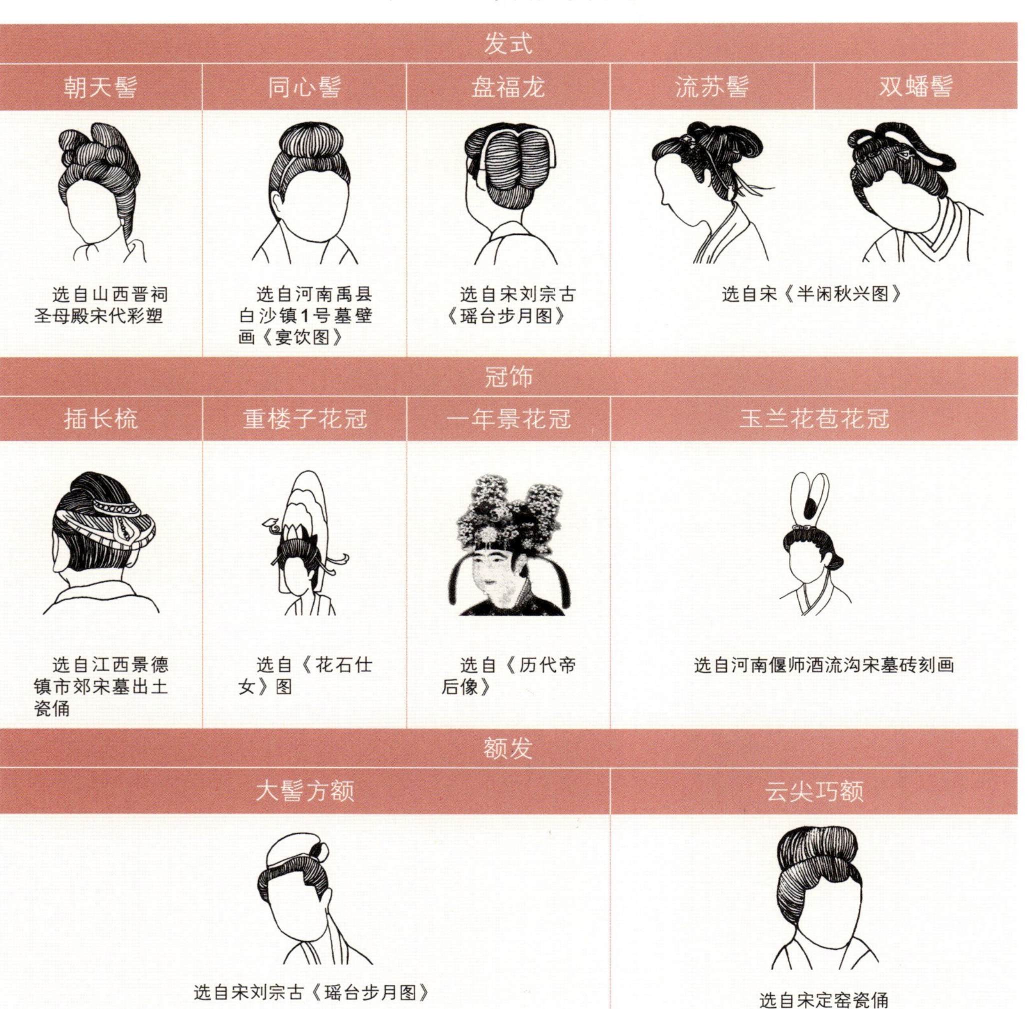

发式				
朝天髻	同心髻	盘福龙	流苏髻	双蟠髻
选自山西晋祠圣母殿宋代彩塑	选自河南禹县白沙镇1号墓壁画《宴饮图》	选自宋刘宗古《瑶台步月图》	选自宋《半闲秋兴图》	

冠饰			
插长梳	重楼子花冠	一年景花冠	玉兰花苞花冠
选自江西景德镇市郊宋墓出土瓷俑	选自《花石仕女》图	选自《历代帝后像》	选自河南偃师酒流沟宋墓砖刻画

额发	
大髻方额	云尖巧额
选自宋刘宗古《瑶台步月图》	选自宋定窑瓷俑

1．朝天髻　在五代已出现的形态高大的“朝天髻”，在北宋年间便甚为流行。宋周密《齐东野语》卷一载：“一日内宴，教坊进伎为三四婢，首饰皆不同。其一当额为髻，曰蔡太师家人也。……问其（发式）故，蔡氏者曰：‘大师覲清光，此名朝天髻’。”梳此发髻的实

物形象在山西晋祠圣母殿宋代彩塑中有明确的反映。

2. 同心髻　与“朝天髻”相比，“同心髻”的形制要简便得多，一般只要将头发挽至顶部，编成一个圆形发髻即可。南宋诗人陆游在《入蜀记》中便载：“（妇人）未嫁者率为同心髻，高二尺，插银钗六只，后插大象牙梳。”可见，虽然朝廷屡有禁令，但在边远地区崇尚高髻的风气仍是盛行不衰，而且竟比“门前一尺春风髻”还要高上一倍。四川成都、江西景德镇、山西太原等地的宋墓所出土的陶俑、瓷俑及木俑等，都见有这种髻式。

3. 流苏髻　流苏髻是从同心髻演变而来的，它的基本造型与同心髻相似，唯在根部以丝带束紧，带垂于肩，似流苏一般，故名。据元伊世珍《琅环记》云：“轻云鬟发甚长，每梳头立于榻上，犹拂地，已绾髻，左右余发，各粗一指，结束作同心带，垂于两肩，以珠翠饰之，谓之流苏髻。”于是富家女子多以青丝效其制。梳这种发髻的妇女形象，在宋人《半闲秋兴图》中可看到。

4. 不走落　在理宗朝中，宫中又流行一种梳高髻于顶的发髻，名曰“不走落”。

5. 危髻　还有一种高髻名“危髻”。宋孟元老《东京梦华录》卷二载：“更有街坊妇人，腰系青花布手巾，绾危髻，为酒客换汤斟酒。”可见，高髻在宋代是上层和下层妇女都喜好梳妆的一种发式。

6. 芭蕉髻　还有髻式名“芭蕉髻”者，髻式作椭圆形，四周环以绿翠。在宋人《瑶台步月图》中妇女的发髻，即此式。

7. 龙蕊髻　“龙蕊髻”也称“双蟠髻”，是髻心特大，有双根扎以彩色之缯。苏东坡有“绒结双蟠髻”句，或指此式。

8. 盘髻　盘髻是指妇女盘辫而成的一种发髻，宋代有大小之分。“大盘髻”髻式作五围，紧紧扎牢，间用玉钗及丝网固牢之；“小盘髻”作三围，插以金钗，不用丝网固牢。在宋人《妃子浴》图中可见此髻。

9. 盘福龙　在崇宁年间又新作一种髻叫“盘福龙”，这种发髻又大又扁，不妨碍睡眠，所以又叫“便眠髻”。

10. 女真妆　当北方女真族崛起时，当时的上层妇女又效仿北方民族妇女头饰，作束发垂脑后的女真族妇女发式，谓之“女真妆”。先出现于宫中，后来逐渐遍及全国，致有“浅淡梳妆，爱学女真梳掠”之语。冬天舞女戴覆额狸帽，穿紧身衣衫，也是来自北方辽金的装束。

宋代女子的发式和如今女子的发式一样，其流行周期短，发式名目之多数不胜数。宋人周辉在《清波杂志》中说："辉自孩提见妇女装束，数岁即一变，况乎数十百年前样制，自应不同。"

（二）额发

不仅发式如此多变，额发的修饰，亦各朝有不同的变化。

1. 大髻方额　宋代高年老人袁褧，生于北宋，死于南宋，活了将近百岁，应是亲眼见过妇女装束的种种变化。其所著《枫窗小牍》即有记载："汴京闺阁妆抹凡数变：崇宁年间，少尝记忆作大髻方额。政宣之际，又尚急把垂肩。宣和以后，多梳云尖巧额，鬓撑金凤。小家至为剪纸衬发，膏沐若香。"足见额饰亦有前后不同之变易。

2. 云尖巧额　是指将额发盘成朵云之状，横列于眉上，云朵朵数多寡不等，两鬓以钗钿固定。在宋人李嵩《听阮图》中即见有其式。方额则是指将额发修剪成一字形，横列于眉上，因额角之发平齐方正，故名。宋人所绘《瑶台步月图》中可见此式。而宋代女子的鬓发则已不再如盛唐那般"两鬓抱面"了，大多是梳掠于脑后头顶，与宋女苗条纤细的身材相得益彰。

（三）冠饰

1. 冠梳　宋代都市妇女不仅喜梳高髻，而且不论贫富都爱戴高冠，插长梳，简称"冠梳"，又名"大梳裹"。其制为以漆纱、金银及珠玉白角等做成两鬓垂肩式高冠，冠上缀长梳数把。初始于宫中，后普及于民间，成为一种礼冠。插梳的习俗，唐五代都很盛行，但当时多为插小梳，多者可插至十余把。但到了宋代，梳形则日益大而数目减少，盛装还总是四把或一两把，施于额前。中原总的趋势还是一把，且随同发髻增高而愈加长大。宋代到仁宗时，宫中流行白角梳，大的已达一尺二寸。所以王栐（yǒng）《燕翼贻谋录》称，仁宗时有禁令，髻高有至三尺，白角梳有大到一尺二寸者，用法令禁止。但即使这样，也未能生效。可能是上行下效，无可奈何吧！真不知这种庞大的头饰和自宋时开始流行的小脚配在一起，是何种"头重脚轻"的新奇景致。

宋时不仅梳形日益庞大，冠式也向高处发展。宋周辉在《清波杂志》卷八中载："皇祐初，诏妇人所服冠，高毋得过七寸，广毋得逾一尺。梳毋得逾尺，以角为之。先是宫中尚白角冠，号内样冠，名垂肩、等肩，至有长三尺者，登车檐（皆侧首而入）。梳长亦逾尺。议者以为服妖，乃禁止之。"可见，因冠梳造型高大，靡费甚巨，乃引起朝廷干预。此后情况虽稍有改变，但宋仁宗死后，"侈靡之风盛行，冠不特白角，又易以鱼魫（shěn）；梳不特白角，又易以象牙、玳瑁"。直至南宋，妇女冠梳的现象仍很普遍。据南宋吴自牧《梦粱录》、耐得翁《都城纪胜》等书记称：在当时京都临安，还有现成的冠梳、木梳、七宝珠翠首饰等出售，而且生意兴隆，以至艺术上以“天下十绝”著名北宋的大相国寺两厢，竟全被女道士、尼姑卖妇女首饰服用摊子所占。

2. 花冠　在北宋大都市妇女中，还有一种冠饰非常之流行，那就是花冠。花冠的流行和当时社会养花、簪花的风气有着不可分割的联系。簪花与戴花冠之俗始于六朝，兴于唐代，而盛行于两宋。传世的唐代《簪花仕女图》，沈从文先生认为其头上的花朵很有可能是宋代或较晚些人后加上去的。唐五代的花冠有一定式样，可见《宫乐图》、麦积山五代壁画《进香妇女图》等。多为罗帛做成，满罩在头上，和鬓发密切结合。北宋时，花冠式样则较唐五代大为发展，开始流行戴真花或仿真花，用罗帛、通草及其他材料做成（如鹿胎冠子即用小鹿皮做）。妇女头上戴真牡丹花、芍药花，或罗帛做生色花，在宋代都特别流行，正如王观《芍药谱》序言所说：“朱家花园种花达五六万株，……扬之人与西洛无异，无贵贱皆喜戴花”。这个花谱用“冠子”“楼子”名称的达十多种，显然都宜于搁在妇女头上，许多花当时也就是用冠子作为名称的。例如《芍药谱》中载：“冠群芳”是大旋心冠子，深红色，分四五旋，广及半尺，高及五六寸。“赛群芳”为小旋心冠子。“宝装成”称髻子，色微紫，高八九寸，广半尺余，每一小叶上络以金线，缀以玉珠。“尽天工”是柳蒲青心红冠子，于大叶中小叶密直。“晓装新”属白缬子，叶端点小殷红色，每朵三四五点，像衣中点缬。“点装红”是红缬子，色红而小。“叠香英”是紫楼子，广五寸，高盈尺，大叶中细叶二三十重，上又耸大叶如楼阁状。“牡丹”则有重楼子。……可谓琳琅满目，在这里便不再一一叙述了。

▲ 图7-12　宋钱选《招凉仕女图》（局部）

宋代妇女所戴花冠形象在传世画作与雕刻中有很多反映（表7－2）。如《招凉仕女图》中便有戴重楼子花冠的形象，高可逾尺（图7－12）。在《瑶台步月图》中女子所戴冠子犹如玉兰花苞，也应是仿真花冠的一种。这种冠子在河南堰师酒流沟宋墓的厨娘砖及山西晋祠圣母殿彩塑中均可看到，应是当时比较流行的一种花冠式样。另外，再如宋人《杂剧人物图》

▲ 图7–13　宋“丁都赛”戏曲雕砖

中的妇女及宋砖刻杂剧人“丁都赛”（图7－13）及河南禹县白沙北宋元符三年赵大翁墓室壁画中，都有戴花冠的形象出现。可见，宋代女子戴花冠是非常普遍的妆饰。

（四）按节令簪花

除了戴花冠，不同的节令插戴不同的花朵或类似花朵的饰物，也是宋代一种非常时尚的妆饰现象。每逢上元之夜，“妇人皆戴珠翠、闹蛾、玉梅、雪柳”（《武林旧事》卷二）。“闹蛾”是剪彩纸做成花或蛱蝶、草虫儿的形状；“玉梅”是以白绢制成的梅花；“雪柳”则是以绢花装簇的花枝。端午节，“茉莉盛开，城内外扑戴朵花者，不下数百人”（《西湖老人繁胜录·端午节》）。立秋的那天，“都城内外，清晨满街叫卖楸（qiū）叶，妇人、女子及儿童辈争买之，剪如花样，插于鬓边，以应时序”（《梦粱录》卷七《七月》）。重阳节更是热闹非凡，“都人是日饮新酒，泛萸簪菊”（《武林旧事》卷三《重九》）。不同的节令是如此，不同的季节更是如此。《梦粱录》卷十三“诸色杂货”条便记载了当时杭州花枝供应的情况：“四时有扑戴朵花……春扑带朵桃花、四香、瑞香、木香等花；夏扑金灯花、茉莉、葵花、榴花、栀子花；秋则扑茉莉、兰花、木樨（即桂花）、秋茶花；冬则扑木春花、梅花、瑞香、兰花、水仙花、腊梅花。更有罗帛脱蜡像生四时小枝花朵，沿街市吟叫扑卖。”更有“桃花、荷花、菊花、梅花皆拼为一景，谓之一年景”（陆游《老学庵笔记》）。

（五）男子簪花习俗与制度

1. 簪花习俗　宋代除了妇女、乐工、舞伎常于发髻间插饰朵花或戴花冠之外，男士们在赏花饮酒之余，也会摘枝花朵往头上插。南宋周辉《清波杂志》卷三中就记叙当时的男士欣赏牡丹饮酒之余，并“折花歌以插之”。大诗人苏轼也在《吉祥寺赏牡丹诗》中，有“人老簪花不自羞，花应羞上老人头”的诗句。

簪花在宋代不仅继续作为一种民俗事象而存在，而且还部分地变成一种礼仪制度。据

《宋史·舆服志》记载："幞头簪花谓之簪戴。中兴、郊祀、明堂礼毕回銮，臣僚及扈从并簪花，恭谢日亦如之。"宋人行簪戴礼仪的节庆，除了上述的郊祀、明堂礼毕回銮及恭谢礼外，还有圣节大宴、巡幸驾回、立春入贺、贡士喜宴，以及新科进士闻喜宴等场合。簪花的时间则或是在庆典之前，或是在宴庆进行中赐花而簪，或是在礼毕之后才赐花簪戴回家。至于簪戴的人，有的庆典中君臣都簪戴，有的是百僚扈从簪戴，有的则仅有禁卫或吏卒簪戴。可以说，不论尊卑，都有簪花的机会。正所谓："春色何须羯鼓摧，君王元日领春回。牡丹芍药蔷薇朵，都向千官头上开。"（宋·杨万里）如此兴盛的男子簪花习俗与制度，可以说是宋代非常有时代特色的一种妆饰现象。

2. 簪戴礼仪　宋人簪戴礼仪制定的原因究竟是什么呢？陈夏生先生认为，除了和唐代逐渐兴盛的簪花习俗有一定的承代关系之外，与当时民间簪花的时尚也应有某种程度的关联性。而其中最重要的一点当是与宋朝连年处于辽、金的侵扰之下，皇室财库匮乏有相当的关系。林瑞翰《绍兴十二年以前南宋国情之研究》一文中云："南宋财用之所以匮乏至此，其因不外四端，曰民困、弊政、养兵、恩赏是也。"又说："宋代恩赏优泛，北宋已然，南渡后国步艰难，动劳易著，故恩赏尤厚。"其实，宋室建国之初，财赋颇足自给。真宗以后，由于官吏与兵卒员额膨胀，俸禄及恩赏倍增等原因，致使国库入不敷出。在这种情况下，皇室赐赏臣子的礼物，易部分贵重的珠宝饰物为花费较少的绢罗通草、花朵，是颇有可能的。同时，在庆典中赐花簪花，也增添了庆典的祥和与喜气。

二、辽代发式

辽本属契丹族，五代时辽太宗（耶律德光）得后晋的北方十六州而掩有长城内外属地，辽从太祖（耶律阿保机）元年（公元907年）到天祚帝（耶律延禧）保大五年（公元1125年）先后共218年。出于对汉族聚居地区统治的需要，辽太宗对汉和契丹的统治是采取一国两制的，即"以国制治契丹，以汉制待汉人"（《辽史·百官志一》）的统治政策。所谓国制与汉制主要是指统治的方式，当然也包括衣冠服饰。

（一）发式

根据文献记载和考古资料反映，辽代契丹人不论男女，均髡发。如北宋沈括在其《熙宁使虏图抄》中即记载：契丹"其人剪发，妥其两髦"。所谓剪发即为髡发，也就是剃去头上一定部位的长发。妥者堕也，意思是两鬓有垂发。见表7－3。

表7-3　辽代发式

女子发式		男子发式	

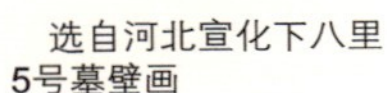选自河北宣化下八里5号墓壁画	选自河北宣化下八里4号墓壁画	选自库仑辽墓壁画	

契丹人髡发的习惯与其生活习性有关。契丹建国前的社会生活状况一直为“随水草畜牧”，“食肉衣皮”，过着以畜牧为主的游荡生活。草原游牧风沙极大，而且水源又少，洗头很不方便，头发剃去便于清洗，干净利落。因此，北方游牧民族，不仅契丹，包括女真族、蒙古族等等无一不是髡去一部分头发的。

契丹人的髡发习俗很可能是传承于其先源民族乌桓与鲜卑。据《后汉书·乌桓鲜卑列传》记载：“乌桓……以髡发为轻便。妇发至嫁时乃养发，分为髻，著勾决，饰以金碧，犹中国（中原）有簂步摇”。又“鲜卑……其言语习俗与乌桓同。惟婚姻先髡头，以季春月大会于饶乐水上，饮宴毕，然后配合”。可见，乌桓、鲜卑均有髡发习俗，只不过是乌桓妇女未婚时髡发而婚配后要蓄发和分髻，而鲜卑女子则是未婚时蓄发而出嫁时再髡发。

1. 契丹女子发式　辽代契丹女子同乌桓女子一样，均是未出嫁时髡发，而出嫁后则开始蓄发，高髻盘顶。据宋人庄季裕《鸡肋篇》中云：契丹“凡仕家女子，在家时皆髡首，至出嫁时方留发”。契丹女子髡发究竟是什么样子的呢？1981年发掘了内蒙古察右前旗豪欠营6号墓，其中的女尸保留着完整的发型：前额边沿部分剃去，而保留了其余的头发。经剃过的部分又长出了一点短发，从短发的等齐长度看，原来是剃光而不是剪短的。保留的头发，颅顶一部分用绢带结扎，带结位于颅顶偏后，另在左侧分出一小绺，编成一条小辫，绕经前额上方再盘回颅顶，压在束发上面，和束发结扎在一起。耳后及脑后的头发向身后下披，垂过颈部。李逸友先生认为：“这样的女式发型，是考古工作中的首次发现。显示了契丹妇女所特有的一种髡发习俗，不同于其他民族和契丹族男子的髡发习俗。”不过仅修剃额际是否就是庄季裕所说的“髡首”，其中不无可疑之处。标沄先生说：“豪欠营女尸的发式应归入蓄发之列，至于其前额剃去部分头发，应作为契丹蓄发女子的一种装饰手法或蓄发过程中的特殊处理来解释，不能说契丹女子髡首就是只剃去少许额发。”笔者同意这种说法。何况豪欠营女尸的年龄据估计为25～30岁，应属已婚妇人，而非髡发待字的少女，似不宜根据她的发型来讨论只存在于契丹未婚女子中的髡发式样。1993年发掘河北宣化下八里5号墓壁画中的契丹髡发女童似应为真正的髡发契丹女子形象了。此像画在该墓后室西南壁上，她手持唾盂，身穿绿色交领衫，脑顶束起一撮头发，周围剃光，额上及双鬓留长发，垂于耳前。和契丹男子所不同的便是头顶中央留一块发以束髻。另外，在北京市昌平陈庄辽墓出土的女陶俑也为此种发式。可见，这种发式当为契丹未婚女子之发式了。

契丹已婚妇女的发式比较简单，一般多作高髻或双髻式螺髻。契丹女子中有身份者才可以头巾包头。《金史·舆服志》说："妇人服襜（chān）服，多以黑紫，上编绣金枝花，周身六襞积，上衣谓之团衫。……年老者以皂纱笼髻如巾状，散缀玉钿于上，谓之玉逍遥。此皆辽服也，金亦袭之。"皇后常服则戴百宝花髻。普通女子平时由于北方天气寒冷，则多戴皮帽、棉帽。

2. 契丹男子发式　典型的辽代契丹男子髡发，在辽代的许多壁画中都可看到。如辽庆陵的圣宗墓彩色壁画上，描绘了一大群服饰不同的辽代文臣、武将、侍从和乐伎。其中着契丹服的男子都髡发，发式是剃光颅顶，额前及耳畔垂散发。库伦旗辽墓壁画中的契丹男子也均为头顶与脑后髡发，耳畔垂发，只是额部余发处理有种种不同式样，有的额前头发也一同髡去。

除了绘画资料反映出的契丹男子髡发发式外，值得庆贺的是，近年文物考古工作者在发掘清理赤峰市阿鲁科尔沁旗温多尔敖瑞山辽墓时，发现墓主契丹男尸头颅上尚保存有完好的髡发发式：耳上额两侧留有长发，拢至脑后分三股结一长辫，发辫残存十节，长13厘米。自额两侧留长发处至枕骨留有短发，髡发处有短发茬。此外，在北京市昌平陈庄辽墓出土的契丹随葬男性陶俑，其髡发发式亦是剃去颅顶及颅后发，额上蓄发，保留颅两侧发成两绺，分垂于两耳后。可见，契丹男子颅侧虽大多垂散发，但也有少数结辫的现象。如契丹画家胡环的传世名画《卓歇图》中，便有部分人物将额侧余发编成二辫垂于肩部者。在我国东北地区的女真族、西北的回鹘族和吐蕃族也都有辫发习俗，蒙古男子则是结发作环垂耳后，只有契丹男子垂散发。形式各异，但均成制度。这里不多的契丹男子辫发现象，很可能是民族错居、交融或侵犯的结果。

（二）冠式、头巾

契丹皇帝在属契丹民族所特有的大型祭祀活动时常着金纹金冠。一般祭礼则戴硬帽，除此之外的礼仪服装与汉族基本无异。臣僚们在夏天则戴纱冠，形制类似乌纱帽，无帽檐，不掩压双耳，冠额前缀金花，上结紫带；冬天则戴佩饰金花的毡冠，或加珠玉翠毛，冠后垂金花。戴毡冠时，要把后垂的金花编成夹带，同时要将垂发理成一总编入脑后夹带中。平时则比较随便。如辽帝“若未加元服，则双童髻，空顶”（《辽史·仪卫志二》）。头巾在契丹及其他从属部落中，是有品级的人才许戴的，一般仆从及本族豪富也必须露顶。《辽史》中载：“契丹国内富豪民要裹头巾者，纳牛驰十头，马百匹，并给契丹名目，谓之舍利。”由此可知，契丹巾裹代表阶级身份，即或身为富豪，不向契丹主献纳大量牲口，也是不能随便上头的。

三、金代发式

金国原为女真族服属于辽，自金太祖（完颜阿骨打）收国元年（公元1115年，宋徽宗政和五年）建国为金，至末帝哀宗（完颜守绪）天兴三年（公元1234年，南宋理宗端平元年）灭亡，先后共120年。金人死后实行火葬，故金国遗存服饰实物极少。我们只能从历史文献及传世绘画中略加考证。

《大金国志》中叙述男女发式冠服称：“金俗好衣白，栎发（一作辫发）垂肩，与契丹异。垂金环，留颅后发系以色丝，富人用金珠饰。妇人辫发盘髻，亦无冠。自灭辽侵宋，渐有文饰。妇人或裹逍遥巾，或裹头巾，随其所好。”又徐梦莘《三朝北盟会编》的《女真记事》中也有相似的叙述；“妇人辫发盘髻，男子辫发垂后，耳垂金银，留脑后发，以包丝系之；富者以珠金为饰。”而且女真属肃慎系，从后汉到清代，肃慎系在松花江流域所经过的挹娄（后汉魏晋）、黑水靺鞨（隋唐五代）、女真（宋元明）以至清代，一脉相承，都行辫发。因此女真辫发当属无疑。见表7－4。

表7–4　金代发式

女子发式		男子发式	
选自《文姬归汉图》	选自山西介休金墓砖雕	选自《文姬归汉图》	选自河南焦作市西冯封村金墓出土物

《会编》中引杨汝翼《顺冒战胜破敌录》记南宋绍兴十年（公元1140年）六月顺昌一役宋与女真人之战所见：“是夜，阴晦欲雨，时电光所烛，但见秃头辫发者，悉皆歼之。”又岳

珂《岳少保岳鄂王行实编年》载：“先臣（岳飞）以骑大破之，……斩秃发垂环者三千余级。”《建炎德安守御录》载：“皆剃头辮发，作金人装束。”《宋会要稿》卷一七九《兵》十四载：“绍兴元年（公元1131年）十一月末间，贼犯通太。贼船五十余艘，编发露顶。”这些记载均揭示了女真人发式的另一特点，即剃发秃头露顶。可见女真人头前半部髡发也当属无疑。

但很多学者据此便说女真人辮发即是清代式样，却实属牵强。从金人绘画作品和金代出土文物看女真人的发式，应是较为客观的。金代人张瑀所画的《文姬归汉图》，是一幅取材于东汉末年文姬归汉的故事和以作者所处金代女真人的生活为依据而创作的艺术作品。图中穿着戴有鲜明女真服装特点的男子，其发式是前额头顶髡发，而脑后所留头发则梳成左右两条辮子。在金代的出土文物中，河南焦作西冯封村金墓出土的十八个砖俑中，头梳双辮的男俑就有九个以上。其中，舞蹈俑一件，戴帽，头梳双辮垂于胸前；吹笛俑一件，戴帽，头梳双辮垂于胸前；持节板俑一件，前顶剃光，后脑两侧长辮垂肩至肘关节处；男童俑两件，一件髡额双辮垂于肩下，另一件前额分梳双髻，头梳双辮垂于脑后。而且，女真政权早期对易服事看得十分严格认真，用法律制定男人必用女真制。甚至于普遍反映到佛像上。因此华北各省佛像中，菩萨垂双辮的，一般赏鉴家多定为宋（图7－14）。可见，金代女真人多是垂双辮的。

▲ 图7－14　山西华严寺铜塑佛像

女真族的这种前髡后辮的发式是非常便于其骑射生涯的。前部不留发，可避免跃马疾驰中让头发遮住眼睛；颅后留辮，在野外行军狩猎时，则可以枕辮而眠，有一定的实用价值。

四、元代发式

元代蒙古族太祖成吉思汗于中统元年，即南宋开禧二年（公元1206年）称帝。元代发式见表7－5。

表7-5　元代发式

男子发式		女子发式	

选自《历代帝后像》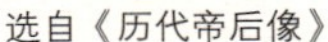	选自元刻《事林广记》	选自内蒙古美岱召壁画	选自元女俑

（一）男子发式

当时男子发式，据《蒙鞑备录》所记："上自成吉思汗，下及国人皆剃'婆焦'，有如中国小儿之三搭头，在囟门者稍长则剪之，在两旁者总小角，垂于肩上。"宋郑所南《心史大意略叙》释曰："鞑主剃三搭辫发，顶笠穿靴。……三搭者，环剃去一弯头发，留当前发剪短，散垂析两旁，发编两髻，悬加左右衣袂上，曰'不狼儿'。言左右垂发碍于回视，不能狼顾。或合辫为一，直拖垂衣背。"实际上，简单地说就是留前发及两侧发，余皆剃去，犹如契丹族的髡发，只是两侧发不似契丹族般散垂，而是结成发辫并挽成辫环，且环数不一。在元代帝王像中，我们可以看到有挽成一环的，如太祖成吉思汗；也有挽成三四环的，如世祖、成宗、仁宗等。

前额垂发则多为桃子式一小撮。而合辫为一，直拖垂衣背这种发式在内蒙古土默特右旗境内大青山麓的美岱召壁画中出现了四个脑后独拖一辫的男子。在元刻本《事林广记》中的插图、羊群庙元代石雕人像及陕西宝鸡元墓出土的武士俑中，也都曾出现过这种发式。可见这也应当是古代蒙古民族较为流行的发式之一。而且，明清时蒙古族留双辫者已少有记载，独拖一辫为主要形式。明肖大亨记蒙古族土默特部习俗甚详，其《夷俗记》云："夫披发左衽夷俗也，今观诸夷皆祝发而右衽矣！其人自动至老发皆削去，独存脑后寸许为一辫，余发稍长则剪之，惟冬月不剪，贵其暖也。"这里没有提额发，看来额发自明代也被淘汰了。

元代男子的发式远不止这两种，花样还相当的多。在清吴铎《净发须知》下卷引《大元新话》中所载便不下一二十种："……按大元体例，世图故变，别有数名，还有一答头、二答头、三答头、一字额、大开门、花钵焦、大圆额、小圆额、银锭、打索绾角儿、打辫绾角儿、三川钵浪、川著练槌儿。还哪个打头，哪个打底：

花钵焦打头，七川钵浪打底；

大开门打头，三川钵浪打底；

小圆额打头，打索绾角儿打底；

银锭样儿打头，打辫儿打底；

一字额打头，练槌儿打底。

这里的“打头”据笔者估计是指对额发的处理，而“打底”则是对两侧及颅后头发的处理。记载中很多都是当时理发业专门行话，时光相距六七百年，已不容易具体明白。

（二）女子发式

1. 椎髻　元代蒙古族妇女多椎髻，少女多梳辫。前者于赤峰等地出土的许多壁画可知，后者有陕西户县出土大量元俑可证。明叶子奇《草木子》云：“其发或辫，或打纱练椎，庶民则椎髻。”可知妇女与平民均为椎髻。

2. 辫发　在美岱召壁画上可见也有已婚妇女发分二辫下垂，并用发袋装饰成圭状。《夷俗记》：“若妇女初生时业已留发，长则以小辫十数披于前后左右，必待嫁时见公姑方分二辫，未则结为二椎，垂于两耳。”这种发式到清代依然。清冯一鹏《塞外杂识》载：“胡女之已嫁者，左右各垂一发辫，未嫁者发辫零星下垂，已嫁而夫亡者则倒卷其辫以绳扎之。”姚元之《竹叶亭笔记》也有“装饰珊瑚辫发垂，羊裘胡帽赛男儿”之句，下注曰：“男妇骤难分别，妇女不束腰带，穿耳辫发饰以珊瑚。”因清代妇女是椎髻，故作者对蒙古族妇女辫发要特意记载。这种风俗至今存在于布里亚特蒙古族妇女中，其少女婚前要梳七辫盘于头顶，结婚时方分二辫并也要装入发袋装饰。维吾尔族少女也是发编多辫，可知其俗曾广泛存在于北方少数民族中。因北方干旱少水，洗头不便，北方女子又多需骑射，高髻、披发自都不便，辫发自然是最为适合的发式了。

3. 故姑冠　在元代蒙古贵族妇女中，有一种冠式是其所特有的，名“故姑冠”（图7－15）。故姑，又写作“故故”“姑姑”“顾姑”“罟罟”

▲ 图7–15 《历代帝后像》之《元世祖皇后像》，中国台北故宫博物院藏

等，译写所用汉字不同，实为一物。“故姑冠”初期为蒙古一般妇女均可戴的头饰，但到了元朝末年，已被后妃、贵妇据为专有了。

叶子奇《草木子》记载：“元朝后妃及大臣之正室，皆戴姑姑，衣大袍。其次即戴皮帽。姑姑高圆二尺许，用红色罗，盖唐金步摇冠之遗制也。”事实上，唐代“金步摇”和这种冠无丝毫相同处。故姑冠的构造分为两部分：上部是一个顶稍宽的长筒形，用桦木、柳枝，或者铁丝、竹条盘出形状来，竹条轻而且透风，可能最为常用。胎骨外，再糊上绒、氈（冬季）或者锦、罗、绢（夏季）等，冠顶再装饰小玉珠及锦鸡等珍贵美丽的羽毛，顶部折下部分及正前中央，也嵌缀着耀眼的小珠翠。这样高冠部分完成了，就可以固定在盘拢的头髻上。后像中看见的左右两条下垂的带子，便是帮助稳固系发用的。牢固后，再穿结精致的珠环，下垂两肩如瓔珞一般，连系发的带子下缘，也缀络了珠饰，显得富贵异常。接着，便在冠下额上，横勒一道抹额（元人称为“渔婆勒子”），上下合之，便成为完整的故姑冠了。

故姑冠是一种非常不方便的冠饰，冠高二尺，其上羽毛又尺许，坐在车上，恐颠簸有误，得拔下来交给侍婢拿着。可能正由于此，元亡之后，故姑冠便成为一个徒留后人追忆的历史名词了。

第八章

明清时期的妆饰文化

第一节 | 概述

元代蒙古族入主中原，以不平等的种族政策统治汉人，对南方知识分子和人民尤其严酷。农民领袖朱元璋以“驱逐鞑虏，恢复中华”为目标，领导人民推翻元蒙统治，于公元1368年，建立了明王朝。基于前代辽、金、西夏、蒙古族的统治与民族之间错居所造成的杂乱无章，明开国伊始，即着手推行唐宋旧制，极力消除北方游牧民族包括服饰在内的各种影响，从而重建一国一代之制，恢复大汉文化传统。

公元1616年，女真族爱新觉罗·努尔哈赤统一女真各部，建立后金政权。天聪元年（公元1627年），皇太极登皇帝位，于崇德元年（公元1636年）改国号大清，是为清太宗。顺治元年（公元1644年），清世祖入关，定都北京，逐步统一全国。清代是我国古代少数民族建立的几个朝代之一，自皇太极改国号为大清到辛亥革命为止，共历11帝，统治276年。满族入关后，首先令汉族人民剃发易服，“衣冠悉遵本朝制度”。这一强制性活动的范围与程度是前所未有的，虽然充满着尖锐的民族斗争的血腥气息，却为妆饰文化注入了新鲜的异族魅力。

明清女子的妆饰风格，总的来说，在面妆上趋于简约、清淡，而在缠足方面则达到鼎盛。正像清代文人李渔所认为的那样：娶妻也不用非美女不可，只要手脚可人，便心足矣。发式虽在高度上较之前代有明显收敛，但装饰趋于繁缛。

一、审美思想

中国明代的美学思潮中出现了“心学美学”。这是以“阳明心学”与“心学异端”为思想基础，一反儒家传统的“温柔敦厚”审美标准与审美思想的一种崭新的美学思潮。其具有三个突出特征：（1）从情到欲；（2）从雅到俗；（3）个性意识。

在儒家传统的审美教化论支配下，中国人的情经常过分偏执地淹滞于道德伦常的理性之中。如果把审美趣味分解为理、情、欲三个层次，那么中国人的审美就多半是从情到理，以理节情——山山水水，全涂上人伦的色彩；草木禽兽，都成了道德的象征。一句话：“发乎情，止乎礼义。”这种儒家的审美观在宋代程朱理学家那里，更发展到了极端。然而，到了“阳明心学”泛滥的明代，上述传统的审美理想、审美趣味却受到了严重的挑战。在明代（特别是明后期），“情理”的堤防遭到冲击，“情欲”的旗帜冉冉上升。从情到欲，以欲激情，不仅是艺术家所热衷表现的主题，也是思想家开始论证的命题；不仅是活跃于意识形态的新思潮，也是弥漫于社会习俗的新风尚。

二、妆饰文化

这种从情到欲，以欲激情的思潮表现在妆饰文化领域，最明显的就是大批拜脚狂的出现。明代所谓的提倡情欲，实际上只是就男性而言，女子的地位，在礼教的束缚与男性支配欲上升的背景下，反而越来越渺小。

1. 缠足鼎盛时期　缠足陋习源于五代，经宋元发展，至明清则达到鼎盛。小脚对当时男人的吸引程度是今人难以理解的。在明清时期，小脚甚至被当作性对象替代物的角色，并异化为性器官的外延。当时的封建文人对小脚的把玩与琢磨可谓到了登峰造极的境界。而且不惜付诸文字，公布于众，把其作为一种学问百般切磋，玩味无穷。从而出现了一大批专门论述小脚文化的著作，其间的肉麻与龌龊之情至今读起来依然让人瞠目。此时的缠足实际上已经摆脱了初始为束缚女子行动的本意，而成了满足男子感官欲求的一种工具。李渔便认为：缠足的最高目的就是为了满足男性对三寸金莲的极端追求，和爱抚中自我感官的尽情享受。文人尚且如此，普通百姓就更可想而知了。在这种社会风潮的推动下，一种特殊的选美活动也随之应运而生了，这便是举世无双、独一无二、且具有中国特色的“赛脚会”。赛脚会的出现标志着当时社会对女性外表的审美评价已经完全从头部转移到了脚部。

▲ 图8-1 《历代帝后像》之《明孝恭章皇后像》，中国台北故宫博物院藏

2. 面妆　在这样的审美观念支配下，明清女子脸部化妆的相对简化就是自然而然的事了。不仅面妆崇尚清淡、简约，到了清代，甚至连风行了几千年的面饰也少见了（图8－1、图8－2）。

3. 乞丐妆　值得一提的是，在晚清时，贵族男子之间开始流行一种非常奇异的妆束，名“乞丐妆”。与现代人的“乞丐妆”实数同出一辙，均为故意把自己打扮成乞丐的模样。这种奇异的妆束和唐代的胡妆、辽人的佛妆等，在观念上有着根本的不同。虽同属奇妆，但后者纯属是一种异族风情的展示，而乞丐妆的出现则是一种宣扬个性的异化展示，和今人追求另类的心态是一样的。这也是晚清男子追求个性的意识在妆束上的一种体现。

▲ 图8–2 《乾隆后妃像》，美国克利夫兰艺术博物馆藏（郎世宁绘）

4. 发式　明清汉族女子的发式，在高度上都较之前代有明显的收敛。尤其到了清代后期，发髻逐渐崇尚扁小，且位置也由头顶渐渐移至颅后。

清代由于是满族人统治的朝代，因此，在服饰制度上曾要求汉人一律改满人装束。但由于遭到汉人的强烈反抗，乃采纳明代遗臣金之俊的“十从十不从”建议，才在一定程度上缓和了满汉之间尖锐的民族矛盾。表现在发式上，就是男子一律从满俗，而女子则可以保持汉妆。满族发式和汉族发式，不论男女，均有很大区别。男子一律是髡头辫发，女子则梳旗头。

在晚清时期，由于国外先进文化与科学技术的涌入，对妆饰文化也产生了不小的影响。中国传统的化妆旧法逐渐被淘汰，西洋的化妆术正在急剧地提倡。年轻女子则开始留额发，打破了过去成人不留额发的旧俗。发式从此开始不受年龄与身份（已婚和未婚）的限制，而变得随心所欲了。

第二节 | 明清时期的化妆

一、明清面妆

（一）妆粉

敷粉施朱永远是女人的最爱，明清两代也不例外。除了前代的妆粉外，明清妇女又创造了很多新类型的妆粉。

1. 珍珠粉　明代妇女喜用一种由紫茉莉的花种提炼而成的妆粉，称为“珍珠粉”，其多用于春夏之季（图8－3）。明秦征兰在《天启宫词》中曾云：“玉簪香粉蒸初熟，藏却珍珠待暖风。”诗下注曰：“宫眷饰面，收紫茉莉实，捣取其仁蒸熟用之，谓之珍珠粉。”曹雪芹在《红楼梦》一书中对此也曾有生动明确的记载。在第四十四回“变生不测凤姐泼醋，喜出望外平儿理妆”中，平儿含冤受屈，被宝玉劝到怡红院，安慰一番后，劝其理妆，“平儿听了有理，便去找粉，只不见粉。宝玉忙走至妆台前，将一个宣磁盒子揭开，里面盛着一排十根玉簪花棒儿，拈了一根递与平儿。又笑说道：‘这不是铅粉，这是紫茉莉花种研碎了，对上料制的。’平儿倒在掌上看时，果见轻白红香，四样俱美，扑在面上也容易匀净，且能润泽，不像别的粉涩滞。”

▲ 图8–3　紫茉莉

2. 玉簪粉　玉簪粉是一种以玉簪花合胡粉制成的妆粉，其多用于秋冬之际（图8－4）。明秦征兰在《天启

▲ 图8-4 玉簪花

宫词》中亦云："……秋日，玉簪花发蕊，剪去其蒂如小瓶，然实以民间所用胡粉蒸熟用之，谓之玉簪粉。至立春仍用珍珠粉，盖珍珠遇西风易燥而玉簪过冬无香也。此方乃张后从民间传入。"

3. 珠粉（宫粉） 清代妇女则喜爱用珍珠为原料加工制作的妆粉，称为"珠粉"。清黄鸾来《古镜歌》中曾云："函香应将玉水洗，袭衣还思珠粉拭。"就连皇后化妆用的香粉，也是掺入珍珠粉的。近人徐珂在《清稗类钞·服饰》中便记载有："孝钦后好妆饰，化妆品之香粉，取素粉和珠屑、艳色以和之，曰娇蝶粉，即世所谓宫粉是也。"

（二）化妆术

至晚清，据林语堂夫人所写《十九世纪的中国女性美容术》一文所载，此时的女子化妆时，"先在脸上敷一层薄薄的蜜糖当作粉底，然后敷粉。但所敷的地方不仅是鼻子，却是敷遍整个的脸。她们根本不懂得粉扑，她们所用来扑粉的仅是丝巾和几个指头。胭脂是在敷好粉后涂在两颊上。……所用的面粉通常有两种：一种是水粉；另一种是粉饼。这两种粉都是用天然的原料做成的。"实际上，伴随着西方文化与科学技术的传入，晚清的时尚女子在化妆方面其实已经逐渐西化了。林夫人在此文末尾也声明："这只是中国妇女传统的化妆术。现在摩登的化妆术正在急遽地提倡，以前传统的化妆旧法几乎全被淘汰了。尤其是居住在沿海都市里的中国女子，她们对于修饰和美容都是崇尚西法的。"

（三）化妆品、饰品专卖店

随着商品经济的发展，清末时，面向女性消费的化妆品、饰品专卖店也在上海出现了。咸丰年间苏州人朱剑吾经营的"老妙香宫粉局"便是集产销于一身，前店后厂，以香粉、生发油为主要产品，为沪上首家化妆品工厂。清末其生产的香粉、香油占领上海及浙江市场。后研制成护肤"宫粉"，因受到皇帝青睐而销路大开。为扩大营业，粉局迁至汉口路昼锦里。昼锦里因香粉工厂、化妆品经销店汇聚而几乎成为一条脂粉街，被称为"香粉世界""女人街"。

（四）胭脂

除了用粉讲究外，明清女子用胭脂也是很讲究的。

1. 红蓝花胭脂　在《红楼梦》第四十四回，曹雪芹对胭脂也有颇为精彩的描写："（平儿）看见胭脂，也不是一张，却是一个小小的白玉盒子，里面盛着一盒，如玫瑰膏子一样。宝玉笑道：'铺子里卖的胭脂不干净，颜色也薄。这是上好的胭脂拧出汁子来，淘澄净了配上花露蒸成的。只要细簪子挑一点抹在唇上，足够了；用一点水化开，抹在手心里，就够拍脸的了。"可见此时胭脂不仅用于妆颊，也用于点唇。这里所谓"上好的胭脂"，当是指的红蓝花了。

2. 玫瑰胭脂　一种以玫瑰花瓣制成的胭脂，亦称"玫瑰膏子"。这种玫瑰胭脂在清代非常流行。清宫后妃所用的玫瑰胭脂，选料都极为讲究。玫瑰花朵与朵之间多色泽深浅不一，且每朵花瓣之间也浓淡有异，因此选料时，特地精心选取色泽纯正一致的花瓣，放入洁净的石臼，慢慢舂研成浆，又以细纱制成的滤器滤去一切杂质，然后取当年新缫的白蚕丝，按胭脂缸口径大小，压制成圆饼状，浸入花汁，五六天后取出，晒三四个日头，待干透，便制成了玫瑰绵胭脂。

3. 胡胭脂　明清时期还有一种以紫铆染绵而制成的胭脂，谓之"胡胭脂"。明代李时珍曾言："紫铆出南番，乃细虫为蚁虱缘树枝造成……今吴人用造胭脂"（《本草纲目·虫》卷三九）。所谓紫铆，是一种细如蚁虱的昆虫——紫胶虫的分泌物。此虫产于我国云南、西藏、台湾及南亚等地，寄生于多种树木，其分泌物呈紫红，以此制成的染色剂其品质极佳，制成胭脂想来必属上品。

由此可见，古人制作胭脂，从最早的矿物（朱砂），到后来的植物（红蓝花、玫瑰等），待到明清时期则采用动物的分泌物，可谓囊天地之精华，用心极其良苦了！

（五）面妆

1. 红妆　胭脂制作得讲究，无疑意味着此时的妇女仍然喜爱红妆。从传世的画作与照片来看，明清妇女的红妆大多属薄施朱粉，轻淡雅致（图8－5、图8－6），与宋元颇为相似。当然，也有一些风流女子，喜着浓艳的红妆（图8－7）。清王露湑在《崇祯宫词》中曾咏："淡作桃花浓酒晕，分明脂粉画全身。"这里的酒晕妆便指的是一种浓艳的红妆，而且

▲ 图8-5　明山西晋祠"鱼美人"彩塑

▲ 图8–6　清改绮《元机诗意图》（立轴），绢本

▲ 图8–7　清宫红妆女子（传世照片）

诗中所涂脂粉并不仅局限于脸部，而是涂满全身了。《金瓶梅词话》中的淫妇潘金莲也曾因西门庆夸奖李瓶儿身上白净，"就暗暗将茉莉花蕊儿搅酥油淀粉，把身上都搽遍了，搽得白腻光滑，异香可掬，欲夺其宠"。

2. 黑妆　除通常的红妆外，明清时期的另类面妆当属"黑妆"了。这是一种以木炭研成灰末涂染于额上为装饰的面妆，据传是由古时黛眉妆演变而来。明张萱在《疑耀》卷三中有记载："后周静帝时，禁天下妇人不得用粉黛，今宫人皆黄眉黑妆。黑妆即黛，今妇人以杉木灰研末抹额，即其制也。"

3. 乞丐妆　至晚清时，贵族间还流行一种奇异的妆束，名"乞丐妆"，在当时被称为"服妖"，和现代人的"乞丐妆"实属同出一辙。在清代无名氏《所闻录·衣服妖异》中有详细记载："光绪中叶，辇下王公贝勒，暨贵游子弟，皆好作乞丐状……争以寒气相尚，不知其所仿。初犹仅见满洲巨事，继而汉大臣子弟，亦争效之。……犹忆壬辰夏六月，因京师熇（xiāo）暑特甚，偶至锦秋墩逭（huàn）暑，见邻坐一少年，面脊黧（lí）黑，盘辫于顶，贯以骨簪，袒裼赤足，破裤草鞋，皆甚污旧；而右拇指，穿一寒玉班指，值数百金，……俄夕阳在山，……则见有三品官花令、作侍卫状两人，一捧帽盒衣包，一捧盥盘之属，诣少年前……少年竦然起，取巾靧面，一举首则白如冠玉矣。盖向之黧黑乃涂煤灰也。……友人哂（shěn）曰：'君不知辇下贵家之风气乎？如某王爷、某公、某都统、某公子，皆作如是装。'"不知清末这种面涂煤灰的乞丐妆和明代的黑妆是否有渊源关系呢？

（六）开脸

1. 开脸习俗 在明清时期江浙一带，女子在出嫁之前两三日，还要请专门的整容匠用丝线绞除脸面上的汗毛，修齐鬓角，称为“开脸”，亦称“剃脸”“开面”“卷面”等。此也属于妇女的一种妆饰习俗。明凌濛初《二刻拍案惊奇》中写有：“这个月里拣定了吉日，谢家要来娶去。三日之前，蕊珠要整容开面，郑家老儿去唤整容匠。原来嘉定风俗，小户人家女人篦头剃脸，多用着男人。”西周生的《醒世姻缘传》中也有描写：“素姐开了脸，越发标致的异样。”《红楼梦》中的香菱嫁给薛蟠之前，也是“开了脸，越发出挑的标致了”。可见，开了脸的女子当是人生最美丽的时刻，也是一种由姑娘变成妇人的标志。

2. 开脸方法 开脸的具体方法是这样的：用一根棉线浸在冷水里，少顷取出。脸部敷上细粉（不用乳脂），然后将线的一端用齿啮住，另一端则拿在右手里。再用左手在线的中央绞成一个线圈，用两个指头将它张开。线圈贴紧肌肤，再用右手将线上下推送。这动作的功效犹如一把钳子，可将脸上所有的汗毛尽数拔去。如果开脸者的技术是高明的，那会像用剃刀一样的不会引起痛苦。在有些地方（如浙杭一带），除婚前开脸外，婚后若干时必须再行一次，俗称“挽面”。有些地方则在婚后需要时可随意实行，绝无拘束。直至近现代，部分农村地区仍保持这种习俗。例如在海南新安村，“开脸”便是这里尚存古风之一。这里有些老年女人每月开一次脸（图8-8）。开脸实际上已经成为她们的一种享受。但尚未出阁的女子想要拔除脸上的汗毛，却是一桩大悖于礼教的事。

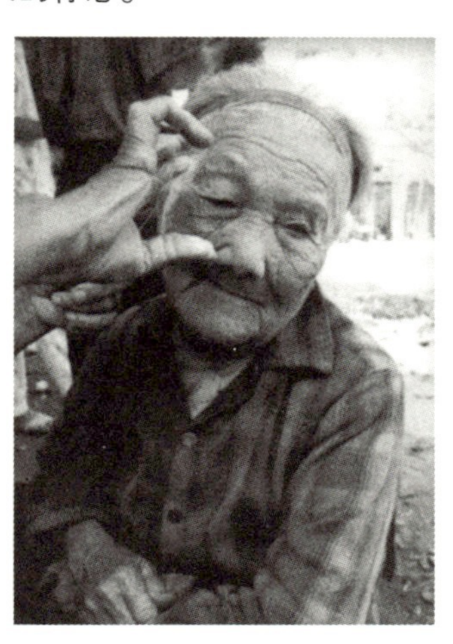

▲ 图8-8 海南新安村的这位老人自结婚起每个月都要开一次脸，这已经成为了她的一种习惯和享受

二、明清眉妆

自明代起，女性应男性的要求，妆饰尚秀美而求媚态，眉妆也是如此。

（一）明代眉妆

明代小说家冯梦龙笔下的杜十娘，便是“两弯眉画远山青，一对眼明秋水润”。兰陵笑笑生笔下的潘金莲也是“翠弯弯似新月的眉儿，清冷冷杏子眼儿”。曹雪芹笔下泼辣的凤姐则是“一双丹凤三角眼，两弯柳叶吊梢眉”。而楚楚动人的林黛玉却是“两弯似蹙非蹙笼烟眉，一双似喜非喜含情目”。所画眉形大多纤细弯曲，只是有一些长短深浅之类的变化。虽不免单调，却特别能够衬托出女性的柔美与妩媚（图8－9）。

明代妇女画眉的材料除去前面所讲的螺子黛、“画眉集香丸”等高档画眉墨等外，还发明了一种价更廉、用更广的画眉修饰品，即用杉木炭末画眉。明张萱在《疑耀》中论后（北）周静帝时期的黄眉墨妆时，曾连带说到当时（明代）的风尚：“墨妆即黛。今妇人以杉木炭研末抹额，即其制也。……一说黑粉亦以饰眉。”

▲ 图8-9　明唐寅《孟蜀宫伎图》（立轴），绢本，设色

（二）清代眉妆

清代由于专制的进一步加强和完备，女子生活愈加受到摧残，女子从而委顺从命，矫饰雕琢。因而清代人物画和年画中女性的曲眉颇有特色，均为眉头高而眉尾低，眉身修长纤细，一副低眉顺眼、楚楚娇人之状（图8－10）。

▲ 图8-10　清费丹旭《美人吹笛图》（局部）

三、明清唇妆

明至清初，妇女点唇多承袭旧制，仍以樱桃小口为美。清李渔在《闲情偶记》中曾形象地描述过当时妇女的点唇之法：“点唇之法，又与匀面相反，一点即成，始类樱桃之体。若陆续增添，二三其手，即有长短宽窄之痕，是为

▲ 图8－11　下唇一点红的唇妆（传世照片 ）

▲ 图8－12　只妆下唇的唇妆，清《乾隆妃梳妆图》（佚名）

成串樱桃，非一粒也。”可见，点唇也是需一气呵成为上品的。然而清代的唇式除了樱桃小口之外，还出现了一种非常有代表性的唇式，即上唇涂满口红，而下唇仅在中间点上一点（图8－11）。这种唇式在清代许多嫔妃的传世相片中都可以看到，这在当时宫廷中是非常流行的。另外，在《乾隆妃梳妆图》中还出现了只妆下唇的唇式，颇为新颖（图8－12）。到了晚清，由于受外来文化的影响，妇女中也有与现代女子一样，依照唇形涂满整个嘴唇的。从此，“樱桃小口”一点点的唇式在中国的唇妆史上开始逐渐退出历史舞台了。

四、明清面饰

面饰在明代时还很流行，到清代则戴者渐少。

（一）明代面饰

明代文学名著《金瓶梅词话》中的女子个个都是面花的积极拥护者。潘金莲“粉面颊上贴着三个翠面花儿，越显出粉面油头，朱唇皓齿”。宋惠莲也是“额角上贴着飞金饼面花儿，金灯笼坠子”。同侍一夫的李瓶儿自然不会甘拜下风，也是“粉面宜贴翠花钿，湘裙越显红

▲ 图8-13 明《女像轴》（佚名）中旁边所立侍女眉心便有一点眉间俏

资料来源：杨新．明清肖像画［M］．上海：上海科技出版社，2008

▲ 图8-14 清代年画

鸳小”。明汤显祖《牡丹亭》第十四出中也写道：“眉梢青未了，个中人全在秋波妙，可可的淡春山钿翠小”（图8－13）。

（二）清代面饰

在清代，沈德潜在《看丰台芍药过王氏园》一诗中也曾提及面靥，诗云：“铢衣宝靥俱留眄，瘦燕肥环总可怜。”可见，清代虽说戴面靥者不多，但也不是绝对没有的（图8－14）。

五、明清护肤护发品

明清时期，人们依然有着各式各样的护发与润肤品。

（一）膏沐

明高明《琵琶记》第十八出中有：“频催少膏沐，金凤斜飞鬓云矗。”这里的“膏沐”便指的是一种润发用的油脂。西周生《醒世姻缘传》第五十三回中也提及：“（郭氏）漓漓拉拉地使了一头棉种油，散披倒挂的梳了个雁尾，使青棉花线撩着。”这里的“棉种油”则指的是一种以棉籽榨成，可使头发光润，且具有黏性而便于定型的头油。

（二）香胶

清代在润发品上也有新的发展。清吴震方在《岭南杂记》卷下中有记载：“粤市中有香胶，乃末高良姜同香药为之，淡黄色，以一二匙浸热水半瓯，用抿妇人发，香而解腻（zhī），膏泽中之逸品也。”这里的“腻”是黏的意思，因通常油脂性的膏泽常常会将头发黏住，很是油腻，而这种香胶，可“香而解腻”，无怪乎是“膏泽中之逸品”了。

（三）香发散

除了润发头油之外，中医书中亦曾记载了不少护发的传世秘方。相传清代慈禧太后特别爱护她的头发。一次太监李莲英为她洗发，掉了几根头发在脸盆中，她立即大怒，扬手打翻脸盆，并令人将李莲英打了四十大板。此后，李莲英暗中派人四处征询，收集医治脱发的良方。经太医李德裕精心筛选并会同诸太医审定，制成了止痒、净发、养发、固发的“香发散”。可见古人对护发的研究已经达到了一个很高的水准。

（四）面脂

护发尚且如此，护肤自然更是讲究。在《清宫词》中有诗云：“四节频颁戚里恩，面脂赐出月华门。”说明面脂依然是宫廷不可缺少的护肤品之一。据林语堂夫人在1944年10月发表于《新女性》创刊号上的《十九世纪中国女性美容术》一文中写道：“中国女子对于肌肤的爱护是一向著名的。好洁的中国女子一天要洗脸二三次，她们会利用天然的产物和蛋白等以营养其细腻素滑的肌肤。在古代，中国女子即已经发现了人乳是清涤肌肤的珍贵品，但这只是有钱的人家才能办得到的。所以，一般富室的妾媵常常雇着乳娘，以供给她们多量的乳汁。这似乎是近于奢侈，正足以说明我国女子重视肌肤的一斑。”

第三节 | 明清时期的缠足

一、明代缠足风俗

明代妇女缠足之风比元代更为流行，缠足风俗进入了大盛时期，上至宫妃，下至农妇，无不缠足，而且缠足言必三寸。“金莲要小”成了明清时代女性形体美的首要条件，第一标准（图8－15）。

▲ 图8–15　小脚女子（传世照片）

明胡应麟指出：“宋初妇人尚多不缠足者，盖至明代而诗词曲剧，无不以此为言，于今而极。至足之弓小，今五尺童子咸知艳羡。”而且，明代还形成了妇女以缠足为贵，不缠足为贱的社会舆论。《万历野获编》中便有一记载："浙东丐户，男不许读书，女不许裹足。"把不准缠足作为对丐户妇女的一种惩罚。直至清朝，丐部的后裔们仍被视为最下贱的人等，严禁与其他阶层的人通婚。在明朝的皇宫，则上至皇后下到宫女，无不缠足。崇祯皇帝的田贵妃便因脚恰如三寸雀头，纤瘦而娇小，而深得崇祯喜爱。明代宫中在民间选美，入选的妙龄女孩不仅要端庄美貌，还要当场脱鞋验脚，看其是否缠足，足是否缠得周正有形，然后才能决定是否留在宫中。

女子"柳腰莲步，娇弱可怜之态"在明人眼中是最美的。这种美女被认为可以惑溺男子，甚至也可以软化北方的鞑靼人。万历年间，北方的鞑靼人屡次侵扰中原。名士瞿思九便向万历皇帝献策说："虏之所以轻离故土远来侵略者，因朔方无美人也。制驭北虏，惟有使朔方多美人，令其男子惑溺于女色。我当教以缠足，使效中土服妆，柳腰莲步，娇弱可怜之态。虏惑于美人，必失其凶悍之性。"这当然是以己之心度人之腹的一桩令人贻笑大方的奇闻了。既然知道如此可以"惑溺"男子，刚好证明了喜欢这类弱美人的明代统治者早已"惑溺于女色"，腐朽不堪了。对此反思，便可得出禁止女子缠足，不近女色，强身强国的结论。只可惜，明清汉族士大夫却在这种病弱无力的女性美观念中越陷越深，不能自拔。

▲ 图8-16 晚清中国山东小脚女子，约摄于1900年

二、清代缠足风俗

到了清代，缠足风俗则达到了鼎盛时期。其流行范围之广和缠足尖小的程度，均已超过元明时期。袁枚在《答人求妾书》中说："今人每入花丛，不仰观云鬟，先俯察裙下……仆常过河南入二陕，见乞丐之妻，担水之妇，其脚无不纤小平正，峭如菱角者……"看人只看脚而不顾其他的这种颠倒已极、令人啼笑皆非的审美观，虽然受到一些有识之人的批判，但清朝的缠足之风已是越刮越烈，风靡了整个华夏。在汉族上层统治者和封建文人中，崇拜小脚的风气十分浓重，小脚崇拜进入了前所未有的狂热阶段（图8－16）。

（一）小脚之“美”

究竟什么样子的小脚才算最美的呢？清代文人知莲《采菲新编》的《莲藻》篇中可谓描述得淋漓尽致。不仅对妇女的小脚大加美谥，更把小脚之“美”总结成四类：形、质、姿、神。“形”之美讲究锐、瘦、弯、平、正、圆、直、短、窄、薄、翘、称；“质”之美讲究轻、匀、整、洁、白、嫩、腴、润、温、软、香；“姿”之美讲究娇、巧、艳、媚、挺、俏、折、捷、稳；“神”之美则讲究幽、闲、文、雅、超、秀、韵。且每一个字都有一番精辟描述，可谓绞尽心机，在这里就不一一加以详述了。理论上如此的精益求精，足见莲迷们对小脚的把玩已经到了登峰造极的地步。除了《莲藻》篇之外，清代文人品评小脚的“专著”还有很多。如清朝的风流才子李渔，他对小脚的研究可谓精湛至骨髓。他提出小脚“瘦欲无形，越看越生怜惜，此用之在日者也；柔若无骨，愈亲愈耐抚摩，此用之在夜者也。”而且还天方夜谭般地指出小脚的魅力不仅在于其小，还要“小而能行”，“行而入画”，简直是强求人力之所不能了。此外，文人方绚还写了一本专门品评小脚的《香莲品藻》。内载香莲宜称、憎疾、荣宠、屈辱等五十七事，并列有“香莲五式”“香莲三贵”“香莲十八名”“香莲十友”“香莲五客”“香莲三十六格”等种种条款，视腐朽为神奇，对妇女的一双小脚进行不厌其烦地描摹、品评和赞美，真可称之为是一部小脚的“圣经”了。

（二）特殊“选美”

1．赛脚会　伴随着小脚的流行狂潮，一种特殊“选美”活动也应运而生了。这便是举世无双、独一无二、且有中国特色的“赛脚会”。所谓赛脚会，实际上就是我国北方一些缠足盛行地区的小脚妇女利用庙会、旧历节日或者集日游人众多的机会，互相比赛小脚的一种畸形“选美”活动。其中，有“小脚甲天下”之美誉的山西大同赛脚会最为遐迩闻名。

相传大同的赛脚会始于明代正德年间（公元1506~1521年），几乎每次庙会都要举行，多以阴历六月初六这日最为盛大。每到这一日，那些认为自己有可能在赛脚会上夺魁的小脚妇女便只睡上三四个小时，起床后便对镜梳妆、浓妆艳抹、珠翠满头，有钱人家的女子还要熏香沐浴。但最重要的则是要着力修饰自己的小脚，穿上最华贵时髦的绣鞋和绣袜，尔后便赶至庙会，将一双小脚展露于人。这时，一些青年男子便到女士丛中，观看妇女的小脚，品评比较，挑选出优胜者数人。被选中的妇女，得意洋洋，喜形于色。没有中选的妇女，往往垂头丧气地返回家中。而后，再将初选者集中起来进行复选，最后公决第一名称“王”，第二名称“霸”，第三名称“后”。此时，当选者欢呼雀跃，以此为生平莫大荣幸。他们的父兄或丈夫也十分高兴，咸以为荣。评比完毕，王、霸、后三位小脚女人便坐在指定的椅子上，一任众人观摩其纤足。但只限于纤足，若有趁机偷窥容貌者，则会被认为居心不良、意图不轨而对其群起而攻之，并将其赶出会场，永不许再参加赛脚会了。也有大胆而缴誉心切之女子，为争宠夺魁索性裸足晾脚，畸形毕显，直闹得观客云集，人头攒动，成为庙会上一引人瞩目的焦点。在观看小脚之际，一些青年男子还会把一束束凤仙花掷向这三位小脚女郎。三位一一接受，散会后，便“采凤仙花捣汁，加明矾和之，敷于足上，加麝香紧紧裹之”，待到第二天，则全足尽赤，“纤小如红菱，愈觉娇艳可爱”了。

2. 洗足大会、晒腿节　除了山西大同，其他地区的赛脚会也很隆重，像山西运城、河北宣化、广西横州、内蒙古丰镇都有不同形式的赛脚会。另外，在云南通海还有“洗足大会”，甘肃兰州还有“晒腿节”等，实际上都是赛脚会的变相。

人人都有爱美之心，人人也都有竞争意识。凡是人们普遍认为美的东西，往往便成为竞赛的对象。既然全社会都认为女性的小脚为“美”，于是小脚便成了评比、竞赛的对象。赛脚会，实际上就是旧时缠足妇女历尽千辛万苦，而能得到唯一的一个在公众场合堂而皇之显示自己“美丽”的机会。能否在赛脚会上获得赞誉，是关系到缠足妇女自身价值能否得到社会认可的大问题，可以说一生的荣辱贵贱均系于一双小小的纤足之上了。真可谓缠脚一世，用脚一时啊！

（三）男子缠足

缠足的风俗不只局限于女性，也波及男性中的一部分特殊群体。如戏班中的优伶、男妓、娈童，以及一些由于心理变态、性犯罪、性错位或受其他原因的影响而有类似缠足行为的男性。

1. 踩跷　在舞台上男扮女装的优伶（演员）往往用穿跷鞋来冒充纤足，名曰“踩跷”。演员踩跷一般是用长约三寸、高约八寸的香樟木两块，上着长约半尺的白布跷带，外套跷鞋，装成后宛如三寸金莲一般，与真者无异。但因其只是乔装冒充纤足，实际上并非是真正意义上的缠足。

2. 变态男子缠足　而一些心理变态者，即患有异性癖的男子，以模仿女子为乐，甚至希望自己就是女性，这是任何一个时代都难免出现的一种变性人。在缠足习俗盛行的时期，则自然也会出现要求缠足的变态男子，他们则是真正意义上的缠足了。署名英友者在《葑菲见闻录》中说：有个妇女妆饰用品商店的男性店主，日常身着女装，裙下双钩纤巧弓小，语言温柔，举止娴静，不知底细者绝难看出他是一个男子。又说有个名叫阿寿的书童，“美秀而文，缠足甚窄削，类好女子履定制，若偶觉逼窄，则紧缠数日，即可容纳，今垂垂老矣”。这种情况在小说中也有描述，《泪珠缘记》林爱侬云："新人（林爱侬）揭去了红巾，大家一看，都吃一惊，宛然一个美人儿，再也看不出是男子扮的，看脚也是一双极周正纤小的，原来这新人的脚是从小缠的，自己又爱做女人，便狠命的小了。"

男子缠足毕竟只是极其个别的现象，受缠足陋习迫害最深的依然是广大的女性同胞。可喜的是，在清代后期，随着男女平等思想的萌发，商品经济的发展，女性的活动范围逐渐扩大，社交活动逐渐增多，再加上外来文化的侵入，使固有传统受到强烈的冲击。国人的文化素质有所提高，社会风气为之大变，社会上出现了很多反缠足的思潮，许多先进的知识分子也都开始撰文痛斥缠足，使缠足的陋习逐渐走向没落。妇女的双足可谓"否极泰来"，新的、健康的审美观终于战胜了腐朽的旧俗，而逐渐开始展露新生了。

第四节 明清时期的发式

一、明代发式

（一）髻式

明代妇女的发式，在高度上较之前朝有明显的收敛。范叔子在《云间据目钞》中，说及妇女首饰和发髻结合情形，曰："女人头髻在隆庆初年皆尚圆扁，顶用宝花，谓之'挑心'，两边用'捧鬓（bìn）'，后用'满冠'倒插，两耳用宝嵌'大环'，年少者用'头箍'，缀以圆花方块。……'挑尖顶髻''鹅胆心髻'渐见长圆，并去前饰，皆尚雅装。梳头如男人直罗，不用分发鬓髻，髻皆后垂，又名'堕马髻'，旁插金玉梅花一二对，前用金纹丝灯笼簪，两边用西番莲梢簪插两三对，发眼中用犀玉大簪横贯一二枝，后用点翠卷荷一朵，旁加翠花一朵，大如手掌，装缀明珠数颗，谓之'鬓边花'，插两鬓也，又谓之'飘枝花'。"这里的"鬓"即指"鬓"。从这段话中，可以看出，自明代中晚期起，妇女的髻式开始由扁圆趋于长圆，名目有"挑心髻""挑尖顶髻""鹅胆心髻""堕马髻"等，且有的髻式不施花饰，而有的髻式则珠翠满头。而像唐人的半翻髻、蛾髻这类高髻已经很少看到了。

除此之外，明代汉族妇女流行的发式还有很多。南北朝时期的灵蛇、飞天等髻鬟，曾再度受到一些女士的青睐。另外，还有牡丹头、杜韦娘髻、盘龙髻、盘头楂髻、一窝丝杭州缵、松鬓扁髻等，名目繁多。

表8－1为明代女子发式与发饰图例。

表8-1　明代女子发式与发饰

挑心髻	堕马髻	牡丹头
 选自明唐寅《孟蜀宫伎图》	 选自明刻本《唐诗艳逸品》	 选自明杜堇《宫中图》
髩边花	盘龙髻	鹅胆心髻
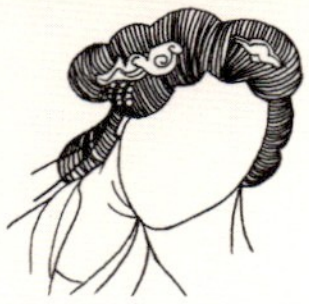 选自明佚名《千秋绝艳图》	 选自明杜堇《宫中图》	 选自明唐寅《孟蜀宫伎图》
松鬓扁髻	杜韦娘髻	盘头楂髻
 选自清改琦《仕女册》之《莲香出游图》	 选自清改琦《红楼梦人物图册》	 选自清改琦《仕女册》之《小立满身花影图》
特髻	头箍	暖额
 选自南薰殿旧藏明《历代帝后像》	 选自明佚名《千秋绝艳图》	 选自清佚名《雍正妃行乐图》

1. 牡丹头　是一种蓬松发髻，梳时先将头发掠至头顶，以丝带或发箍结系根部，然后将头发分成数股，分别上卷于头顶心，另以发簪绾住。头发少的妇女亦可适当掺入假发，以扩大发髻面积，因形似盛开之牡丹而得名。这种发髻自元代便已有之，至清代仍很流行。明董含在《三冈识略》中记称："余为诸生时，见妇人梳发高三寸许，号为新鲜。年来渐高至六七寸，蓬松光润，谓之牡丹头，皆用假发衬垫，其重至不可举首。"可见，牡丹髻在明清时期应属高髻之首了。这种髻式在明人《缝衣图》及清禹之鼎《女乐图卷》中均可看到。

2. 盘龙髻　此髻又称"如意缕"，因其造型与盘曲之龙相似，故名。明时吴中乡村间有山歌云："姊妹二人，大个梳做盘龙髻，小个梳个杨篮头"。盘龙髻在清代中叶以后又再次流行起来。

3. 杜韦娘髻　是嘉靖中乐伎杜韦娘创造的一种低尖巧的实心髻。由于髻式实心低小，所以不易蓬松，因而一直保持其晓妆形态。当时吴中妇人都效之。

4. 松鬓扁髻　是明末清初汉族妇女的一种时髦发式。清叶梦珠《阅世编》称："崇祯年间，始为松鬓扁髻，发际高卷，虚朗可数，临风栩栩，以为雅丽。"所谓"松鬓"，并不单指两鬓，实际上连额发也包括在内，给人以庄重、高雅之感。

5. 一窝丝　大多是妇女居家装束，其梳挽方式与一般发髻不同，一般发髻在梳绾前多将头发缠旋或编成辫，而一窝丝则直接将头发盘成圆圈，形成小窝，给人以鬓发蓬松之感，以增妩媚。为避免发髻散乱滑坠，特制网子罩住。相传这种髻式最初流行于南宋京都杭州，故又称为"杭州缵"。明代小说《金瓶梅》中的诸多妇人们便常梳这种发式："郑爱月儿出来，不戴鬏（dí）髻，头上挽着一窝丝杭州缵，梳的黑鬖鬖（sānsān），油光光的。""惟金莲不戴冠儿，拖着一窝子杭州缵翠云子网儿。"这种发式为脱去首饰的家常打扮，原来或只苏杭妇女使用，到明清之际，便已成一般装束了。

6. 盘头楂髻　这种髻则一般为年轻丫环的妆束，梳挽时将发析为两股，分别盘成圆髻，左右各一，类似丫髻。

（二）假髻

1. 特髻　除以真发梳成发髻之外，明代假髻的使用亦非常普遍。明代后妃命妇的礼服与常服中常用一种"特髻"，以所饰不同首饰来区分等级。这种特髻实际上便是一种异常复杂繁盛的假髻。《明史·舆服志三》中载品官命妇冠服为：一品礼服：头饰为山松特髻，翠松五株，金翟八，口衔珠结；正面珠翠翟一，珠翠花四朵，珠翠云喜花三朵；后鬓珠梭毬一，珠翠飞翟一，珠翠梳四，金云头连三钗一，珠帘梳一，金簪二，珠梭环一双。二品礼服，除特髻上少一只金翟鸟口衔珠结外，与一品相同。三品礼服，特髻上金孔雀六，口衔珠结；正面珠翠孔雀一；后鬓翠孔雀二，余与二品同。四品礼服，特髻上比三品少一只金孔雀，此外与三品同。五品礼服，特髻上银镀金鸳鸯四，口衔珠结；正面珠翠鸳鸯一，小珠铺翠云喜花三朵；后鬓翠鸳鸯一，银镀金云头连三钗一，小珠帘梳一，镀金银簪二，小珠梳环一双。后面就不再一一列举了。这里的特髻说是一种假髻，其实就如同一顶富丽堂皇的冠帽一般，使用时往头上一戴便可，只是异常繁复沉重而已。明代命妇复杂繁盛的冠饰和缠足陋习，都带有封建社会束缚女权、压迫女性的特殊心态。繁复沉重的冠饰压得女子头不能抬，目不能斜视。从小用布裹而变了形的小脚，使女子步履艰难，还偏偏用一种“美”的外衣，来掩盖封建礼教摧残女性的真相。重温这段历史，应该唤起现代女性的警醒。

除去后妃命妇的特髻外，明代普通女子也爱戴假髻。这个时期的假髻有发鼓、鬏（jiū）髻两种形制。

2. 发鼓　以金属丝编成圆框，形似网罩，使用时扣于头顶，外覆假发，以提高发髻的高度，然后再以真发挽髻。这种网罩名谓“发鼓”。顾起元《客座赘语》记称：“今留都妇女之饰在首者，……以铁丝织为圜，外编以发，高视髻之半，罩于髻而以簪绾之，名曰鼓。”说的就是这种饰物。

3. 鬏髻　另一种假髻则全部用假发或丝线等编成髻状制成，名谓“鬏髻”，或写作“鬏髻”。使用时直接戴在头上，以簪钗固定。一般多用于已婚女子。元明清妇女均喜用此，不分贵贱，均可戴之。元王实甫《西厢记》第四本第一折便有：“云鬟仿佛坠金钗，偏宜鬏髻儿歪。”明西周生《醒世姻缘传》第二十五回中也曾提及：“戴一顶矮矮的尖头鬏髻，穿一双弯弯的跷脚弓鞋。”清吴敬梓《儒林外史》第三回中也描写有：“范进的娘子胡氏，家常戴着银丝鬏髻……”。1977年江苏无锡江溪明华复诚妻曹氏墓还出土有一鬏髻实物。鬏髻平时所戴者都用黑色，有丧则用白色。据史籍记载，在当时的京城和一些城镇，还设有制作和销售这种假髻的作坊和店铺，以供使用者挑选，所售假髻名目繁多。据《扬州画舫录》卷九载：“扬州鬏勒，异于他地，有蝴蝶、望月、花篮、折项、罗汉鬏、懒梳头、双飞燕、到枕鬆、八面观音……诸义髻，及貂覆额、渔婆勒子诸式。”又，杨用旸《冠约》中云：“妇人之髻，时时屡易，有金髻、银髻、珠髻、玉髻、发髻、翠髻、字髻等。”又云：“妇人之髻，越变越新，或曰松头，又为精头，又有垂发，头有一岁而三易新样者。”这里种种不同名目的发式，其实都是不同形状与装饰的假髻名称。如金髻即金丝鬏髻，银髻即银丝鬏髻，珠髻即缀有珠饰的假髻。如《红楼梦》第三回中，王熙凤便是“头上戴着金丝八宝攒珠髻，绾着朝阳五凤挂珠钗”。

由此可见，假髻在明代的使用是非常普遍的。而且，戴各式各样现成的假髻，也成为了妇女变换发式的主要手段，减去了很多盘梳真髻所费的时间和精力，就如同如今女人戴各式各样的假发一样，既方便又快捷。

（三）头箍

随着假髻的普及，明代女子开始逐渐流行起戴“头箍”，或称“发箍”“勒子”“包头”均可。这是妇女的一种额饰，以金属、布帛或兽皮为之。一般多做成条状，戴时绕额一周，不施顶饰，考究者饰以金银珠翠，以示显贵。从明至清以至民国都非常盛行。这种头箍之所以会在明代开始广为流行，一来可作为一种装饰，二来在冬季也兼具保暖之用。而笔者认为，很重要的一个原因则是可以保护所戴假髻，使之能更好地固定在头上，防止脱落。因为有些发箍的形式是非常俭朴的，而且在夏季也依然有人戴之。

发箍的形制是琳琅满目的。如以鬃丝编织而成的头箍通常为夏天使用，有透气作用。明范濂《云间据目钞》卷二载：“包头，不问老幼皆用。万历十年内，暑天犹尚鬃头箍，今皆易纱包头。春秋用熟湖罗，初尚阔，今又渐窄。”说明头箍的形制也有流行风格，且各个季节用不同的质料制作。冬天明清妇女多用海獭、貂鼠、狐狸等皮毛及毡、绒等材料来制作发箍，名“暖额”，又名“卧兔”。《续汉书·舆服志》注，胡广曰：“北方寒凉，以貂皮暖额，附施于冠，因遂变成首饰，此即抹额之滥觞。”《金瓶梅词话》第七十六回载：“妇人家常戴着卧兔儿，穿着一身锦缎衣裳。”又七十七回：“（郑爱月）头挽一窝杭州缵，翠梅花钿儿，金钑（sà）钗梳，海獭卧兔儿，打扮的雾霭云鬟。”这种额饰的具体形制，在明清人物画中有不少描绘。明代刻本《金瓶梅词话》插图、清代《清宫珍宝百美图》等都可见到。另外，发箍还有用金属制成者，名“金勒子”；以丝绳或纱罗制成者，谓“渔婆勒子”；以金属或布帛制成，上嵌珍珠者，又称“攒珠勒子”。《红楼梦》第六回中那凤姐便是“家常戴着紫貂昭君套，围着那攒珠勒子”。这种装扮在明代上层妇女中很普遍。明臣严嵩籍没时，就从他家抄出过不少金镶珠宝头箍、金镶珠玉头箍及金镶珠玉宝石头箍等。

（四）水鬓

明代妇女在处理鬓发时，有一种方法为以黛描画鬓角，使之延长，称为“水鬓”。但多见于妖艳女子，借此可改变面部轮廓形象。亦有用刨花水梳理鬓发者，使鬓发增加光泽，不致紊乱。《金瓶梅词话》中那妖艳的潘金莲便常常描画，第四回中便写有：“这西门庆仔细端详那妇人，比初见时越发标致，……两道水鬓描画得长长的。”

明代女子的发式可谓数不胜数，但总的趋势是偏于低矮。发髻位置由头顶逐渐向颅后偏移，如一窝丝、堕马髻皆是如此。这种趋势自清代起更为明显。

二、清代发式

清代满族入关后，为巩固其统治地位，笼络民心，曾几次采取文武兼施、恩威并慑的政策。在服饰制度上，乃采纳明代遗臣金之俊“十从十不从”的建议，其中之一即“男从女不从”，也就是说，男子必须从满俗，改满人装束；而妇女的装束则可保持不变。在发式上也是如此。

（一）男子发式

首先谈一谈清代男子的发式（表8－2）。清代满族人的前身是女真族（满清自称后金），前面已经详细叙述过女真族的男子发式是前髡头、后辫发的发式。只不过当时的辫发多为双辫，而到了清时，则合为一条大辫了。

表8-2　清代男子的发式（满族辫发）

选自仁预《金明斋像》

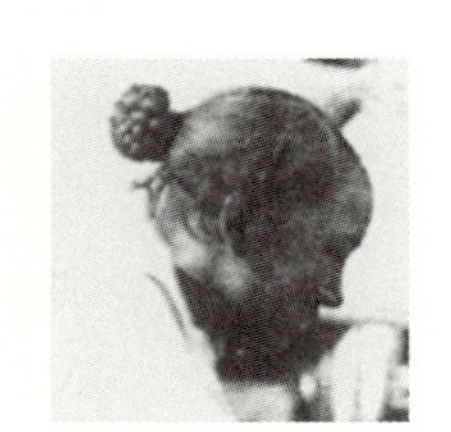
选自传世照片

选自传世照片

1. 辫发问题斗争　清兵入关，不费一兵一卒，即能奠定北京，接承中国累代传统的皇位，所以他们对于如何才能统治中国，特别费了一番苦心。在辫发问题的处理上即可见一斑。清世祖顺治元年（公元1644年）夏，清军入关奠定北京之始，摄政王多尔衮曾谕兵部：“凡投城官吏军民，皆着薙发（即髡发）！衣冠悉遵本朝制度！”但当时时局还不稳定，人民反抗力量还在此起彼伏中，乃不得不又假为权宜，复令束发自由，以俯顺当时一般人的心理。因此于同月二十四日辛亥，摄政王又改谕诸王臣民：“予前因降顺之民，无所分别，故令薙发，以别顺逆。今闻甚拂民愿，反非予以文教定民之本心矣。自兹以往，天下臣民照旧束发，悉从其便。”到了顺治二年夏，全面局势大定，清廷于薙发令又翻然大变，转为严厉执行。朝廷有：“不随本朝制度者，杀无赦！”薙发令的颁布，是时檄下各县，还有“留头不留发，留发不留头”之语。并令薙发匠挑着担子，游行于市，见蓄发者执而剃之，稍一抵抗，即杀其头悬于剃头担的竿子上。这自然要引起汉人的激烈反抗。一场为维护汉民族发式的斗争就此开始，并持续了很长时间。清大学士陈名夏便因不肯薙发易冠，而被严酷处死。有琴川二子，亦被枭首斩于市。山东名士谢迁曾联合当地群众起来反抗，杀死带头薙发迎降的孙之獬全家七人。可见斗争之激烈。为了缓和这种反抗和斗争，清廷只得又稍作让步，采纳明代遗臣金之俊"十从十不从"的建议，即"男从女不从，生从死不从，阳从阴不从，官从隶不从，老从少不从，儒从而释道不从，倡从而优伶不从，仕宦从而婚姻不从，国号从而官号不从，役税从而语言文字不从"。在这样的承诺下，民愤才逐渐得到了平息。清初这种对待汉人政策先柔后刚的一环，在表面上确实做得相当成功。

就辫子而论，康熙以后，历雍正、乾隆、嘉庆三朝，汉人对于辫发之俗，已渐成习惯。中叶以后，汉人已普遍习惯于"五天一打辫，十天一剃头"了（图8－17）。从表面上看来，男人脑后的大辫子都一样，其实，在具体式样却不尽然。这是根据人们的社会地位、文化教养和审美情趣而决定的。

2. 辫发样式　清末，男子的辫子大体上可以分官派与土派两大派别。（1）官派辫子。清廷的大小官员，尤其是文官，以及尊孔读经的儒生学士、文人墨客，作风比较文雅规矩的，多是留"官派辫子"，也叫"文派辫子"。头上的"辫顶"留的不大不小，一般是青年人留得大些，老年人小些。最大的辫顶，旁边留的头发，不过辫顶的三分之一，辫根不扎绳，编得不松不紧，后垂辫穗与臀部相齐，辫顶四周一圈短发，长约半寸左右，也有不留短发的。这种发辫梳好之后，讲究戴上官帽或瓜皮小帽，不能有辫顶露在帽外，也不许把帽子支起来，这就要看剃头匠的手艺了。留这类辫子的，当时多半穿两截褂，脚下是福字履鞋，显得规矩、斯文。（2）土派辫子。一些不务正业的"花花公子"或以"耍人儿"为生的地痞、流氓，多是留"土派辫子"，也叫"匪派辫子"。这类辫子又分为文、武两派。

▲ 图8－17　辫发（传世照片）

文派多半是大辫顶，周围短发一寸长，辫根松散，疏疏落落，辫梢很长，还用加大的辫穗和灯笼锦或蛇皮锦的辫帘子续着，后垂辫穗直垂过腿窝。其中个别的还梳“五股三编”的辫子，续着五个辫帘子，透着匪气。清末民初，有些年轻的女子也梳这种土派辫子中的文派辫子。所以，青年男子梳了这样的辫子，从背后望去，诚是雄雌难辨，完全是由梳妆打扮上的异常心理造成的。

武派辫子就更加匪气。这种发式是小辫顶，不续辫帘子，也不留辫穗。辫子编得又紧又硬，有时在头发中间续些铁丝，为的是使辫子更硬梆；辫梢不用绳扎，而是用布条捻起来扎着。辫长一尺左右。辫梢向上撅起，当时人称“蝎子尾巴紧小辫”，让人一眼望去就觉得不是“安善良民”，因此不断受到社会舆论谴责，甚至被官厅严令取缔，但却屡禁不绝。

由上可见区区一根辫子，梳起来也是有很多讲究的。

3. 辫穗子　男子在梳辫的同时，当然也不忘对其装饰一番。在女真时期，其辫发就“系以色丝”。到了清代，扎辫用的丝绳被称为“辫穗子”，颜色以红、黑为多，通常扎在辫子末梢，两端作流苏下垂。八旗子弟还用金、银、珠宝等珍品制成各种式样别致的小坠角儿，系在辫梢之上，随辫摆动，格外美观。

（二）清代满族女子发式

满族女子的发式则普遍作“旗头”打扮（表8－3）。因满洲军队分成八旗，满洲人几乎皆隶属于八旗之一，即所谓“在旗”。因此满旗妇女头部的装扮，自称为“旗头”。这是一种非常具有民族特色的发式。

表8-3　清代满族女子发式（旗头）

一字头	大拉翅
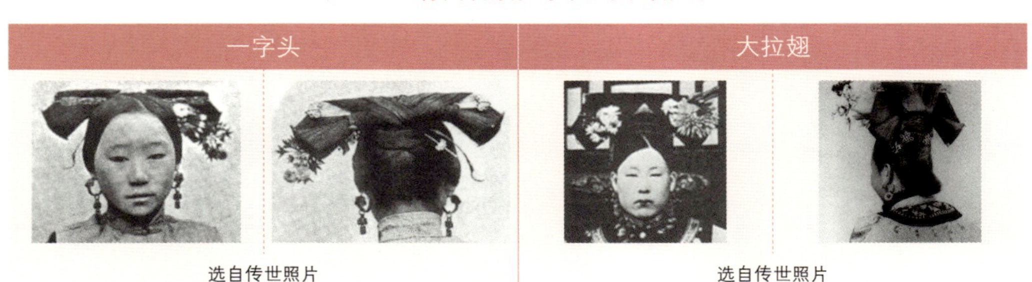	
选自传世照片	选自传世照片

1. 一字头　人们在电影、电视或戏剧中看到的旗头，通常都过分夸张。真正的旗头是将头发全往上盘，梳成横长式平髻。当时，旗头又称为“一字头”“两把头”或“把儿头”“叉子头”“平头”等。头发全往上盘梳后，用一根“扁方”支撑着。“扁方”属于笄簪一类，但为长条形，通常一端作花朵形轴，可系丝穗或垂珠旒，有时两端皆系穗旒。扁方的材质有金、玉、

玳瑁及各种香木等等。另将脑后余发处理成燕尾状，垂搭于脖颈。

2. 大拉翅　清初，宫廷及贵族妇女梳的旗头比较简单。由于梳头时要照顾到前后左右的头发，故两翘不能梳得太高，一般仅与耳平齐，而且上面的饰物也不太多。但至晚清，两翅开始变得较大，挽得也较复杂，俗称“大拉翅”。这时的扁方发展成一种假髻，以黑色缎、绒或纱编制成一个高如牌楼的头饰，使用时只需要套在头上，再加插首饰即可。并用假发做成“燕尾”，垂于脑后，这个燕尾很长，几乎挨到后领口上。这种“大拉翅”式旗头，约成熟于晚清同治、光绪时期。近人许地山在《近三百年来的中国女装》一书中曾写道：“清末的‘大拉翅’，大概在咸丰以前是没有的，这种高髻的发展可以说是从汉装的如意缕演变的。形成的程序，是从矮而高，从小而大。一直到‘民国’七八年算是大拉翅的全盛和消灭的年代，从那以后，大拉翅便绝灭了。这绝灭的原因最重要的是不便利与剪发的流行。”如果的确是这样，那么我们在描写康熙、雍正、乾隆皇帝等影视片中所看到的贵妇们均顶着高高的大拉翅的形象，当是不符合史实的。

▲ 图8-18　《清慈安太后便服像》（局部）

3. 旗头的装饰　满族女子对旗头的装饰也可谓是用心良苦的（图8-18）。（1）簪子。旗头的正面与背面可满插各式发簪，簪子的精致与珍贵程度，与这位妇女的身份和财富成正比。在外双溪故宫博物院的藏品中，有不少清代的发簪、发钗与步摇。这些簪、钗或步摇多嵌饰各类珠玉、宝石，且多以点翠为饰，相当亮丽。这些饰物也常寓含各种各样的吉祥话语，如“福禄寿三多”“麻姑献寿”“吉庆有余”等等。工匠们也多在这些簪首、钗首、步摇首上全力发挥他们的巧思。另外，在清代的旗头上，还常戴一种耳挖簪。所谓耳挖簪，是单挺的簪，但在簪首作耳挖形。有些耳挖簪的耳挖，大小合宜，有挖耳的功能；有些则太大，只是一种装饰，不具挖耳的实际功能。耳挖簪源出于耳挖，初时并不簪戴在头发上，后来可能有人随手插戴在头发中，而成为一种簪子。随后，可能有人认为耳挖作簪子也十分美观，就专门制作设有挖耳功能的耳挖簪了。耳挖簪可说是清代旗女的一种非常独特的头饰。（2）钿子。平日，满族妇女梳旗头，到了特殊值得庆贺或重要祭礼的日子时，身穿礼服，头上则须戴“钿子”。钿子是一种珠翠为饰的彩冠，顶平而如覆箕形，前长后短，以铁丝或籐为骨，以黑纱、黑绸或黑线网罩于外，戴在头上时，顶往后斜下。清代钿子上的珠翠，可谓是极尽富丽之能事。金、玉、红蓝宝石、珍珠、珊瑚、琥珀、玛瑙、松石等，都是当然的装饰质材，而且还要以翠鸟羽毛填饰，谓之点翠。远远望去，闪烁发光，诸种色彩交相辉映，格外华丽。此外，还以珍珠流苏垂饰，前后皆一排至数排流苏。前面的流苏可垂至眼前，背后的流苏则可垂至背部。这种有流苏的钿子称为“凤钿”。常服钿子则是以珠翠为满饰或半饰，但没有珍珠流苏。（3）吉服冠。满族妇女平时梳两把头，重要的日子则戴钿子，但另有更重要的日子里，就要戴吉服冠了。发式则同男子相似，梳一根大辫子垂于背后。到了最重大的日子（如册封皇后、坤宁宫祭大神等）则戴朝冠，也梳一根大辫子垂于脑后。

（三）清代汉族女子发式

清代的汉族女子由于有“男从女不从”的特赦令，因此得以保持了汉族自己的发式，初期大抵沿袭明代旧制（表8－4）。

表8–4　清代汉族女子发式

荷花头	钵盂头	大盘头
选自清费丹旭《弄镯图》	选自《胤祯妃行乐图》	选自清陈枚《月曼清游图》

续表

麻姑髻	圆头	苏州撅

选自清黄慎《麻姑捧壶图》	选自清任颐《美人春思图》	选自传世照片

明代的很多发式，在清代依然可以见到。如松鬓扁髻、盘龙髻、牡丹头、杜韦娘髻、一窝丝等等，都依然十分流行。当然，清代的汉族女子也在前代的基础上创造了很多新的髻式。清代李渔在《闲情偶寄》中载有："窃怪今之所谓'牡丹头''荷花头''钵盂头'，种种新式，非不穷极新异，令人改观。"

1. 牡丹头　清代的"牡丹头"明代便已有之。

2. 荷花头　属一种高髻，和牡丹头差不多。梳挽时将发掠至头顶，以丝带或发箍系结根部，然后将头发分成数股分别上卷于顶心，以簪钗固定。因其造型与荷花相似而得名。

3. 钵盂头　也属高而大的一种髻式，流行于清初，贵贱均喜着之，因外形与覆盖着的钵盂极似而得名。

4. 大盘头　自清代中期开始，汉族女子的髻式逐渐崇尚扁小，高髻逐渐少见了，且髻多盘于脑后。如"大盘头"，是将发汇集为一束，在脑后盘旋成扁圆形，侧看头部如顶一圆盘。

5. 圆头　还有一种"圆头"，造型与大盘头相似，惟做成球体，周围用簪钗固定。

6. 螺旋髻　是把发髻在脑后作螺旋式，当时是南方江浙一带妇女常见的发式。

7. 苏州撅、平三套　清代还出现一些比较奇特的发式。许地山在《近三百年来的中国女装》一书中曾提及："髻的形式各处不同，大抵越偏僻的地方，形式越古。……在河北的苏州撅、平三套、喜鹊尾，都可以看为古髻的遗式。""苏州撅"是一种垂而高撅的长髻，梳挽时将发掠至脑后，编束为髻，然后向颀后抛出，微微高翘。因从苏州传至各地而故名。这种发髻因在脑后高高翘起，而一度被当时人视为服妖。当时，大江南北的各大繁华城市里的妇女，大都以苏、杭二州的服饰、头型为榜样。北京城内，一些中青年妇女也有梳苏州撅的，尤其是北京周围郊区以及河北省各县，妇女梳苏州撅的风气更盛。“平三套”和苏州撅相似，惟比苏州撅更为长翘。

8. 喜鹊尾　则是一种下垂的发式，集发于颅后，整理修剪成尖角之状，长长地下搭于肩背，有的竟长达六七寸，因式样与喜鹊羽尾相似而得名。这种发髻是以钢丝架构而成的，上面再缠以黑发，貌似以头发梳成，其实是一种假发装饰品。清吴趼人在《二十年目睹之怪现状》一书中曾经提及这种发式：“只见隔壁房里坐了一个五十多岁的斑白妇人……头上梳了一个京式长头。当时京城妇女所梳的长头有两种：一种比通常发髻为长，用簪子直插绾起；一种长形而后部弯曲，有如鹊尾。”

苏州撅、平三套、喜鹊尾这三种发式都为在颅后加长而上翘的形式，这种形式在当时或许是一种非常时髦的发式。英国著名摄影家约翰·汤姆森在19世纪中期的中国拍摄了大量的照片，其中便有一张于1868年拍摄的宁波妇女发式照片（图8－19），这种夸张的发式和以上三种发式的形式当属同类。在没有摩丝的年代，能把头发梳成这种式样实属不易，一定是用了大量的发油之类用品的。

9. 发髻　清末民初之际，普通汉族妇女的发式更加日趋简约，大多是总发于脑后梳一个发髻。但发髻的式样仍然是多种多样的。据《近三百年来的中国女装》一书介绍：自光绪末至民国初年，时尚的头式有螺髻、元宝髻、连环髻、香瓜髻、一字髻等。这些髻式因盘梳方式不同而造型各异，但和如今妇女的梳髻形式已没有太大的区别。髻上饰物多为横插一簪，名“压发”。富家用金，贫家用银或镀银。髻边插戴物有耳挖、牙签等。江南妇女也喜在发髻上插些时令鲜花（如茉莉花、白兰花）。逢有喜庆宴会，发髻上必插珠花、珠凤、珠蝴蝶，以示尊贵。以珍珠为高档，翡翠次之，故有“珠翠满头”的说法。可见，晚清女性虽在发髻外表上有所变化，但涉及头部妆饰的基本原则并没有触动。

▲ 图8–19　1868年宁波妇女发式（约翰·汤姆森摄）

在当时，头发的梳妆和爱护被认为是一种专门的技术。有钱的人家往往特地雇了梳头佣在家里替全家的女眷梳头（图8－20），从祖母梳起一直到孙女。小康之家则有流动的梳头佣，她从这家走到那家，除梳头之外，一边还和主妇说东道西地闲话家常。挽髻的女子一般每天只梳一次，梳完之后，要用一种粤产树木的刨片泡在水里，搅成黏液，用来胶住头发，使之不会松散，就如同今天的摩丝效果一般。否则，被微风一拂，头发蓬散开来，是很不雅观的。而在少女中则逐渐流行梳辫，连梳髻的人也逐渐减少了。

▲ 图8-20　1868年中国妇女生活照（约翰·汤姆森摄）

（四）刘海

值得一提的是，在清中期以前，中国妇女在成人后是不留额发的，但在晚清时期，尤其在光绪以后，一般年轻妇女，除了将头发编梳成各式发髻外，都喜留一绺头发覆于额际，并修剪加工成各种样式，称为“刘海”（表8-5）。因其状与民间绘画《刘海戏金蟾》中的刘海发式相似而得名。这可说是中国古代发式史上的一大变革。刘海的梳法也有各种时尚样式。最初流行“一字式”，长达二寸，覆盖在眉间，甚至遮住双眼；后又崇尚“垂丝式”，外形呈圆角形，梳理时由上而下，呈垂丝状；还有将额发分成两绺，并修剪成尖角，形如燕尾，名“燕尾式”；若将额发卷裹，使之弯曲，则称“卷帘式”；还有一种极短的刘海，远望若有若无，俗称“满天星”。

表8-5　清代汉族女子刘海

一字式	垂丝式	燕尾式

选自传世照片	选自传世照片	选自民国月份牌画

续表

卷帘式	满天星	一撮式
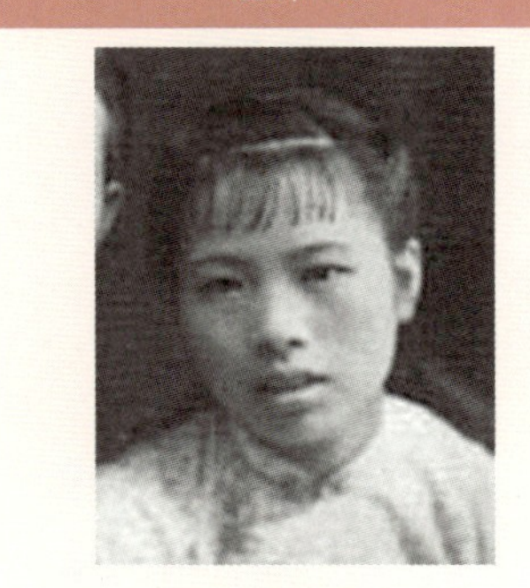		
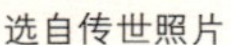 选自传世照片	选自传世照片	选自传世照片

（五）缠头（发箍）

叶梦珠《阅世编》卷八中曾载："顺治初，见满装妇女，辫发于额前中分向后，缠头如汉装包头之制，而加饰于上，京师效之，外省则未也。然高卷之发，变而圆如覆盂，蝉鬓轻盈，后施缎尾，较美于昔年。……数载之前，始见于延陵，时以为异，今及于吾乡，遍地皆然矣。"可见，从清初开始，满族妇女已逐渐受汉族发式影响，作汉女妆饰。至清代晚期，旗女作汉妆则更为普遍，就连慈禧太后也不例外。今人蔡东藩《慈禧太后演义》第二十九回中曾写："西太后起床盥洗毕，仍要莲英替他梳髻，并嘱道：'你与我梳一个汉髻吧，赶快要紧。'莲英忙与梳栉，挽就一个麻姑髻。"这虽是演义，不可全信，但满汉共处，其间风俗文化互相交融是自然而然的事，其妆饰也必然互相影响。至清中期，汉族妇女梳满族旗髻也逐渐成为一种时尚。

《阅世编》中的缠头则指的是前面所提到过的发箍，此时又称"遮眉勒"。在宫廷与民间都非常流行。沈从文先生认为，明清的遮眉勒源出于唐代的"帷帽"[原名幂罗或幂䍦（lí）]，唐朝开元、天宝以后，帷帽制废除，变成"透额罗"，宋代民间则演变成"盖头"，到了元代，则变成"渔婆勒子"，明代社会中上层的妇女，则改用"遮眉勒"作装饰。清初雍正、乾隆二帝皇妃便装及女性贵族或一品夫人便装皆戴用。对年纪大的妇女而言，遮眉勒有保暖的实用功能，然而清代年轻贵妇人戴遮眉勒则多是为了装饰、美观。因此，她们使用的遮眉勒除了用黑绒、黑缎等制作外，也曾用黑线编织而成。其正面还常以点翠作装饰，并且嵌饰各类珠宝，显得相当华丽。在中国台北外双溪故宫博物院的藏品中，除有上述遮眉勒外，还有以金属为质，正面嵌饰珠宝与点翠，背面则用厚红绒衬垫的遮眉勒，更是华贵富丽。

第九章

民国时期的妆饰文化

第一节 | 概述

从清王朝灭亡至中华人民共和国建立期间的国家名称和年号，简称民国。民国不同于此前中国的君主王朝，它是经过资产阶级民主革命斗争而建立的共和国家。伟大的民主主义者孙中山是中国新兴资产阶级的代表，在他的领导下，中国人民，包括资产阶级革命派，做了艰苦卓绝的革命工作，多次举行武装起义，终于推翻了专制社会最后一个王朝——清朝政府，结束了在中国延续了两千多年的帝制。中华民国，自1912年孙中山宣誓就职中华民国临时大总统到1949年中华人民共和国成立，共历时38年。

中华民国的建立，从思想文化领域带给人们一种前所未有的自由与解放，使民主共和的观念深入人心。人们的妆饰风格自然也随之大变。这不仅是由于朝代的更换，也是受西方文化冲击的必然结果。清朝末年，清政府为了挽救日益没落的封建王朝，就已经派遣大量的学生留洋学习，以图“师夷长技以制夷”。再加上欧洲侵略军和商人的大量涌入，西方的妆饰文化必然对中国人的审美观产生很大的影响。

西方人刚刚踏上中国的土地时，不仅被中国神秘而辉煌的传统文化震惊得目瞪口呆，更对中国独特的妆饰文化感到匪夷所思。署名为寄萍的《杨缦华女士游欧杂感》一文中有一段话颇发人深省：“一位（比利时）女人说：‘我们也向来不曾见过中国人，但从小就听说中国人是有尾巴的（即辫子），都要讨姨太太的，女人都是小脚，跑起来一摇一摆的。’”如此的评价虽然在当时是非常客观的，却不能不让许多有远识、有见地的中国文人志士警醒深思。的确，一个国家的妆饰文化，在某种程度上代表着一个国家的文明程度。留辫、缠足等封建社会的陈规陋习的确到了该改一改的时候了。

辛亥革命的一声炮响，终于敲开了人们沉睡已久的心扉，使得近300年的男子辫发习俗尽除，并逐步取消了在中国延续了近千年对妇女束缚极大的缠足陋习。这期间虽然困难重重，但这一革新绝对称得上是中国妆饰文化史上的一场“辛亥革命”。从此，中国人开始以一种充满活力与现代气息的崭新面貌出现在历史舞台上。

在化妆领域，女子们受西方影响日益深刻。女子面妆的特点是取法自然，浓艳而不失真实。

在发式领域，男人剪了辫子。各种平头、分头、背头等方便、利索的发式成为一时的流行焦点。新女性们则逐渐抛弃梳髻簪钗，剪发、烫发开始登上历史舞台，使女性彻底摆脱了头部妆饰的负重，以一种轻松、独立的姿态投入到社会活动中去。

可以说，以妆饰和服饰标志等级与身份的年代，已随着滚滚逝去的历史潮流而一去不复返了。妆饰转而成了显示个人消费水准和审美情趣的一个侧面。这也是民国妆饰文化领域的一大进步。

第二节 | 民国时期的化妆

一、妆饰理念

民国时期，女子们不论是化妆品还是化妆术，受西方影响日益深刻，尤其是美国好莱坞影星的化妆造型，直接影响了中国影星的审美喜好。在面妆、发型、衣着，甚至拍照时摆的姿势，都有着很相似的地方（图9-1）。

▲ 图9-1 广告画中的上海小姐，20世纪40年代广告画，上海小姐仿效好莱坞影星装束

当时，造像术虽然已经很普遍了，但彩色照片的技术还没有发明。此时虽然有大量的人物照片可供后人参考，却都是黑白照片，这对研究面妆色彩是很不利的。但好在此时有许多非常写实的彩色美女月份牌画及广告画，并且人们还掌握了在黑白照片上涂色的技术，虽然由于是商业行为，涂得大多有些模式化与夸张，但还是比较准确地反映出了当时人们的审美观念。

民国初期（20世纪20年代），女性的妆饰大都是以简洁、淡雅、多元、实用为特点。从前作为等级、身份标志的妆饰已经淡化，妆饰转而成了显示个人消费水准和审美情趣的一个侧面。传统头饰，甚至耳环与手镯也一一免去，代之以发辫缀以蝴蝶结，或是素雅鲜花插鬓鸦。所谓“茉莉太香桃太艳，可人心是白兰花”。

自20世纪30年代起，女子的妆饰才复又逐渐华贵起来。长长的珍珠项链被上海许多名媛阔太所喜欢（图9－2），不知是否与法国服装设计师加布里埃·可可·夏奈尔的个人品位有关。耳环也被大量采用，以年龄作为大致分类，年轻女孩子用垂长的款式，已婚者大多喜欢圆珠贴耳的设计。当然，这种所谓的华贵也只是和民初相比而言，总的趋势还是以简约为原则的。尤其是此时的普通女子（非演艺界人士和社交界名媛），穿着打扮都比较朴素而实用。知识女性有很多都戴上了眼镜，这隐含着一部分女性开始转向崭新的自力更生的谋生方式，也标志着影响女性妆饰变化的主要因素已不单是家庭背景，还涉及本人的职业类别。就连自民初以来畅销沪上的《礼拜六》杂志，其封面女郎的形象也在日趋翻新：目光由谦卑垂视而转为含笑平视；由拘泥守礼而逐渐活泼自信，姿态松弛随意。至此，中国女性的形象终于从端庄谦恭、卑微刻板而转向了自然活泼、无所拘束。

▲ 图9－2　女子形象，阴丹士林布商标广告画

二、化妆

（一）面妆

如果说清代以前，女子的化妆是基于争妍取怜的目的而比较戏剧化的话，如脸上贴花钿、面靥，唇妆故意小巧而丧失原有的唇形等等，那么民国时期的女性化妆则可以说是代表一种完全崭新、独立自信的新女性形象，从而掀开中国女性历史新的一页。

此时女子面妆风格最大的特点便是取法自然。虽有浓艳却不失真实，过去年代里的那些繁缛的面饰和奇形怪状的面妆在这个时代都不见了踪影。

（二）眉妆

1. 眉式　民国时期的女子在眉妆上，基本仍是承明清一脉，喜爱描纤细、弯曲的长蛾眉。多为把真实的眉毛拔去之后再画的。有的眉形是眉头最高，然后往两端渐渐向下拉长拉细，有些微微的"八字眉"趋势；有的则是在眉的四分之三处挑起，形似"柳叶吊梢眉"；多数则弯度平缓，和真实眉形相差不远。实际上，民国时期，除了影星、歌星等上镜率很高的时尚美女描重黛外，大多数普通女子的眉妆和今天并无多大区别，都是追求以自然为美的原则。

2. 画眉方法　这时的普通百姓还发明了一些价廉的画眉用品。例如擦燃一根火柴（那时称洋火），让它延烧到木枝后吹灭，即拿来画眉。这种方法果然是简单极了，但火柴要选牌子好的，并且画得不均匀，色也不能耐久，要时时添画上去。第二种方法稍微复杂一点，也是利用火柴的烟煤，但不是直接利用，需先取一只瓷杯，杯底朝下，承于燃亮的火柴之上，让它的烟煤熏于杯底，这样连烧几根火柴，杯底便积聚了相当的烟煤，然后取画眉笔或小毛刷子（状如牙刷，但比之小）蘸染杯底的烟煤，对镜细细描于眉峰。第三种方法却不用火柴枝，而改用老而柔韧的柳枝儿，据说画在眉峰，黑中微显绿痕，比火柴好看多了，用法照上述第一、第二种都可以。假如用第一种方法画，则要把烧过的那一端削得尖尖的，才好画呢。最后一种方法据说是到药材铺买一种叫作"猴姜"的中药，回来煨研成末，再用小笔或小毛刷描画眼眉。

（三）唇妆

民国时期的唇妆可以说是中国女子唇妆史上的一个飞跃。此时的唇妆抛弃了中国自古以来所崇尚的以"樱桃小口"为美唇的观念，大胆依据原有唇形的大小而进行描画，显得自然而随意。唇膏的颜色则依然以浓艳的大红为主，这一来是受当时西方所崇尚的唇妆影响，二来也受唇膏技术的局限。

（四）眼妆

在眼妆方面，民国时期已引进了眼影和睫毛膏，开始追求翻翘的睫毛，并以深色眼彩画出幽深的眼眶。但此时大多数女子还并不太重视眼部的化妆。

三、化妆用品

（一）胭脂、香粉

敷粉施朱依然是化妆中不可缺少的一个环节。从月份牌上所画的美女妆来看，大多数女子都是两腮红彤彤的（图9－3），胭脂与香粉是此时女子的生活必需品。黄石先生在1931年4月《妇女杂志》上所载的《胭脂考》一文中便曾写道："说也奇怪，在'男权高于一切'的那个时代，女子不向男子争妍取怜，生活就有危险，用胭脂的妇女还占少数；倒是在'妇女觉醒''独立''解放''女子不复做男子的玩物'这一类的高呼正叫得起劲的这个时候，政府虽然把脂粉列入奢侈品内，征收重税特捐，胭脂的销路反倒愈大愈广。连号称妇女先导的女学生，妆台手袋里，无一不有胭脂这种'要素'。有人说，爱美是人类的天性，所以人人都要拿胭脂来修饰自己。对！又有人谓文化发达的结果，就是把富贵阶级独享的'奢侈品'，变为人人能享用的日用品。所以在这个文化发达的年头，胭脂就普遍化了。"黄石先生这篇文章写于1931年，正是民国中期，应该是比较真实地反映了当时的状况。因此，可以看出，民国时期女子化妆如今日一样，是一种比较普及与大众的现象。化妆品已经进入了女性的日常消费。

▲ 图9–3　红妆女子，民国时期年画

"化妆物品日加优，扑粉雪花茉莉油。可怜失爱胭脂粉，无缘再上美人头。""'双妹'老牌花露好，担心蜂蝶要分香。""而今那里像前清，离了开通便不行。要想人家瞧得上，满身抹起雪花精。"一首首质朴的民谣，标志着自晚清到民国早期，短短的二十余年，是否使用化妆品，已成为社会通行的衡量一个人消费档次的尺度。不仅像上海这样的沿海大都市是如此，就连远在内地的成都也是如此。在《成都竹枝词》中就有很多歌咏成都女性对化妆品怀有执著热情的词句。如："娇娃二八斗时装，满敷胭脂赴会场"；"徐娘老去尚浓妆，粉落随风不断香。惹得旁人偷眼笑，还夸打扮学西洋"。女性妆饰由服从礼教规范的标志，转为彰显个性的手段，这无疑是一个历史性的进步。

（二）化妆品制造

在化妆品制造方面，从清咸丰年间开始一直占领江浙以及上海市场的老昼锦香粉和生发油，逐步让位于近代化工厂生产的进口、国产化妆品。

1. 进口化妆品　1870年就已开始输入上海的美国纽约化妆品牌子林文烟，是最早进入中国的欧美化妆品。它的主要产品有花露水和香粉。到了1917年，上海首家“环球”百货公司——先施公司开张，推出了白玉霜、白梅霜、多宝串等化妆品。进入20世纪30～40年代，西方审美眼光对女性妆饰的影响已涉及女性整体形象的重塑，化妆品的使用以皮肤美白、头发润黑为目标。冬季用雪花膏，夏季用雪花粉、爽身粉、香水，护发则有生发油、凡士林等。许多来自欧美、日本的化妆品品牌也开始在上海大行其道。如美国的赛丝佛陀、蔻丹，法国的夜巴黎，德国的四七一一，日本的双美人，等等（图9－4、图9－5）。

2. 国产化妆品　国产化妆品的品牌更有后来居上之势，如以影星胡蝶命名的蝶霜，还有雅霜、三花牌、无敌牌等品牌均为普通女性所常用。无敌牌化妆品更是在广告宣传上一马当先，聘请了众多的当红明星（有胡蝶、阮玲玉、王人美等）为其整个一系列的化妆品做广告（图9－6）。其中便有：蝴蝶红胭脂、唇膏、无敌香粉、指甲上光液、指甲退光水、粉蝶霜、冷蝶霜、三蝴蝶雪花膏、花露香水、软蝶霜、蝶霜、无敌香水、擦面牙粉、雪齿粉、无敌牙膏等十几个品种。从这十几个品种中，可以看出各种霜与雪花膏便占了五种。

▲ 图9–4　德国“四七一一”厂化妆品广告

▲ 图9–5　苦林雪花膏广告，民国时期兴隆洋行化妆品广告

▲ 图9–6　明星造型，无敌牌化妆品广告

3. 化妆品的功能　同一品牌的化妆品，不同的名称，其用处也一定不同，今天虽然不知道其中到底有何微妙的差别，但却可以看出当时各种面霜的分工已经非常细致了。在当时德国四七一一品牌的一个化妆品广告中，曾有这样一段广告词：“每晨整容，先用‘四七一一’玉容霜为粉底；再敷‘四七一一’香粉，则艳丽动人，终日不衰；临睡时用‘四七一一’冷香霜，洁除毛孔，尤有奇效。”从中可以看出，有化妆前用的粉底“玉容霜”，还有卸妆时用的洗面之品“冷香霜”，其品种不为不全了。

除了化妆品外，像牙粉、牙膏、香皂等清洁用品也大量涌现。当时的著名影后胡蝶就曾为力士香皂做过明星广告（图9–7）。

▲ 图9–7　力士香皂广告，著名影后胡蝶所做

但不幸的是，1937年日本入侵中国，给中国刚刚繁荣起来的化妆品市场以沉重的打击。残酷的战争使物资贫乏、人心仓皇，还谈什么时尚与时髦呢？战争使生命轻于鸿毛，这一点连美女也不能例外。战争结束后，中国的化妆品市场可谓一片凋零，进口的牌子一个也看不见了。这种状况直到中国实行改革开放之后，才开始逐渐改变。

第三节 | 民国时期的缠足

缠足，不论它在古人的眼中究竟是多么的美，毕竟是一种残害肢体的野蛮行为，与欧洲女子曾流行过的束腰一样，既不利于人自身肉体与精神的健康发展，也不利于社会的发展变革。因此，随着西学东渐，人文主义、人道主义思潮的涌现，缠足这种异化的妆饰习俗终于开始逐渐退出历史舞台了。

实际上，反缠足的呼声，在清朝末期就已经此起彼伏了。清政府就多次下达过禁缠懿旨，各行各界有思想、有知识、求进步的文人政客，如康有为、梁启超、钱泳、袁枚、俞正燮等，也都从各种角度，通过各种方式抵制缠足这种恶习。但是风行了千年的小脚时尚毕竟有着顽强的文化土壤，再加上患金莲癖的遗老遗少的执著，要缠足习俗退出历史舞台绝不是一件轻而易举的事。

然而，春雷一声乍响，中华民国元年（1912年）3月，代表着崭新社会制度与观念的中华民国政府刚一上台，便响应新社会的号召，颁布了《令内务部通饬各省劝禁缠足文》的通告：

"缠足之俗，由来殆不可考，起于一二好尚之偏，终致滔滔莫易之烈，恶习流传，历千万岁，害家凶国，莫此为甚。夫将欲图国力之坚强，必先图国民体力之发达，至缠足一事，残毁肢体，阻于血脉，害虽加于一人，病实施于万姓，生理所证，岂得云诬。至因缠足之故，动作竭蹶，深居简出，教育莫施，世事罔问，遑能独立谋生，共服世务。以上二者，特其大端，若他弊害，更仆难数。从前仁人志士，常有'天足会'之设，开通者，已见解除；固陋者，犹执成见。当此除旧布新之际，此等恶俗，尤宜先事革除，以培国本。

为此令抑该部，速行通饬各省，一体劝禁，其有故违禁令者，予其家属以相当之罚，切切此令。"

这道“劝禁”的命令，写得有理有力，明白无误，本是令人振奋的事，但由于对“故违”者只是予以“相当”的处罚，如何“相当”，却并无答案。于是，在现实生活中，依旧是劝者自劝，缠者自缠。以至中华民国的历史走过了十年之后，在汉口“年事不逾三十，而纤纤作细步者，则自高身价，可望而不可即。此辈率来自田间，往往不崇朝即为嗜痴者量珠聘去。盖求众而供少，物以稀为贵也。”小脚竟然成了婚配市场上的紧俏货色。

有人说，中国的事情，大凡与妇女有关，似乎就会不好办。男人剪辫子，虽然也有人反对，但毕竟抵抗了没几年，男人便没有了拖在脑后几百年的小辫子。可一涉及禁止女性缠足，就显得难乎其难。这实际上是长期以来一切以男权为中心的社会所造成的恶果，只要女性社会地位得不到真正的提高，女子的身心就不会得到真正的解放。

在客观上，小脚放足也不似剪辫子那么容易。小脚一经缠成，是很难恢复原状的。这不是做几篇文章，搞几次运动所能奏效的。裹成的小脚，离不开裹脚布，猛一撤掉裹脚布，如粽子一般严重变形的双脚，就会像失去控制一样走不了路。放足和缠足同样需要一段重新学走路的痛苦适应期才能离开裹脚布。但也仅此而已，想要恢复成为缠足前的天足的样子，几乎是不可能的。这种半路放弛的脚则被称为“夭足”。

但是，中国人在新旧交替和是非之间，往往有一种特殊的适应能力和变通办法。据张仲先生所著《小脚与辫子》一书中说：“缠足放大在清末民初被叫作‘解放’，于是，就有了不彻底的‘解放’办法。”如有一女子学校的小脚女子，因见“凡缠足者皆解放”“遂慨然解放”，但“出嫁后，其夫有‘爱莲癖’，再事收束，双弓尖瘦，仍复旧观。数年后，其夫亡故，复放足为女教员。最后有当年慕其足小媒娶之，莲勾又纤纤矣”。三次缠足，两次“解放”，这看似是一双小脚的变化，却映射出新旧观念之间所存在的尖锐的对立和矛盾。而女性在这场矛盾中，只能是被动的屈从者。

▲ 图9-8　历史的活化石——缠足

然而，正如毛泽东主席在描述中国革命的道路时所说的：“前途是光明的，道路是曲折的。”小脚的解放也是如此。不论缠缠放放也好，放放缠缠也罢，“三寸金莲”毕竟是在走入“解放”的进程，这是不争的事实。经过二十多年的天足运动，学界已几乎全是天足了。到20世纪40—50年代，缠足这一怪诞的妇女妆饰文化现象则真正走向了消亡，原有的小脚女人也全都放了足。70—80年代，还有个别地区仍然有一些七八十岁的小脚“活化石”（图9－8）尚可见到，时至今日，小脚已彻底销声匿迹了。

小脚的解放，并不单单只是妇女妆饰史翻过了一页，更标志着一个旧时代的完结。在本书开篇便已经说过：不要以为古人的妆饰看起来不顺眼，就以为他们的手艺不过如此。与现代人的不同之处并不是他们的技艺水平，而是他们的思想观念。小脚的解放，是社会发展的必然，更是中国人自古所尊崇的男尊女卑这种陈腐观念的革新。如今的现代女性，正在以一种自信、独立而又意气风发的姿态，抛开历史的羁绊，大步迈向新的时代。

第四节｜民国时期的发式

辛亥革命的一声炮响，结束了在中华大地上延续了两千多年的专制帝制，从思想文化领域带给人们一种前所未有的自由与解放，使民主共和的观念深入人心。在妆饰文化领域，当然也展现出了一个新时代的崭新面貌。这其中最让人畅快的，莫过于清代男人头上那根被洋人嘲笑为“猪尾巴”的长辫子终于到了它寿终正寝的时刻。

一、男子发式

实际上，早在戊戌变法时，改良派康有为便曾上书光绪帝，主张剪掉发辫，改换衣冠。他说：留辫子不卫生，容易生虱子；而且，在新的工业生产中，容易被卷入机器而发生伤亡事故。当时，这种提法是冒杀头危险的。光绪帝虽未降罪，但保守派对此却恨之入骨。后来保守派得势，慈禧太后囚禁了光绪帝，变法维新失败了，剪发易装当然也就不了了之。

随着辛亥革命的成功，剪去发辫的时刻终于来到了。然而，在当时，剪辫子却并不像我们现在想象的那样理所当然。中国人自古对一切外来文化都采取一种包容的态度，但一旦习惯之后，摒弃起来却往往异乎寻常的困难。人们对剪辫子的抵触情绪并不比当初强制剃发留辫子时减弱多少，这其中当然也包括许多汉人。民国政府发布“剪发令”后，老北京人一时四处传唱：“袁世凯瞎胡闹，一街和尚没有庙。”（顾颉刚《北平歌谣续集》）这里说的“和尚”便是指剪去发辫、剃光头发的人。言外之意是说，剪发令造成了社会上僧俗不分的混乱

▲ 图9–9　民初的剪辫场景

现象。当时，有人将大辫子盘在头上戴了大帽加以掩饰。民国政府则派了巡警在城门、桥头、路口设卡，发现有未剪辫者，便拦住强制剪去（图9－9）。有人思想抵触，甚至进行报复。例如，老舍写的《我这一辈子》中说，巡警给行人强行剪辫后，晚上走到胡同里，却挨了突如其来的一砖头，被打瞎了眼睛而无处诉冤。后来，民国政府又想出了新策略，在庙会、集市上搭棚设“点儿”，预备菜饭粥茶，见未剪辫者便扭进棚内，强行剪去辫发。这时便有地方官员长揖恭维道：“您剪发维新了，大吉大利！请您棚里用饭吧！”有的赌气愤然而去，有的一边捧碗吃饭，一边哭辫子。最后还要求将辫子捡回去，说是留着死后入殓时好放进棺材里，落个“整尸首”。但尽管官方有千条妙计，百姓们却有一定之规。有的宁可不出门，也拒不剪辫。后来，人们听说小皇上溥仪在英文老师庄士敦的劝诱下剪了辫子，顿时，紫禁城里的千把条辫子也都剪掉了。至此，凡是未剪辫的才无可奈何地主动剪了辫子，这回可为剪辫一事基本上扫了底。但还有个别的老朽，剪了辫子却不肯将梳辫的辫顶底胎一齐剪去，来个折中处理，留个所谓“帽缨子”。从背后看去就好像现在的老太太的发式，十分难看。郊区乡下的个别老朽还有留辫子的，因其视线所及，当然不知美丑。

总之，不管人们多么不情愿，辫子毕竟和清王朝一样，还是被赶出了历史的舞台。

1. 光头　男人剪了辫子，多数人剃了光头，人们互相戏称“大秃瓢儿”“大秃葫芦”“游方和尚”。光头讲究剃得越亮越好。后来兴出了“洋推子”，才分出剃光、推光两种。比较文明一些的则留个“小平头”，脑顶留上几分长的头发，四周则是越往下越短，成为坡形。有的前额还要刮成“冂”形的边来，成个木刻版的灶王爷。

2. 分头、背头　民初，效仿国外留长发的是极少数，仅是一些留学生或从事洋务工作的人。那时留的分头非常之“怯”，头上两侧不是自上而下一面坡的形式，而是齐头刷子式的大帽子。且多为“中分”。今天看起来并不美观，但当时已是很时髦了。年长的多是将头发通通往后梳拢，留个大背头。无论分头、背头，一律均以头蜡定型，抹得油脂欲滴、光可照人。有所谓“小分头儿，四两油儿”之说。

3. 偏分头　20世纪20年代以后，在青年男子当中兴起了偏分型的分头。此又分为左偏分、右偏分，一般多为左偏分，可根据个人具体脑型或特殊需要而定。讲究的还请理发师将垂于前额的长发收拢于头上，用火钳烫成两起两伏的浪花，把发型装饰得更加美观。中年人则讲究留个既“分”且“背”的大背头，头发一律往后梳拢，但还要在左侧或右侧分出一道缝来，额前再用吹风机吹出个向前凸起的大卷来，成为“探海式”。新派、洋派的老年人虽然头发稀了，也要留个薄薄的小背头。所以，市面上的新式理发馆也犹如雨后春笋般地应运而生了。有的高级理发师（多是从上海聘来的），自己先烫个探海式的“分背”，头油抹得锃光瓦亮，西服、领带、皮鞋全副“武装”，外面才罩上白色的长工作服，成为“发型模特儿”，以广招揽（表9－1）。

表9-1　民国时期男子发式（传世照片）

背头	寸头	偏分	秃头	既分且背

二、女子发式

民国女子的发式则可以明显地分为两种类型：一种是“保守派”；另一种是“革新派”，见表9－2。

表9-2　民国时期女子发式（传世照片）

保守派			
两把头	空心髻	脑后盘髻	

续表

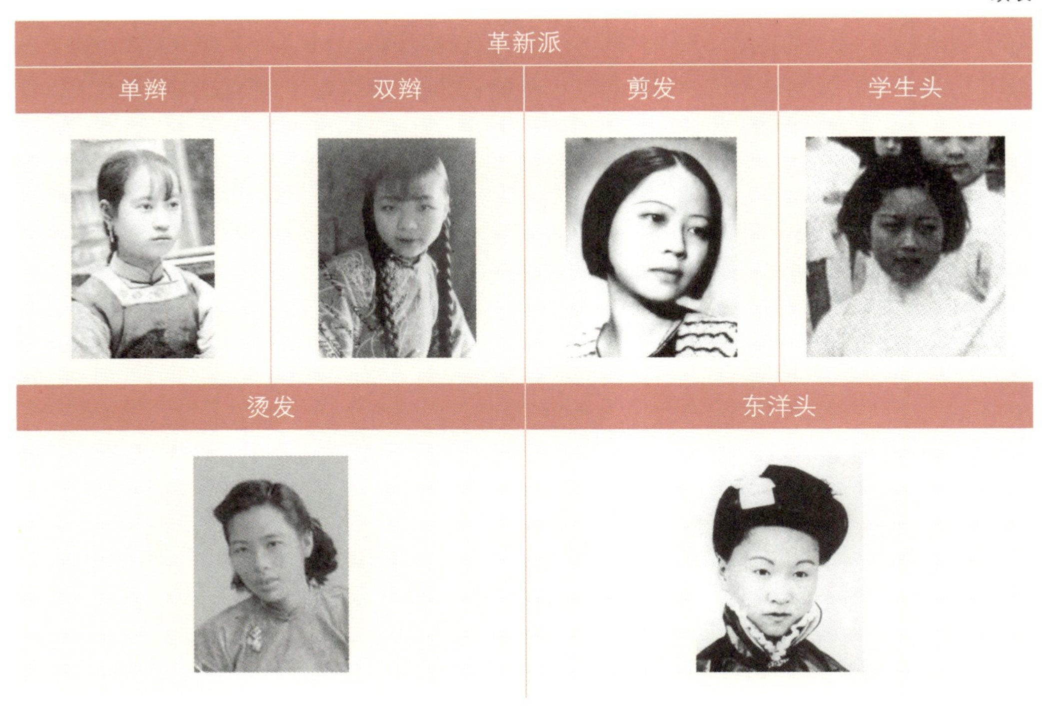

（一）保守派发式

“保守派”的女子发式则是依然沿袭晚清遗制。

1. 两把头　旗人妇女的两把头并没有立即消逝。许多旗妇还在审视这个前朝之美。都已是“民国”十年开外了，在节年的庙会上、灯市上或喜寿的红事棚里，还可以看到身穿宽边旗袍，头梳两把头，足登花盆底鞋的妇女。直至1924年11月5日，溥仪被冯玉祥、鹿钟麟驱逐出紫禁城，满清小朝廷彻底覆灭后，旗人的形象不吃香了，旗妇们才悄然从头上摘下钿子。

2. 空心髻　除了两把头外，此时有些满族妇女还把头发向上做成空心髻，高高地顶在头上。大多数少妇则依然在脑后的最低处挽成一髻。如将发髻扭一扭盘成英文S字样的，称S髻。S髻，又有横S髻和竖S髻的区别。整个的发型特点是清清爽爽，纹丝不乱。老年女子仍喜爱戴头箍、暖帽。

3. 刘海　青年女子则留刘海。晚清的刘海样式此时依然很普遍，如一字式、蚕丝式、燕尾式、卷帘式、满天星等。此外，还有许多年轻女子喜爱在前额正中间留一小撮刘海，短至眉间，长可掩目，如今看起来很是难受。

（二）革新派发式

“革新派”的女子发式可以说是完全抛弃了封建社会的遗韵，而呈现出一派百花齐放、欣欣向荣的新时代气息。

1. 辫发　民国以来，男人们剪了辫子，少女们的头上却又兴起了辫子。一些年轻的女子，尤其是尚未出阁的大姑娘，多是留一条长辫子垂于背后，或是梳两条长辫子搭于胸前。辫长多在腰际，辫梢上以红头绳扎系（只有服丧期间是白头绳、蓝头绳）。也有的少女梳一条较松的短辫，其长度将过肩膀，辫梢上扎以彩绸蝴蝶结，人们美称其为“一枝独秀”。如果梳双辫扎彩绸蝴蝶结的，则美称为“两只蝴蝶”或“蝴蝶双飞”。当年的城郊近畿，此风也很炽盛，经常可以看到一些汉族少女，头上前额留着一排“齐眉穗儿”，后面拖个大辫子，身穿红袄绿裤，缠了足，穿着扎花的小脚“弓鞋”，骑了小毛驴去赶集，一副典型的农村少女相。

2. 剪发　可以说是民国时期女子发式的一大改革。中国自周代以来，一直是以“身体发肤，受之父母，不可轻易毁伤”为原则，不论男女，均留有一头长长的秀发。而辛亥革命后，受西方现代生活方式的冲击，尤其是女性开始摆脱封建礼教的束缚，步入学堂，参加工作，并投入到社会活动中去。因此，在发式上也开始追求一种简约、方便、利落的形式。传统的梳髻簪钗显然已经不适合新女性的口味，而剪发则可以使女性彻底摆脱头部妆饰的负重，因其清爽自在、省钱省事而为她们所接受。

沪上早期的女子美容室，其服务项目主要便是为女子剪发，以“女子剪发，全球风靡，秀丽美观，并且经济，式样旖旎，梳洗容易，设施新异，手艺超群，闺阁令媛，请来整理”为招揽，生意非常兴盛。20世纪30年代的女学生几乎是清一色的齐耳短发，当时有很多诗句都是专门赞颂剪发的。如“乌丝剪去免梳妆，绿发尚留三寸长”，“女子年来尚自由，大家剪发应潮流。今年赴会知多少？不见金钗髻上留”等，一扫传统女性的柔弱谦卑，歌颂了剪发女性那种大方而自信的新女性形象，令人有扬眉吐气之快。

当然，剪发也有各种款式，女学生大多是齐耳短发，头前有齐眉的一字刘海；普通年轻女子有中分无刘海的，也有偏分无刘海的，偏分戴发卡的，偏分扎辫子的等，多种多样。但不管怎样，都是一派清爽、简洁、利索的风格。

3. 烫发　在剪发的基础上，烫发又开始逐渐流行了。如果说上一个剪发的潮流，已经彻底改变了女子传统的头部轮廓，那么，这一次烫发的时尚，则完全是出自对欧美时尚的认同和追逐。烫发的流行也许在20世纪20年代中后期，当时社会上有诗云："趋时头式散而松，烫发争夸技术工。恰合千家诗一句，'一团茅草乱蓬蓬'。"1922年，上海的百乐理发店便以女子烫发为主要服务项目。烫发和剪发可以说从根本上改变了女性头部妆饰的传统格局，将反映个人家境、婚姻的规定饰物（如各色头绳、质地不同的簪钗等）一概除去。这是继放足之后促进女性自我解放的又一重要措施。

当时烫发的样式也有很多，有长波浪、短波浪、大卷、小卷等。但最常见的则是一种中长发型。所谓中，长度齐肩；所谓长，则延续至肩下。头顶三七分路，额前没有刘海。无论中、长，头发表面都可看出烫过后明显的弯曲波浪纹。而且，大多在两耳处使用发卡，既是为了衬托脸型，也是为了平时生活方便。中国女子毕竟还是讲规矩的，披散着头发，在当时仍然被认为"不雅"。这种发式在当时非常流行，许多著名的影星，如胡蝶、阮玲玉等都是这种发式。也许是为了弥补没有刘海的遗憾，长（中）波浪的发型，到了20世纪40年代，额上的一部分头发被极度夸张至高耸，因为当时还没有定型水，高耸的头发很容易就疲软、坍塌，人们甚至不惜在头发里面垫上棉花。

4. 东洋头　新女性们不仅受欧美妆饰风格影响甚深，也有一部分女性受东洋女子妆饰影响，梳起了东洋头，即模仿日本妇女发式所梳的一种发髻，多见于年轻女性，尤以知识界妇女为主。

欧风美雨的洗礼，商业文明的推动，很快就使民国女性改头换面。新的发型，自然的面妆，结合着充分表现女性形体曲线美的新式改良旗袍、丝袜、高跟鞋，充分展现了当时新女性的一种高雅、开放、快节奏的生活方式，也掀开了中国女性妆饰史上崭新的一页。

第十章

新中国的妆饰文化

第一节 | 概述

1949年10月1日，中华人民共和国成立。中国历史从此进入了一个崭新的历史时期。妆饰文化史也从此翻开了崭新的一页。

新中国是一个以工人阶级领导、以工农联盟为基础的人民民主专政国家。开国伊始，尽管民国的妆饰遗风尚存，但显然已不符合历史的潮流，犹如昙花一现般倏忽而逝。

一、改革开放前的妆饰文化

由于在政治上很快与封建主义和资本主义划清了界限，这自然会涉及人们的服装与妆饰风格。新中国的妆饰，可以说在相当程度上受到政治因素的冲击，尤其是20世纪60年代至70年代末，全民的妆饰比以往任何一个时期都更多地带有政治内涵。因为这段时间里几乎完全是以政治标准去衡量每一个人的，这其中当然也包括妆饰。梳妆打扮是否靠拢工农兵形象是一个人思想的直接表现。梳髻和金银戒指、耳环、手镯等成为封建主义的“残渣余孽”；烫发、项链、胸花、高跟皮鞋已然成为当然的资本主义腐朽事物，绝无立锥之地。“文化大革命”以前，还有一些老人坚持认为女性只有寡居者才不描眉，不涂唇。当“文化大革命”高潮迭起时，这种说法哪怕在窃窃私语中也不存在了。可以说，在新中国成立的前30年，中国的妆饰文化处于一片极“左”的浪潮之中，既苍白又显得可笑。

二、改革开放后的妆饰文化

1978年党的十一届三中全会的召开，中国提出了改革开放的英明决策，中国的国门从此又一次向世界开放了。思想的重负没有了，人们压抑了近30年对美的渴望之情又一次喷薄而出。中国的妆饰文化从此迎来了一个前所未有的璀璨春天。

改革开放后，西方文明迅速涌入质朴的中国大地，各种品牌的外国化妆品也迅速占领中国市场。突如其来的异国文化与商品的冲击，也曾一度使刚刚睁开眼睛朝外看的国人盲从过，千军万马挤在一条道上去追赶时髦。20世纪80年代的女性，流行一色的油彩浓妆，使美女们浑身都泛滥着色彩，但浓艳有余而清纯不足。

三、与世界同步

但很快，聪明的中国人便从懵懂中清醒过来。人们很快意识到，妆饰带给人们的不仅仅只是美丽，更重要的是描绘出每个人独有的个性与风采。20世纪末的中国化妆界，是多姿多彩的，也可以说是没有风格的，因为人人都追求个性，追求日新月异，追求属于自己的那份美丽。如果非要定一个风格的话，那么“没有风格”就是这个时代的最大风格。短短10年，世界最新潮流的妆饰信息可以经由最便捷的信息通道——电视、互联网等瞬间传入中国。中国的妆饰进程已经与世界同步了，中国的化妆界精英们也开始步入国际舞台，带领新时代的中国人步入新世纪的辉煌！

第二节 | 20世纪50年代的妆饰

一、中西共存的妆饰风格

1949年，新中国刚刚诞生的时候，中国人的妆饰风格基本上还是沿袭民国时期那种中西共存的态势。一方面，沿海城市中从事洋务工作及新派的人士依然尊崇民国时期的西式风格，女子烫发、化淡妆、穿旗袍（图10－1），少数演艺界人士在出席一些正式场合时还依旧是浓妆艳抹（图10－2）。男子则依然是“小分头儿，四两油儿”（图10－3）。就连孩子们也还是洋派十足（图10－4）。另一方面，广大农村和城市下层民众则保持着最朴素的短发、梳辫，有些守旧老人依然头后梳髻，髻式依旧有横S和竖S之分。据老人们回忆：当时人们的化妆品进口的是很少见了，护肤品一般用国产的百雀羚、友谊、雅霜等，老

▲ 图10－1 1949年的妆饰风格，女子装扮依旧保留民国遗风（选自旧照，李芽藏）

▲ 图10-2　新中国成立之初，白杨带领女演员欢迎来访外宾，妆扮还保持民国时的风范

▲ 图10-3　西式风格的年轻人，中央戏剧学院华东分院（现上海戏剧学院）1955年表演系毕业照

人们有的还坚持开脸、擦香粉。有钱人头上会抹一些生发油，平民百姓则用刨花水梳头，也一样亮亮的。或者把荆树的叶子揉在水里洗头，据说效果也很好。

二、妆饰的戏剧性变化

但时间不长，新民主主义社会和以苏维埃为模式的工农联盟，迅速改变了中国人的妆饰形象。从此，人们看到的妆饰主流的升级、低落与反弹，都主要是依据经济基础，以及作为经济集中反映的政治。

由于建国初期一切活动都是对于旧的社会制度的否定，因此，妆饰也必然主要随着政治运动而发生着戏剧性的变化。新中国成立后的“三反”“五

▲ 图10-4　20世纪50年代儿童合影，打扮洋味十足（李芽藏）

反”“公私合营”，也许是第一次使资方人士自觉地抛弃西方的生活方式，不再烫发，不再涂脂抹粉；农村的土地改革以及“镇压反革命”运动，更是使守旧人士不再敢梳髻别簪。新中国的第一个十年就是在改变旧观念，重新确立新的妆饰形象的革命浪潮中度过的。

第三节 | 20世纪60—70年代的妆饰

进入20世纪60年代，中国人曾在1960—1963年期间经历了特大自然灾害。匮乏的经济使得人们的妆饰发展受到了当然的局限。连衣服都是“新三年，旧三年，缝缝补补又三年”，又有谁能顾得上梳妆打扮呢？随着反右倾运动开始，伴随着政治上极“左”思潮的愈演愈烈，终于在1966年爆发了史无前例的“无产阶级文化大革命”。打倒“封、资、修”的口号充斥着大街小巷与人们的心灵。

一、女子发式

到20世纪70年代末，中国人的妆饰标准开始由朴素而走向极端（图10－5）。

1. 短发　从头发上看，烫发属“资”或“修”，盘头属“封”，成为了八个样板戏中反面角色的典型标志。凡梳着油光光的头，插簪戴花，穿着缎面圆光大襟袄的多为地主婆或反动军官的太太；如头上再加一个头箍，衣服上再加些皮毛饰边等细部装饰，则多为老地主婆或地主他妈（这两者不一定为同一概念）；若也有头箍但衣服一般，唇边点一个黑痣，手中拿一杆烟锅儿的，多为媒婆；而民国时新女性最为流行

▲ 图10－5　1974 年全家福，人人素面朝天，衣服色彩、样式均单一、朴素

的烫发、旗袍、登高跟鞋的形象，则必是代表资本家的老婆或姨太太。样板戏的妆饰造型，体现了那一个时代的妆饰观念。阿庆嫂的发髻和李铁梅脑后的单条长辫，在20世纪60年代的中国人来看，是封建社会的遗迹，属“封建尾巴”。于是就连年逾古稀的老太太也要剪掉发髻，留个短发。倘若你不幸是从娘胎里带来的“自来卷”（天生卷发），那可就惨了，就是长了三千张嘴巴也说不清，必然要被扣上一顶“资产阶级情调”的帽子而挨批挨斗。

解放初期还作为工农发式的长辫子也已经落伍了，尤其是“文化大革命”时期，根本不让留长发，否则走在街上会让人一刀就给剪掉。女人都以解放战争中农村妇救会长的形象为样板（图10－6）。短发，最好土里土气，最多只能别个黑发卡，不能别花发卡，或者在头顶一侧扎个小辫，比当年的贫农大嫂还要俭朴得多。

2.“炊帚”头、“刷子”头　年轻女孩可以将头发分到两边用猴皮筋扎起来，俗呼“炊帚”（图10－7）。更多的是齐刷刷的齐肩短编辫，俗称“刷子”（图10－8）。头发上唯一的装饰，就是系扎辫子的两根猴皮筋或是塑料头绳，因为那可以被允许选择红的、黄的、绿的，很细，有那么一点色彩。

二、男子发式

男子的发式同样也受到“革命的洗礼”。在样板戏里，中分头多被视为汉奸，属典型的汉奸夜袭队队长的发式；头发略长又有些蓬乱，是属流氓阿飞之类的发式；背头而且抹油

▲ 图10－6　革命现代京剧《杜鹃山》剧照，农民自卫军党代表柯湘，她梳的是当年最常见的短发形象

▲ 图10–7　梳“炊帚”头的女青年

▲ 图10–8　梳“刷子”头的女青年

的则为国民党高级军官或资本家的发式。这样的发式除了像毛泽东主席这样的领导级人物敢梳之外（毛泽东一直是背头的形象），普通老百姓平时是没有胆量梳的，只有照相时才会临时梳个背头（图10－9），照完后也要再回复原形。当年从上海等南方城市传来一种男人长发的趋势，仅是趋势而已，就成为革命群众剪刀下的革命对象。当街走着走着，忽然被革命群众（无任何组织）喊了一声："大长头发，阿飞！流氓！"那就彻底倒霉了。因为随着一声喊，狂热的群众会蜂拥而上，手持剪刀，将该人摁跪在街头，胡乱剪起来，东一下，西一下，或剃去一半，名为"阴阳头"。从此，该人不准戴帽子，更不敢戴军帽犯亵渎革命之罪。

当时的普通青年男子多留偏分头，因为留分头的多像个共产党的干部。当然，这种分头是工农大众化的，既不抹油，也不烫花。

有的青少年在夏天留一个"一边倒"（图10－10），即占四分之一的侧面是寸头，占四分之三的正面是长发。无正式名称，任人乱叫。有人叫它"博士头"，说是不必用心梳理，只需用手一拨（"拨"与"博"谐音）拉就是了；有人叫它"游泳式"，却不知源由；还有人叫它"半拉头"，这倒名副其实。当时有个童谣："东方红，西方亮，中国发明搞对象，瞎子瘸子搞不上，留分头的有希望！"言外之意，说明留分头的才入时，会受到异性的爱慕。分头这种发式的操作方法，主要是从耳垂处可以紧贴肉皮下推子，越往上头发茬儿越要留得长些，成为一面坡的形式，不得两侧露白茬，还应适当留有鬓角，才好看。但在当时，许多男人们的分头却像个"盖儿"，周围一圈白。就像1956年，最高人民法院军事审判庭公审日本战犯，溥仪出庭作证时留的头发

▲ 图10–9　为照相而专门梳个背头的男青年

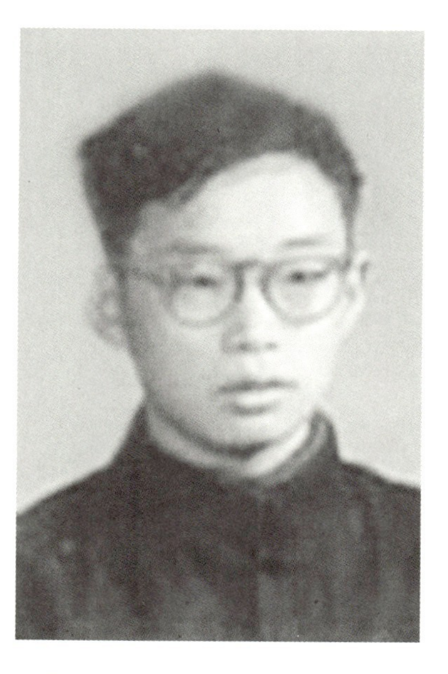

▲ 图10–10　小分头，20世纪70年代的发式

一样，来个齐头小帽盔儿式的“蘑菇头”。现在看起来，也可算是“另类”了。

至于一些中年人和老年人，反正也不搞对象了，便留个平头，或者有的仍剃个光头。

三、护肤品

在这样一个革命的年代，女人化妆，不论从经济上还是政治上，都是不被允许的。在经济上，人们经历了三年自然灾害，生活极度贫困，吃顿饱饭都是一种奢侈，根本没有闲钱购买化妆用品；在政治上，涂脂抹粉更是被斥为“资产阶级的香风臭气”，无人敢沾，就连搽点头油也被视为资产阶级情调。这时的化妆品基本上就是护肤品的概念，画彩妆只能是女人们心中的一个美丽的梦。连拍结婚照时也是素面朝天（图10－11）。

▲ 图10–11 1973年的结婚照

1. 护肤霜 化妆品进口的是一个也看不见了，用的都是上海生产的国货，有雅霜、蝶霜、百雀羚、友谊等；花露水主要用于祛痱止痒，也有依然不死心的人，洒在手帕上，当香水使用。

2. 油膏 20世纪70年代有一种改良包装的滋润油膏非常受欢迎，油膏就是类似凡士林的蛤蜊油，但包装做成洋红色的铁壳圆柱体，使用时，需拧开顶盖，一边旋转，一边就露出了石蜡般的膏状物，就像一支大号装的唇膏。也许，它的受欢迎，就是因为它让当年的女性想到了艳丽的口红。很多女孩子在冬天时，会不时从背包里取出那罐滋润油，朝干燥的嘴唇涂几下，就像涂口红。

当然，这种档次的护肤品也只有像上海这样的大城市中比较富裕的人士可以享用，大多数的普通百姓则是素面朝天。具有五千年文明的衣冠大国，第一次将重体力劳动者的服饰形象置于最高地位。纽扣不要系齐，裤子不要裤线，皱皱巴巴，泥泥乎乎，捋袖子，绾裤腿，浑身风尘仆仆，两脚沾满牛粪，这才是革命无产者的形象（图10－12）。而全民皆着军便服、戴军帽、背军挎包的流行更是破天荒地把军人形象推到了时尚的最前沿。在这样的服饰狂潮下，与之相匹配的所谓化妆恐怕也只能是把脸晒晒黑而已了。

▲ 图10-12 “文化大革命”时期的年画，年画上的人物形象是当年最光荣的形象

第四节 | 20世纪80年代的妆饰

“忽如一夜春风来，千树万树梨花开”。改革开放的一阵春风吹开了中国朝向世界的大门，也吹动了在人们心中尘封了十几年来对美的渴望。

一、化妆品

在改革开放的头一个十年，进口的化妆品还很鲜见，“露美”“美加净”“郁美净”“凤凰”“夏士莲”“霞飞”“永芳”等国产化妆品广受欢迎。尤其是“永芳”，是一种油性粉底膏，10元钱一小盒，抹在脸上很白，在当时还算是一种很奢侈、很时髦的化妆品。

二、女子妆饰

在人们眼中泛滥了十几年单调的灰色、绿色和黑色，使人们对色彩的渴望尤其地强烈。

1. 面妆　20世纪80年代流行一色的油彩浓妆：乌漆的浓眉，彩蕴的眼影，两团庆丰收式的腮红，油汪汪的大红唇膏与血红的指甲油，使这时的美女浑身都泛滥着色彩，喜气洋洋，亮丽夺目，浓艳有余而清纯不足。由于受化妆品制作工艺的限制，这时的化妆品几乎没有别的颜色，大红一直占据着彩妆的主流，这也恰恰逢迎了中国人自古喜爱红色的情结（图10－13、图10－14）。

2. 眉妆、唇妆　20世纪80年代的女性化妆，除了色彩浓艳以外，还有一个显著的特征就是追求清晰。例如上下眼线都会画得很清楚，几乎每个人都有一个黑黑的眼圈；唇线往往被勾画得过分讲究，有时唇线的色彩还会比口红稍浓一些，以突出唇形的清晰；鼻影也往往打得很浓重，以显示鼻梁的高耸。总之，脸上的每一个部位都给人感觉是经过精心刻画和刻意强调过

▲ 图10－13　20世纪80年代初烫头、化妆的普通女青年

▲ 图10－14　浓妆女青年，20世纪80年代末浓妆艳抹的女青年造型（化妆：范丛博；模特：冯燕容）

的，绝不允许有一丝的放松。这可能和20世纪80年代人们的整体思维方式有关，过于追求表面的彰显和技术的流露，却忽视了艺术本身所应具有的抑扬顿挫。

三、女子发式

1. 烫发　被禁止了十几年的烫发，到20世纪80年代又重新流行了起来，结了婚的女人们不约而同地都选择了烫发，而且长度都控制在肩膀的上部（图10－15）。这种风气直到20世纪90年代依然流行，而且不少年轻的小伙子也烫起了头。刚刚出现在市场上的喷发胶，一时间迅速地普及，不少的时髦人士都把头发塑造成头盔一样坚硬的样式。爆炸式（头发上半部是烫的卷，下半部是直发，犹如一头刚刚爆炸的蘑菇云而故名）、万能头和最普及的额发高耸——恰似一卷飞檐，满是不管不顾的勇气。年轻的姑娘们还不很流行烫发，至多烫个头发帘。

2. 辫发　大多数姑娘们喜爱梳辫子，但城市里梳两条编辫的姑娘已不多见了，多是在脑后扎一个马尾辫，走起路来，左右摇摆，显得活泼可爱。这种辫子在学生中尤其常见。而

▲ 图10–15　烫发妇女，20世纪80年代的中年妇女清一色的烫发造型

新娘妆中，则大都喜爱临时烫几缕“之”字形的发绺，耷拉在眼前耳畔，增添几分热闹的情趣，似乎已成一种定势（图10－16）。

3. 长发　这一时期人们在发式上所表现出观念的转变，最突出的莫过于对披肩长发的认同了。披头散发在中国自古以来一直是一种不合礼教的妆扮，似乎只有疯子和异常落魄的人才会作此装束。但在改革开放后，人们破天荒地第一次对这种发式认可了，并且喜爱了，而且不知不觉地流行开来。当然，在最初的阶段，人们多半还是一种“半披散式”。所谓“半披散式”，指的是姑娘们往往把头顶前半部和两鬓的头发在头顶正中扎一个辫子，或在头顶两侧一边扎一个辫子，使头发不至于遮挡视线，显得整齐利落又不丢失长发的飘逸。例如杨澜女士刚上中央电视台《正大综艺》时便是这种发式。当然，还有模仿当时当红日本剧《排球女将》中的小路纯子，在两侧鬓角处一边扎一个小辫，非常活泼与俏皮。

四、男子发式

1. 分头、平头　这时的男青年发式变化并不大，大多还是分头或平头（图10－17、图10－18），只是那种把两侧的头发特地剃得秃秃的蘑菇头已经不多见了。

2. 垂肩长发　时髦一些的男青年模仿港台明星（如齐秦）还留起了垂肩长发，配合着当时刚刚传入中国的喇叭裤与蛤蟆镜，成为了20世纪80年代特有的一道风景。

▲ 图10－16　新娘妆，20世纪80年代的新娘妆造型（化妆：范丛博；模特：冯燕容）

▲ 图10－17　男子分头，20世纪80年代小伙子的发型

▲ 图10－18　男女发型，20世纪80年代男女青年的发型

第五节 | 20世纪90年代的妆饰

如果说，人们在20世纪80年代化妆时还不免心有余悸，那么在20世纪90年代就已经彻底解放了。

一、化妆品、化妆理念

国外诸多的化妆品品牌蜂拥而至，疯狂地抢占中国市场。像“资生堂”“迪奥”“美宝莲”“欧莱雅”“高丝”这些著名品牌，在20世纪90年代的时尚青年中，已是耳熟能详。

（一）化妆理念

知名品牌所引进的并不仅仅只是产品，更重要的是它们的化妆理念。化妆带给人们的不仅仅只是美丽，更重要的是描绘出每个人独有的个性与风采。在20世纪90年代末，中国人已经能够很清醒地、很客观地对待化妆，再也不像最初那样千军万马挤在一条道上去追赶时髦。人们已经能够很理智地、很智慧地依据自己的肤色、性格、衣着和经济状况，选择适合自己的化妆品。中国人的化妆品位已经和世界同步了。

（二）化妆品

20世纪90年代以来，化妆品种类的丰富与设计的体贴是以往任何一个世纪所无法比拟的。在最初引进化妆品的时候，由于无知与盲目，国人往往直接把欧洲的化妆品照搬进来。然而由于人种的不同，适合欧洲女性的化妆色彩却并不适合中国女性，导致中国女性化完妆之后总是感觉怪怪的。随着人们化妆知识与观念的进步，更由于有像靳羽西女士那样有知识、有想法的外籍华人的帮助，推出专为亚洲女性设计的品牌，中国人终于有了适合自己的化妆品生产线，国外品牌在打入中国市场时也不得不考虑改进产品以适应不同的需求。中国的化妆品市场终于在20世纪90年代末出现了前所未有的理性繁荣与兴旺。

1. 妆粉　不仅仅只是过去的粉饼、散粉，还出现了液体粉底、粉条、膏状遮盖型粉底等。颜色则是配合黄种人各种不同的肤色倾向而精心调制的。偏黄的粉底往往是最适合亚洲妇女的，因为亚洲人皮肤基调是黄色的，如果抹上适合欧洲女性的粉红色粉底，往往是很愚蠢的。

2. 化妆方法　随着中国著名的化妆师毛戈平对“立体化妆”概念的推广后，更使原本属于专业化妆范畴的，利用不同颜色的粉底塑造脸部结构的化妆手法，立刻进入了寻常百姓之家。

3. 胭脂　胭脂的作用，除了给皮肤增添一丝红润外，在很大程度上也成了塑造脸部阴影的一部分。

4. 口红　口红的颜色则是千姿百态，只要您想象得到的，都可以在市场上找到。过去的年代里绝对不敢想的白色、黑色、蓝色、绿色等异常另类的颜色，现在也不再是奇货难觅了。但大多还只限于舞台化妆。生活妆中还是以各种接近唇色的口红或透明的唇油为主，因为中国女性也开始懂得接近自然才是和谐的，而和谐才是美的最高准则。

二、眼妆

在眼妆上，靳羽西女士为亚洲女性调配出了最适合黄色人种的棕、黑系列眼影、眼线笔、眉笔、睫毛油等，都非常适合中国女性黄色的皮肤。当然，在某些特殊的场合或搭配某些亮丽色彩的衣服时，也不妨尝试一下各种各样明丽的色彩。眉毛的形状更是随心所欲，但大多数女性都知道按照眉骨的走势画眉会显得脸部很有立体感。而且，许多中国青年女子都知道拔掉或刮掉多余的眉毛，修整出适合自己的眉形，然后再用眉笔修补缺陷，画出自己喜爱的式样。

▲ 图10－19　面靥的复兴

三、面饰

面靥在消失了几个世纪之后，也在不知不觉中复活了。求新求异的女郎们在面颊上、颈项间点缀上闪闪发光的各种美丽小贴饰，星形、三角形、圆形、泪珠形等，五花八门，各展风情（图10－19~图10－21）。巴黎的布勒斯（BLESS）公司，还设计出售用棉布、金属甚至各种绳索制成的贴饰，造型大胆新颖，令时尚青年为之痴狂。

四、绘面与绘身

在原始社会曾流行过的绘面与绘身，在这个开放的

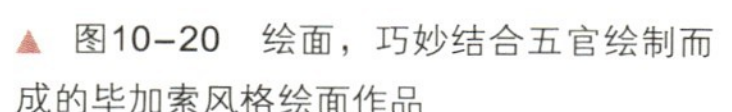

▲ 图10-20　绘面，巧妙结合五官绘制而成的毕加索风格绘面作品

▲ 图10-21　20世纪90年代的艺术绘面

时代又重新流行了起来。许多时尚男女把此当作一种极其另类的妆饰。为此，“绘身坊”“绘身屋”这样的时尚小店，在街头悄然出现，圆着一个个青年男女的时尚之梦。

如果我们细心地观察一下周围，绘面与绘身在当代社会中还是屡见不鲜的，甚至还很流行。

每当节庆日来临时，尤其是在各国的狂欢节上，如德国莱茵区狂欢节、意大利的威尼斯狂欢节、苏黎世街头音乐节、美国感恩节等等节庆，人们几乎是全城出动，穿着奇装异服，戴上各式各样的面具，或者画着造型各异的面妆，以期望在面具与面妆的掩饰下，尽情地狂欢，以宣泄在长期高负荷工作的压力下所带来的郁闷与疲劳。

我们经常可以看到，在一些重大的体育赛事上，如奥运会、世界杯足球赛，各地的一些超级体育迷为了表示对祖国选手的支持与热爱，在看台上，啦啦队员们也会在自己的脸上画上面小国旗，甚至有些人还会把整个脸画成一面大大的国旗，真可谓爱国之情，溢于言表。在中国2001年7月13日申奥成功的那个不眠之夜和同年10月7日中国足球进入世界杯的那些狂欢时刻，又有多少名国人在脸上画上了国旗，欢呼雀跃。在这里，绘面代表了一种骄傲，一种自信，也代表了人民对祖国的未来充满希望与祝福的拳拳赤子之情！

现代绘身艺术，从形式上看似乎与古人并无多大差别，但却已经完全超越了古人那种求生存、求繁衍的实用性目的，而完全是出于一种纯粹的艺术与美的追求了，这恐怕就是一种时代的进步吧！

▲ 图10–22　绘身艺术

如今在艺术界出现了一种绘身热，被称为人体绘画（图10－22）。现代人在身体上绘画，起始于时装设计师。他们别出心裁地在模特小姐的身上画上各式各样的衣服，就连纽扣、牛仔裤口袋上的明线和金属钉等都画得惟妙惟肖，仿佛穿上了一件极合体的衣服一般。究其原因，有人说是为了新奇，因为服装已经穿得厌烦了；有人说，服装毕竟使自己和观众之间还保持着一定距离，而只有裸体，但又不以裸体的形象出现，才会贴近观众，同时又没有完全赤裸的感觉；也有人认为女性的躯体是最美的，为什么要用服装去遮挡呢？还有人认为在美的躯体上再行绘画只不过是为了使人体更具艺术性。不论究竟是出于什么原因，绘身却是确确实实在地球上再度复兴了。自此以后，有艺术家们开始借身体局部的涂画与服装造型相搭配来表演舞蹈或展示服装。比如中国著名舞蹈家杨丽萍在跳《梅》舞时，就在上半身和脸上画上了抽象的梅花图案，为舞蹈的表现增色不少。画家们也开始把皮肤当成画布，在人体上进行各种纯艺术性的表现，把绘身逐渐升华为一种人体与绘画完美结合的新兴艺术形式。普通的时尚百姓们更是把绘身融入生活之中，作为增添自己个性魅力的一种手段。

五、文身

当代人的文身（图10－23），大多是出于一种妆饰的动机，并伴有求新求异的心理。一些球星、拳击手，经常在自己的臂膀、胸口等处文上各种图案或文字；还有一些社会侠客、义士也喜欢在自己身上显著处文上龙、鹰之类的图案。有一些“文身癖”者，甚至文满全身，就像穿了一件紧身衣裤一般，令人瞠目。

六、医学美容

通过手术来妆饰面颊与身体，在原始社会就已有之，并不是20世纪末的产物，所不同的只是人们对美认识的转变。某些原始部落的人认为把嘴唇拉大、耳垂拉长是一种美，我们认为不可思议，其实如今的人们把鼻子垫高、眼皮割双，原始人同样感觉不可理喻。世间万物就是这样，看似又回到了原地，其实有着万般的不同，我们也很难说哪一种观念更加进步与正确。但不管怎样，医学美容在如今的社会上广泛流行却是一种不争的事实。割双眼皮、去眼袋、扩眼角、垫鼻、拉皮、去除体毛、激光去痣、穿孔、隆胸、丰臀、抽除脂肪，甚至改变肚脐的形状，只要有钱与勇气，今天的人们甚至可以完全改变自己的容貌。就像歌星迈克尔·杰尔逊一样，从黑人一下变成了白人。当然，想要美丽，就必须要付出代价。医学美容就像赌博一样，有可能成功，也有可能失败。因为如今的医学，还远远没有达到完美的阶段，各种排异反应与手术失误，不知让多少人为此捶胸顿足，悔恨交加。

（摄影：SANOI FELLMAN）

（摄影：SKIP WILLIMS）

▲ 图10-23　当代文身艺术

七、发式

20世纪90年代在发式观念上最大的突破就是：不再有男、女性别的界限。这一方面体现了人们审美观念的多元化趋向，另一方面也切实体现出女性地位的提高。女性在社会与经济地位上的绝对自主，使她们在自我形象的塑造上更加自我与个性化。

（一）发型

1. 板寸、光头　女子的头发在中国破天荒地第一次可以剃个“板寸”，短得可以看得见头皮（图10－24）。甚至有的前卫女子干脆彻底剪掉“三千烦恼丝”，来个亮亮的光头，与男子一争高下。

2. 长发　男子也摆脱了“长发娘娘腔”的束缚，若无其事地留起了长发，有的扎成一个马尾辫，有的烫成了一头卷，也有的干脆披散在后背，随风荡漾。

然而，不论观念怎么变，有一头飘逸的长发，依然是许多女孩子的钟爱，也是许多男孩心中的一个美丽的梦。管它挡不挡眼，管它碍不碍事，从仅长至肩膀到垂至腰间，许多女孩都选择了披发的形式（图10－25）。有“清汤挂面”式的直发，也有长波浪型的卷发，随风飞舞，飘飘逸逸。自从20世纪90年代末沙宣的直发美观念引进后，先是板烫，后是离子烫等烫直发的技术日益普及，留直发的女性越来越多，而且一头直直的短发也开始受到人们普遍的青睐。

（二）染发

20世纪90年代，中国的发型制作技术基本上已经和国际接轨了，国际舞台上能做出的发型，中国的发型师也一样能做出来。各种各样的剪发技术、烫发技术、染发技术、护理技术

▲ 图10－24　超短发造型的女子形象

▲ 图10－25　飘逸的长发造型

在中国已是应有尽有。

1. 染发由来　在这里，我想专门提一下染发。染发并不是近代才有的事，在中国自汉代便已有了染发的记载。当时，人们除了留长发外，男人们还留有胡须，因此，染须与染发一直是相连在一起的。直到近代，男人们不流行留长须了，才简化为仅仅染发。清褚人获《坚瓠集·染发》中载："染须自唐已然。至元史天泽则涅白发为乌。世宗讶之。天泽曰：'臣览镜见须发顿白，恐报国之心自以老矣。故药之，使不异于少壮，庶此心之犹竞耳。'"可见自古以来，人们染发在观念上一直是老年人的事，或者说是有些少白头者的福音。染发剂的颜色也只有黑色一种。但到了20世纪90年代晚期，染发的概念则变了，染发再也不是老年人的专利，更多的时尚青年加入到了染发的行列。原因是染发不再仅仅被看作是修补缺陷的一种手段，转而成为了一种时尚元素。

2. 染发色彩　因为染发剂的颜色太多了，从白色、黄色，到棕色、红色，甚至蓝色、绿色等，应有尽有。在染发刚刚风行之际，很多中国青年都把头发整个或者一部分染成黄黄的颜色，时间长了，不注意修理，便成了半截儿黑、半截儿黄的样子，甚不雅观，显示出一种对时尚的盲目追求。如今，人们染发的观念要成熟多了，多选择一些和中国人发色比较接近的色彩，如酒红、棕色、栗色等，既为头发增添了色彩，又不失东方女人的韵味。就连"中国美女"巩俐也禁不住诱惑，染成了一头栗色长发，做了欧莱雅的形象代言人。

八、化妆艺术

20世纪末的中国化妆界，是多姿多彩的，也可以说是没有风格的，因为人人都追求个性，追求日新月异，追求属于自己的那份美丽。

如今的女性完全可以依据不同的场合来随心所欲地为自己设计形象。如平时闲居时，则来一个干净、透明的"清纯少女妆"；出门工作时，则来一个干练而又不失女人味的"白领丽人妆"；出席晚宴等重要场合时，则来一个高贵成熟的"妩媚晚宴妆"；而去迪斯科舞厅这样的娱乐场所疯玩儿时，则来一个既"in"又"cool"的"前卫蹦迪妆"（图10－26～图10－29）。图10－26～图10－29各图的化妆：冯燕容；摄影：李海燕；模特：高汝霞。总之，只要

▲ 图10–26　清纯少女妆

你愿意，你可以想怎样塑造自己就怎样塑造自己。

化妆在今天的生活中已经不再只是一种技术，而成为了一门独立的艺术，或者说是文化。它已经和其他艺术门类诸如绘画、雕塑、音乐一样，超出实用的范围，升华为一种纯粹欣赏性的、风格化的艺术形式（图10－30）。

▲ 图10–27　白领丽人妆

▲ 图10–28　妩媚晚宴妆

▲ 图10–29　前卫蹦迪妆

（化妆：吴娴；模特：吴娴）

（化妆：周薇；模特：王静）

（化妆：姚华妹；模特：陈茜）

▲ 图10–30　欣赏性、风格化的化妆艺术

化妆带给人们的已经不再是一种好看的造型，而是一种生活态度。这是化妆在质上的一种飞跃。为了这个飞跃，许多化妆师一直在辛勤地努力着。例如年轻有为的化妆师李东田，他于1999年11月在北京注册了中国第一家化妆师的经纪公司——“东田造型”。他说：“我希望‘东田造型’是一个渠道，把国外的化妆理念带进来，让中国的时尚真正与国际接轨；也希望把国内的优秀化妆师推上正规的运作轨道，使他们不再仅仅是匠人，而真正成为艺术和浪漫的创造者，让化妆在中国升华为一种生活文化。”这不仅是东田的希望，也是我们共同的企盼。

衷心地祝愿中国的妆饰文化越来越繁荣，祝愿中国的人们越变越美丽。

附论一

辛追妆奁揭秘

马王堆1号汉墓的挖掘，使一位在地下“长眠”两千多年的西汉初期轪（dài）侯夫人辛追重见天日，也为我们揭开了探究汉初贵族妇女妆饰文化的面纱。墓中共出土有两个妆奁（lián），一个为单层五子漆奁，另一个为双层九子漆奁，不仅制作极为精美，而且保存非常完好。通过对这两个妆奁中所存妆具的研究与分析，我们可以了解汉代上层贵妇的妆饰习俗，从而对汉代总体的妆饰美学有一个基本的认知。

一、妆奁的分析

“奁”，古时泛指盛放器物的匣子，有食奁（盛放饭食的匣子）、香奁（盛放香炉的笼子）等，在这里特指盛放梳妆用品的匣子，即“妆奁”。因妆奁中一般都放有镜，故也称“镜奁”。《说文·竹部》：“籢，镜籢也。”清朱骏声通训定声：“籢，字亦作匳。”《广韵·盐部》：“匳，俗作奩。”“奁”即是“奩”的简化字。

在史书中对此多有记载。如《后汉书·皇后纪上·光烈阴皇后纪》：“会毕，（孝明）帝从席前伏御床，视太后镜奁中物，感动悲涕，令易脂泽装具。左右皆泣，莫能仰视焉。”李贤注：“奁，镜匣也，音廉。”《旧唐书·礼仪五》：“后汉世祖光武皇帝葬于原陵，其子孝明帝追思不已。永平元年，乃率诸侯王、公卿，正月朝于原陵，亲奉先后阴氏妆奁箧笥悲恸，左右侍臣，莫不呜咽。”这两段史料记载的同为孝明帝见到母亲阴皇后生前梳妆之物，追思不已，其一曰“镜奁”，一曰“妆奁”，当可印证。在古诗词中，谈及女性时也多有描述。如清赵执信《弃妇词》：“宝镜守故奁，上有君家尘。”明高启《题美人对镜图》：“起开妆阁笑窥奁，月裹分明见娥影。”

（一）单层五子漆奁（附图1-1）[1]

单层五子漆奁出土于墓北边箱，出土时以“长寿绣”绢夹袱包裹。此奁为卷木胎，器表和盖内及底部中心全为黑褐色地，朱绘云纹。盖顶以红色和灰绿色绘云纹和几何纹，器身外壁近底处和内壁近口沿处均朱绘菱形几何纹一圈。做工和装饰均十分精美。

器内装镜擦1件、镜衣及铜镜1件，环首刀3件、笄、镊、茀、印章各1件，木梳、篦各1件，以及圆形小奁5件。出土时其中三件较小的小奁中都盛放化妆品，其中较大的两个小奁

[1] 文中所引图片，除附图1-16外，均摘自《长沙马王堆1号汉墓（上/下）》，湖南省博物馆，中国科学院考古研究所编，文物出版社，1973年。

中放的是香料。

（二）双层九子漆奁（附图1-2）

双层九子漆奁也出土于墓北边箱，出土时以“信期绣”绢夹袱包裹。盖和器壁为夹纻胎，双层底为斫木胎。器分上下两层，连同器盖共三部分：盖顶圆形，高10厘米；上层器身高12.5厘米，外形呈凸字形，上半部套入盖内，下半部套在下层器身的上面；下层高7厘米。三层套合后通高20.8厘米。器表髹黑褐色漆，再在漆上贴金箔，金箔上施油彩绘。彩绘以汉代典型的云气纹为主，回环萦绕，华美异常。

器内上层隔板厚7毫米，板上放素a罗绮手套、朱红罗绮手套、“信期绣”绢手套各一副，丝绵、组带、“长寿绣”绢镜衣各一件。下层底板厚5厘米，凿出深3厘米的凹槽9个，槽内各放置九个小奁。其中，椭圆形小奁两个，分别放白色粉状化妆品和方块形白色化妆品。圆形小奁四件，分别放：丝绵一块和假发一束；粉状化妆品和丝绵粉扑；胭脂；油状物质和丝绵粉扑。马蹄形小奁一件，内装梳篦各两件。长方形小奁两件，分别放置油状化妆品，针衣两件、茀两件。

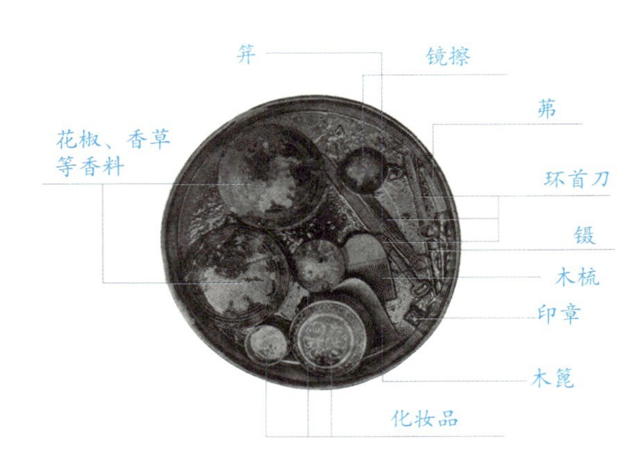

▲ 附图1－1 单层五子漆奁内的妆容用具（铜镜及镜衣除外）

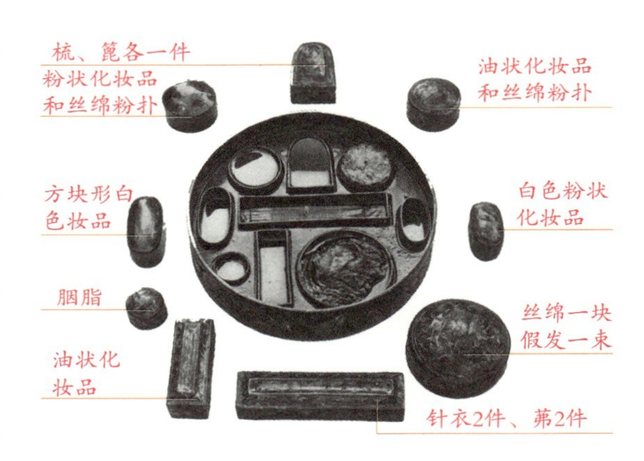

▲ 附图1-2 双层九子漆奁内下层的妆容用具

二、妆具的分析

（一）拨（五子漆奁一件）（附图1-3）

五子漆奁中放置的圆锥体，角质，中间粗，两头尖，长9.5厘米的妆具，大多研究论著

▲ 附图1-3 单层五子奁内的妆容用具，从左到右分别为镜擦、梳、篦、茀、镊、拨

▲ 附图1-4 女尸发式

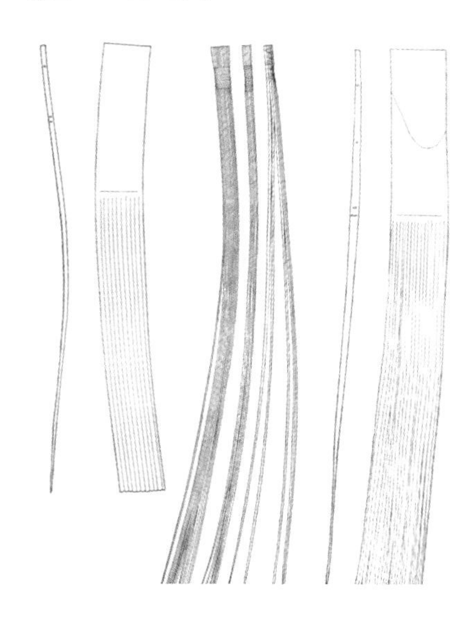

▲ 附图1-5 女尸头上的发笄，从左到右分别是：玳瑁笄、竹笄（已散）

中认为是笄。《说文·竹部》：“笄，簪也。”清代朱骏声《说文通训定声》中，对此解释得很详细：“笄有二，髹（即发髻或假髻）内安发之笄，男女皆有之；固冕、弁之笄，惟男子有之”。即笄的用途有二：一为固定发髻，一为固定冕冠。作为女性使用显然是作为固发用具的。

疑问是：圆锥形的发笄确实比较常见，但作为西汉时期轪侯利苍的妻子，身份高贵，生活奢华，这么普通的发笄似乎与她的身份不太相称。因为比较讲究的发笄一般都有笄首作为装饰，而且有笄首的发笄固发相对来说也会比较牢固。另外，在女尸的头部插有三只发笄，均为扁笄，分别为玳瑁质、角质和竹制，形制与此相差甚远（附图1－4、附图1－5）。

基于以上原因，笔者认为此器有可能是“拨”。即古时梳具的一种，用以松鬓。《玉台新咏·梁简文帝〈戏赠丽人〉》：“同安鬟里拨，异作额间黄。”清吴兆宜注：“妇女理发用拨，以木为之，形如枣核，两头尖尖，可两寸长，以漆光泽，用以松鬓，名曰鬓枣。”其描述和此妆具很像。

（二）镊（五子漆奁一件）（附图1-3）

五子漆奁中发现的角质镊，长17.2厘米。镊片可以随意取下和装上，柄制作精细，并刻有几何纹饰。镊是做什么用的呢?《释名·释首饰》：“镊，摄也，摄取发也。”《太平御览》卷七百一十四引《通俗文》：“拔剪须发谓之镊。”可见，镊即拔去发须之用。《南史·废帝郁林王纪》：“高帝笑谓左右曰：‘岂有为人作曾祖而拔白发者乎。'即揥镜、镊。"当然，除了发须，眉毛当也属此列。汉刘熙《释名·释首饰》曰："黛，代也。灭眉而去之，以此画代其处也。"这段话的意思是古人在画眉前一般要除去天然的眉毛，以黛画之。如何除去？或许为摄之。清王初桐《奁史》卷七三引《郑氏家范》："妇女不得刀镊工剃面。"从侧面说明刀和镊是女子修面的重要工具。

此外，该镊应该还有另外的用途。因镊片可以随意取下和装上，当镊片取下时，其形制即为笄。因此，当也可作为固发用。实际上，镊本身经常是作为古笄（簪）或钗端的垂饰的。《后汉书·舆服志下·后夫人服条》："簪以玳瑁为擿，长一尺，端为华胜，上为凤皇爵，以翡翠为毛羽，下有白珠，垂黄金镊。"《南齐书·皇后传·文安王皇后传》："太子为宫人制新丽衣裳及首饰，而后床帷陈设故旧，钗镊十馀枚。"

（三）茀（五子漆奁一件，九子漆奁两件）（附图1–3）

三件茀，长均为15厘米，似为植物纤维或动物鬃毛编束。柄髹黑漆，上绘朱色环纹四圈。其中一件的毛刷部分染红色。墓内竹简二三五记"茀二，其一赤"即指此。

"茀"是妇人的一种首饰。《易·既济》："妇丧其茀。"王弼注："茀，首饰也。"孔颖达疏："茀者，妇人之首饰也。"但它的形制奇特，与一般意义上的以装饰为主的首饰显然不是一类，它一定是有某种用途的。因与其放在一起的多为理发用品，如笄、镊、梳、篦等，故笔者认为其很可能是一种理发用具。

清王初桐《奁史》卷七十二"梳妆门"引《东宫旧事》："皇太子纳妃有漆画猪氂刷大小三枚。"与此甚像。又引《女红余志》："豪犀刷，鬓器也。唐诗：'侧钗移袖拂豪犀'。"《释名·释首饰》载："刷，帅也。帅发长短皆令上从也。亦言瑟也，刷发令上瑟然也。叶德炯曰《说文》：'荔草根可作刷'。"《太平御览》引《通俗文》曰："所以理发，谓之刷。"可知，这种刷或用草根制作，或用猪毫制作，是用来理发，尤其是鬓发的。

那如何理发呢？清王初桐《奁史》卷七十二"梳妆门"又引《正字通》："妇人泽发鬃刷曰'筤'，礼（《礼记》）云'拂髦'、诗（《诗经》）云'象揥'。"所谓"泽发"，即指用头油润发。王夫之《楚辞通释》曰："芳泽，香膏，以涂发。"也就是说，用这种小刷子蘸取发油，用以理发。相当于后来的抿子。韩邦庆《海上花列传》第十回："双玉……起身对镜，照见两边鬓角稍微松了些。随取抿子轻轻刷了几刷。"又："周兰……浓浓的蘸透了一抿子刨花浸的水，顺着螺丝旋刷进去，又刷过周围刘海头。"

而上文提到的"象揥"则是一种新的用途。《诗经·鄘风·君子偕老》："玉之瑱也，象之揥也。"郑玄注："揥，所以摘发也。"孔颖达疏："以象骨搔首，因以为饰，名之揥，古云所以摘发也。”这里的“摘”是拨动、搔的意思。

（四）环首刀（五子漆奁三件）（附图1–6）

奁内有三件，角质，长度分别为20.2厘米，15.5厘米，10.4厘米。

这三件刀因是角质，明显不具有实用价值，当为装饰或礼仪所用。古时称为容刀。《诗经·大雅·公刘》有“何以舟之？维玉及瑶、鞞琫容刀。”这里的“鞞”指刀鞘上端的饰物；“琫”指刀鞘下端的装饰，但这三件刀均无刀鞘。《宋史·仪卫志六·卤簿仪服》：“刀盾，刀，本容刀也。……刀以木为之，无鞘，有环，紫丝条帉䌟。”似和所见实物很像。可见容刀的刀鞘是可有可无的。另《后汉书·舆服志下·刀条》：“郑玄《诗笺》曰：‘既爵命赏赐，而加赐容刀有饰，显其能制断也。’《春秋繁露》曰：‘剑之在左，青龙之象也。刀之在右，白虎之象也。韨之在前，朱鸟之象也。冠之在首，玄武之象也。四者，人之盛饰也。’”可见容刀还有能制断的象征意义，并是很高规格的礼仪佩饰。这与辛追的高贵身份是相符合的。这三把刀均为环首刀，应是作为佩饰悬于腰部的。

（五）梳（五子漆奁一件，九子漆奁两件）（附图1–3）

均为马蹄形。五子漆奁内为木质，长8.5厘米，宽5厘米，19齿。九子漆奁内一为木质，长8.8厘米，宽5.9厘米，23齿；一为象牙质（似），长8.8厘米，宽5.9厘米，20齿。

《说文》：“梳，理发也。”《释名·释首饰》：“梳，言其齿疏也。”顾名思义，梳就是用来梳理头发的，与今天的用途差不多，齿距相对篦比较疏。但当时的梳背比较长，宽度比较窄，且梳背上均画有或雕刻有华丽的纹饰，是可以插在发髻上作为装饰的。

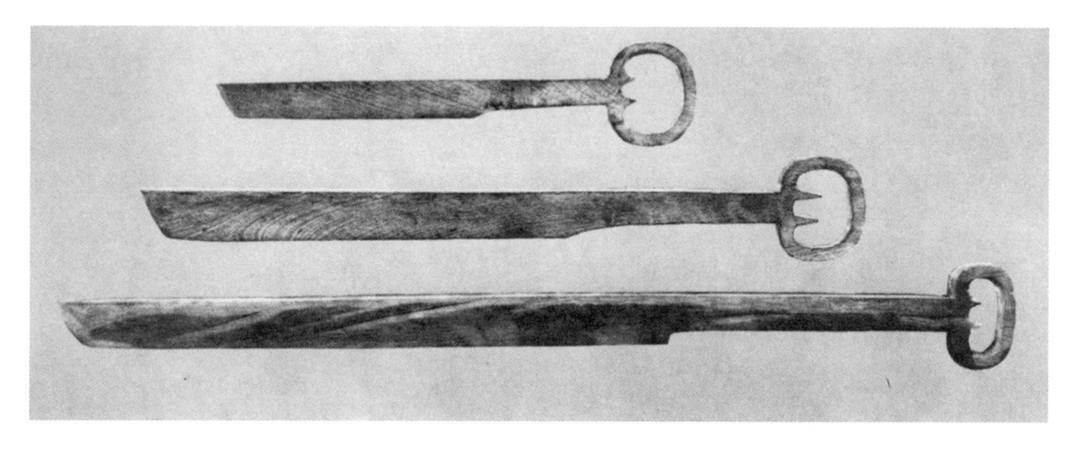

▲ 附图1–6　角质环首刀

（六）篦（五子漆奁一件，九子漆奁两件）（附图1-3）

均为马蹄形。五子漆奁内为木质，长8.8厘米，宽5厘米，74齿。九子漆奁内一为木质，长8.8厘米，宽5.9厘米，74齿；一为象牙质（似），长8.8厘米，宽5.9厘米，47齿。

篦是一种比梳子齿密的梳头工具，除了梳头外，亦可用于剔除发垢。唐李贺《秦宫》诗："鸾篦夺得不还人，醉睡氍毹满堂月。"清王琦汇解："篦，所以去发垢，以竹为之，鸾篦必鸾形象之也。"李渔在《闲情偶寄》里也写道："善栉不如善篦，篦者栉之兄也。发内无尘，始得丝丝现相，不则一片如毡，求其界限而不得，是帽也，非髻也，是退光黑漆之器，非乌云蟠绕之头也。故善蓄姬妾者，当以百钱买梳，千钱购篦。篦精则发精，稍俭其值，则发损头痛，篦不数下而止矣。篦之极净，始便用梳。"

（七）假发（九子漆奁一件）

墓中出土有两幅不同质地的假发实物。一为发质假发，系真人头发编成，缀连于女尸头部真发的下半部，作盘髻式（附图1-4）。一为丝质假发，系黑色丝线制成，放置于九子漆奁内的一个圆形小奁中（附图1-7）。

中国古代女性流行梳高髻，因为真发毕竟有限，要梳出漂亮的高髻，就必须借助假发的帮助，因此很早就出现有假发。《周礼·天官》载："追师掌王后之首服，为副、编、次、追、衡、笄。"追师在当时为朝廷专门管理修治王后的首服和九嫔及内外命妇的冠戴发饰，在参加祭礼典礼和接待宾客时，按规定供给首冠和各种头发上的饰物。郑玄注："副之言覆，所以覆首为之饰，其遗象若今步摇矣，服之以从王祭祀。编，编列发为之，其遗象若今假紒矣，服之以告桑也。次，次第发长短为之，所谓髲髢，服之以见王。"可见，副、编、次就是我国最早的假发，并且是王后、君夫人等有身份的妇女在参加重要活动时才戴的。副取义于"覆"，因覆盖在头上，故称。如果再饰以垂珠，便类似后世的步摇。比对墓中简二二五上"员付蒌二盛印副"之语可知，"员付蒌"中丝质假发名应为"副"。《毛传》："副者，后夫人之首饰，编发为之。"编，这里应读（biàn），这个意义后来写作"辫"，因是把头发辫起来做成，故称。次，取义

▲ 附图1-7　九子奁内的假发

于“次第”，把长短头发依次编织而成，故称。可见自周代起，妇女佩戴假发就已是非常盛行的了。“副”“编”“次”这几个名称流传不广，到后来则叫作“髲”或“髢”。

古时的假发，少量是由真发所制，大部分还是用丝线、动物鬃毛等制品制成的。因为在古代，“身体发肤，受之父母，不敢毁伤。”[1]一般人轻易是不剪发的。因此，要想获得真发做假髻是非常难得的，古籍中不乏贵族王室为了获得女子的秀发做假髻而不惜血腥杀人的例子。即使能够买到真发，也是很昂贵的。一头秀发能卖多少钱？史书上亦有例证。《南齐书·刘祥传附从兄彪传》：“（永明九年），祥从祖兄（刘）彪，坐与亡弟母杨别居，不相料理，杨死不殡葬，崇圣寺尼慧首剃头为尼，以五百钱为买棺材，以泥洹轝送葬刘墓。”即一头秀发在南齐时可以卖得五百钱，当属贵族才能承担得起的物件。因此，人造假发的诞生也就是很正常的事情了。

关于假发的装饰效果，女尸辛追是将假发接于真发之上，在脑后盘成发髻，增加头发的厚度。另外墓中还出土有着衣女侍俑，垂发，长发垂至项背，收尾处束住挽成垂髻（垂髻系另木雕刻，再以竹钉钉上），垂髻下再挽青丝假发。假发长达30厘米，直垂臀部。（附图1–8）说明汉代使用假发，除了使自己之发髻黝黑、浓密之外，同时还有使发增长的审美追求。

▲ 附图1–8　着衣女侍俑

（八）组带（九子漆奁一件）（附图1–9）

带长1.45米，宽11厘米，两端有穗，一端为套状穗，是组头的套扣，长2厘米；一端为散穗，长3.3厘米。现呈淡黄色，原应为红色。简二七五上提到的“红组带一”应即指此。

组在古代多用作佩玉、佩印的绶。《说文》：“组，绶属。其小者以为冕缨。”朱骏声《说文通训定声》：“织丝有文以为绶缨之用者也……阔者曰组，为带绶；陋者曰条，为冠缨；圆者曰紃，施鞞与履之缝中。”对于绶的颜色，史书中也有记载。《后汉书·舆服志下·赤绶条》：“诸侯王赤绶，四采，赤黄缥绀，淳赤圭，长二丈一尺，

▲ 附图1–9　组带

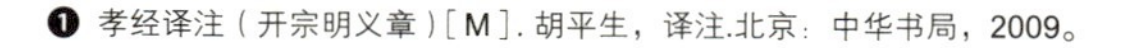

[1] 孝经译注（开宗明义章）[M]. 胡平生，译注.北京：中华书局，2009。

三百首。"《礼记·玉藻》:"天子佩白玉而玄组绶，公侯佩山玄玉而朱组绶，大夫佩水苍玉而纯组绶，世子佩瑜玉而綦组绶，士佩瓀玟而缊组绶，孔子佩象环五寸而綦组。"因墓主人是长沙国相，第一代轪侯利苍的夫人，佩赤（朱）绶应该是合理的。该墓未出玉佩却出有标明墓主身份的印章。因此，笔者认为此组带应为汉代佩绶制度的体现。

（九）针衣（九子漆奁两件）（附图1–10）

两件针衣的形质基本相同，均为长16厘米，宽8.8厘米，用细竹条编成帘状，两面蒙以绮面，四周再加绢缘和带。针衣的中部，都拦腰缀一丝带，其上隐约可见针眼痕迹，当为插针之用。

针的体积太小，若不着意存放，或很易丢失，或在需要时难以找到，所以古代的人们就想了许多存放针具的方法，如有针囊、针管等，其中一种就是"针衣"。根据考古发现，汉代已有钢针。1975年秋，考古人员在湖北江陵一座西汉文景时期的墓中，出土了我国迄今考古发现的年代最早的针衣，针衣里便插着一根缝衣的钢针，钢针的针孔里还有一根黄色的丝线。其针衣的形制和此墓出土的很像。钢针一般插在里层中部，然后卷起来储存。

在古代，刺绣缝纫是女子必备的功课。清王初桐《奁史》卷四十一"针线门"引《婚姻约》:"刺绣女红，妇人正事也。"因此，在妆奁中放置针衣是很正常的。

（十）铜镜（五子漆奁一件）（附图1–11）、镜衣（五子漆奁一件、九子漆奁一件）、镜擦（五子漆奁一件）（附图1–3、附图1–12）

此件铜镜发现时装在绣绢镜衣内，旋钮，钮上系两条绛色丝带。地纹为粗涡纹，主纹为蟠螭纹。含锡量较高，呈灰白色。直径19.5厘米，边缘厚0.6厘米。铜镜就是古代用铜制作的镜子，用途与今天的镜子一样，是人们用来妆饰理容的一种生活用品，因此放在妆奁中是

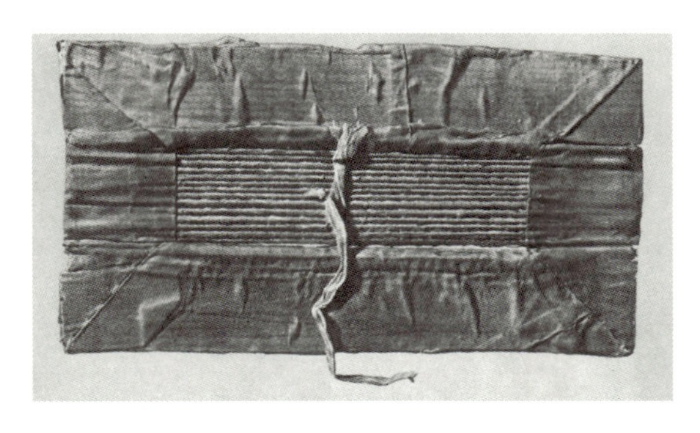

▲ 附图1–10　针衣

▲ 附图1–11　铜镜

很正常的。

镜衣就是专门用来收放铜镜的袋子。奁中的这两件镜衣形制相同，均为筒状。九子奁内一件较为完整，直径32厘米，深36厘米，“长寿绣”绢底，筒缘用绛紫色绢，并絮以薄层丝棉。简二六四提到“素长寿镜衣一赤缘大”，应即指此。五子奁内一件残损较甚，已不能量其尺寸，但尚可看出底部为起毛锦和绣片各两片相间拼成，筒缘用绢。历代铜镜铸造完成后都经过了打磨抛光处理，从而使其光可照人。对于尺寸较小的铜镜，为避免光洁的镜面被磨损，古人通常选用布帛制作镜衣将铜镜包裹后放置起来，这是古人置放铜镜的基本方式。

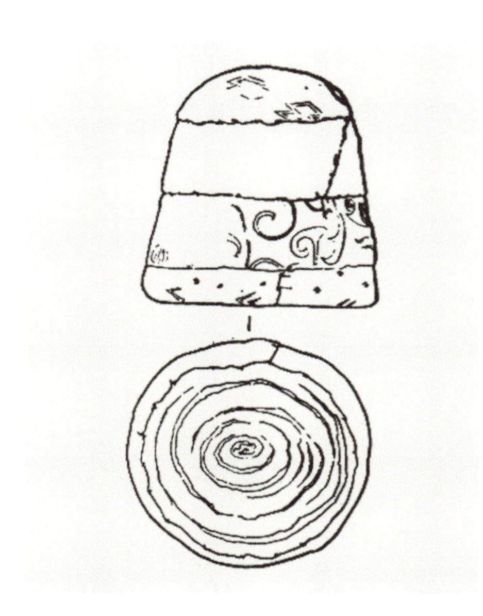

▲ 附图1–12 镜擦

镜擦就是擦拭镜子的用具。为截锥形，底径5厘米，高4.5厘米。用红绢和锦缝制而成，内絮丝绵。简二四三提到“所以除镜一”，应即指此。

▲ 附图1–13 “信期绣”手套

（十一）手套（九子漆奁三件）（附图1–13）

三幅形制相同，均为直筒露指式夹手套。一副掌面为绢地“信期绣”，另两副掌面为罗绮，指部和腕部则均用绢。掌面部分的上下两侧，又都各饰“千金绦”一周。制作非常精美。

手套古时又称“手衣”，即护手之衣。

▲ 附图1–14 丝绵

（十二）丝绵（九子漆奁一件）（附图1–14）

平面呈橄榄形，两头较窄，大致保持一

张丝绵的自然形状。长83厘米，中部宽28厘米，厚0.18～0.40厘米。不知做何用途。

（十三）化妆品（九子漆奁六种、五子漆奁三种）（附图1-1、附图1-2）

两个妆奁中共放了大大小小九个盛放各种化妆品的小奁，有粉状的、油状的、块状的。其具体配方和用途目前暂时无法考证。但根据对汉代化妆史的研究，汉代的化妆品已有：脂，即涂面的香膏；泽，即涂发的香膏；妆粉，即妆面用的香粉，有白粉、红粉之分；胭脂，主要原料为红蓝花；眉黛，即描眉的石黛；唇脂等。

（十四）香料（五子漆奁两种）（附图1-1）

五子奁内的两个较大的小奁是专门放置香料的。一个小奁内绷绛色绢，绢上放花椒，另一个放的是香草类植物。此外，墓中还出土有四件形制相同的香囊，出土时均装有香料。（附图1－15）一个全装有茅香根茎，一个全装花椒，两个装有茅香和辛夷。此外，还有六件草药袋，大多装的也是香料和芳香类药物。这么多香料的存在，说明汉代的熏香传统已经发展得非常成熟，而且也很普遍。而且，香囊亦为腰间佩饰之一，其中三件为“信期绣”，制作非常精美。

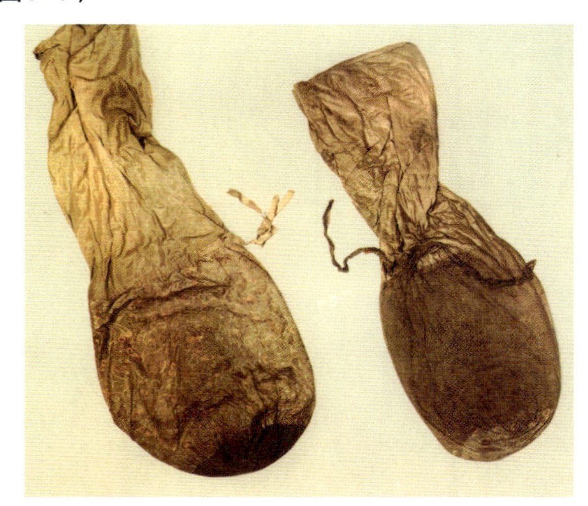

▲ 附图1-15　香囊

三、妆饰习俗综述

根据对辛追妆奁的分析，我们大致可以对汉代轪侯夫人的妆饰习俗有一个基本客观的了解。

（一）面部妆饰（附图1-16）

从辛追的妆具、化妆品、汉代化妆史及出土木俑的面部妆容来分析，其化妆步骤大概是这样的：首先将铜镜从镜衣中取出，用镜擦擦拭明亮。然后用“镊”拔去多余的眉毛。再敷上面脂润肤，用粉扑扑上白色妆粉，用胭脂或红粉淡晕双颊，然后用毛笔蘸染石黛描眉。从木俑的妆形来看，多为长眉入鬓，说明当时流行长眉，这与史籍中的记载是相吻合的。最后用唇脂点染朱唇。从木俑的唇形来看，很像一颗倒扣的樱桃，说明当时女性唇形是以娇小浓

▲ 附图1–16　辛追复原蜡像，湖南省博物馆藏

艳为美，俗称“樱桃小口”。这种“樱桃小口”风行于整个中国封建社会时期。

（二）发髻妆饰

从辛追的梳具分析，其理发当有以下几个步骤：先用“镊”拔去明显的白发，然后用“篦”篦去发垢，再用“梳”梳理真发，梳好后接上“假发”，盘成发髻，发髻用三只扁“笄”固定好。发髻梳好后，用“茀”刷上发油，再用“拨”松鬓，整理造型。最后带上少量但很精致的头饰，如额饰或步摇。

从款式与装饰来看，辛追的总体风格是比较简约的。真发下接假发，梳成靠后的盘髻式。发髻上仅插有三只造型简洁的扁笄，质料非金非银，当为固定发髻所用，装饰性并不强。唯一华丽的是戴在其前额的由29件木花饰品组成的额饰，绘有朱漆，贴有金叶。另外，在墓中出土的非衣上，其上段绘一拄杖缓行的衣着华丽的老年妇女，也是简约的后盘髻，发髻前部插戴一丛缀有白珠的饰品，学者们推断此为“步摇”。

（三）佩饰

该墓随葬品极多，服饰也极为精美华丽，处处体现着墓主人生前奢侈的生活和对死后继续享受的追求。但作为炫耀财富、装点服装的佩饰品却并不是很多。例如首饰方面既无金、银、珠玉、簪钗、花钿，也未见耳饰、颈饰、手镯和戒指，仅见三只简单的发笄、三例假发资料、一串贴金叶的木花额饰和一例推断为步摇的图像资料。佩饰也不是很多，均是集装饰与实用为一体的“事佩”。如香囊是用来除味、熏衣之物；容刀和红组带则应是彰显墓主人高贵身份的标志。

附论二

中国古代人物审美综述

妆饰，在本书中包括化妆和发式两大部分。其作为艺术的一个门类，与其他艺术最大的不同在于，妆饰艺术必须以人体为载体方可存在。因此，要想真正理解中国传统妆饰的审美风格，首先就必须要对中国传统文化中对美女和美男的不同界定有一个基本的文化认知。

第一节 解读中国古典美女

“什么样的女人是美的？”这个问题就像“我是谁？我从哪儿来？要到哪儿去？”这个困惑了古今中外所有智慧哲人的命题一样，很难有一个具体而明确的答案。因为美人之所以迷人，就在于她有千种风情，万种韵致。不着一字，而尽得风流。“什么样的中国女人是美的？”这个问题似乎实在了很多，因为它涉及一个有着悠久灿烂历史文化传统的伟大民族几千年来对美人的理解与诠释。尽管我们很难用一种量化的标准来对中国美人进行界定，但一个民族的审美心理是逐渐积淀而成的，它与地域环境、人种特征、文化传统、哲学思想都有着千丝万缕的联系，有着一种内的逻辑性与恒定性，也有着和异域文化所截然不同的独特意蕴。

一、中国的古典美女长什么样

对于所有的女人来说，拥有美丽的姿容外貌总是一生不变的追求。但长成什么样的中国女人才是美的呢？明末清初的嘉兴文人徐震在他的《美人谱》中为我们做了一个精辟的总结：

“一之容：螓首、杏唇、犀齿、酥乳、远山眉、秋波、芙蓉脸、云鬓、玉笋、荑指、杨柳腰、步步莲、不肥不瘦长短适宜。”

美人固然应“性与韵致兼优，色与情文并丽”，但总归是姿容居首。徐震的概括尽管区区三十几字，却面面俱到，也为我们勾勒出了中国古典美人姿容的一个基本模式。

1. 螓首 《诗经·卫风·硕人》为我们勾勒出了先秦时期一个美丽的国君夫人庄姜的姿容，其中便有："螓首蛾眉"一句。螓在古书上是指一种像蝉的昆虫，体小方头，广额而有文采。故"螓首"就是赞美女性前额丰满而宽阔，即相术上所说的"天庭饱满"。其不仅视觉上观之爽朗，而且也象征性情开阔，气运吉佳。

2. 杏唇 "杏唇"，也称"樱唇"，都是以杏、樱之小巧圆润之态作为中国古典女子唇形之比兴，也俗称"樱桃小口"。相传唐代诗人白居易家中蓄妓，有两人最中他的心意，一位名樊素，貌美，尤以口形出众；另一位名小蛮，善舞，腰肢不盈一握，白居易为她俩写下了"樱桃樊素口，杨柳小蛮腰"的风流名句。李渔还专门对女子的点唇之法颇有见地，他在《闲情偶寄》中写道："点唇之法，又与勺面（指古时女子在面部点染红色圆点，属面饰之一）相反，一点即成，始类樱桃之体。若陆续增添，二三其手，即有长短宽窄之痕，是为成串樱桃，非一粒也。"

3. 犀齿 美人庄姜不仅有"螓首蛾眉"，也有"齿如瓠犀"；宋代王炎《用元韵答秀叔》诗有："那堪老赋悼亡诗，不见蛾眉瓠犀齿。"民国初年出演时装新戏《新茶花》中的女主角新茶花的评剧坤伶刘喜奎也被人写诗称为："远山之眉瓠犀齿，春云为发秋波瞳"。那么，瓠犀为何物呢？朱熹集传中写："瓠犀，瓠中之子，方正洁白，而比次整齐也。"因其洁白整齐，故此常用瓠犀微露来形容女子的牙齿洁白美丽。

4. 远山眉 "远山眉"是一种色淡而虚，如远山之色的眉形，其似有还无，弯曲缥缈，代表了中国古人对淡雅含蓄的眉妆风格的喜好。据说其始创于汉代美女卓文君，汉代刘歆《西京杂记》卷二："文君姣好，眉色如望远山，脸际常若芙蓉。"不仅迷倒了大才子司马相如，也让自己在妆容史上流芳千古。其后，历代美女争相效仿，如汉代美女赵合德便是"为卷发，号新髻；施薄眉，号远山黛。"（伶玄《赵飞燕外传》）；《牡丹亭》里的杜丽娘是"断肠春色在眉湾，倩谁临远山"；冯梦龙笔下的杜十娘也是："两弯眉画远山青，一对眼明秋水润。"

5. 秋波 秋波是形容女子的眼神如秋波流转，含情脉脉。我们会发现，在形容女子姿容的其他部位时，徐震用的都是以物比形的方法，即是对其形态的描述。而独独在描写眼睛的时候，作者抛弃了对形的追逐，用的是神态描述。这实际上和中国艺术中讲究"以神统形"的观念是一致的。

眼睛是心灵的窗户，我们要保持它的清晰与纯净，这也影响了中国古代女子对眼妆的态度。中国女子自古在化妆习俗中对画眉和胭脂情有独钟，而独独对眼睛的修饰少之又少。在历代仕女画中，我们很难寻觅到对眼睛的刻意修饰，全然一派“素眼朝天”。而且，在文学作品中歌咏美目，也多赞颂其神态之美，绝少提及描画之事。如：“巧笑倩兮，美目盼兮”；“眸子炯其精朗兮，瞭多美而可观”；“两弯似蹙非蹙笼烟眉，一双似喜非喜含情目”。明代吴江才女叶小鸾在她的名篇《艳体连珠》里吟咏美目时也云：“盖闻含娇起艳，乍微略而遗光。流视扬清，若将澜而讵滴。故李称绝世，一顾倾城。杨著回波，六宫无色。是以咏曼睩于楚臣，赋美盼于卫国。”全然是以神态见长。西方女子则不然。欧洲由于受古埃及文明的影响比较深，自古希腊时起就极重眼妆，流行描黑眼眶，以此让自己看起来清晰而性感（附图2-1）。细究中国古代的这种眼妆习俗，其实和中国人种的特点有很大关系。中国人属于典型的蒙古利亚人种，天生多为单眼皮。所以不论从文学作品，还是传世画作来看，美女多为一双细长的丹凤眼。像汉代美后张嫣便是“蛾眉凤眼，蝤领蝉鬓”。曹雪芹笔下的王熙凤也是“一双丹凤三角眼，两弯柳叶吊梢眉”。画过妆的女性都应该知道，单眼皮由于上眼睑较厚，要想靠薄妆来画大是很难的，只有画长尚有可能。所以中国古典女子的眼睛往往是贵长不贵大，靠眼波流转来传情达意。而且，由于中国人的五官不像西方人那样起伏跌宕，相对比较平整和顺，所以细长的丹凤眼其实是与整体的形象最为和谐的一种眼形，也是体现东方典雅美与含蓄美的特有元素。你看，那端庄静穆的佛陀，哪一个不是凤眼微睁，颔首微笑！

6. 芙蓉脸　上文提到的汉代美人卓文君便是“脸际常若芙蓉”，古人为什么爱用芙蓉来形容美人的脸蛋呢？这和芙蓉花的特性是有关系的。芙蓉花一日三变其色，故又名“三醉芙蓉”。清晨和上午初开时花冠洁白，冰清玉洁；中午逐渐转变为粉红色，娇艳欲滴；午后至傍晚凋谢时变为深红色，如美人初醉。真像极美人的一生。且其花晚秋始开，霜侵露凌却丰姿艳丽，占尽深秋风情，因而又名“拒霜花”。一日三变，傲立秋风，且粉红娇艳，玉树临风。无怪乎自古“芙蓉”就是美人的代名词。

芙蓉尽管一日三变，但其总体格调是淡雅清秀的，它不似水仙般苍白孤秀，也不似牡丹般富贵雍容，而是白里透红，温和而不失娇媚，正所谓“清水芙蓉”，一如中国古代女子淡雅清秀，浅露微红的妆面。

7. 酥乳、云鬓、玉笱、荑指、杨柳腰、步步莲、不肥不瘦长短适宜　中国古代女子的姿容一直以来追求的都是整体效果，除了脸部，身上的每一个细节也都是很重要的。例如手脚，一双玉手应如柔荑、笋尖般纤细柔嫩（玉笱、荑指）。李渔就曾说得明白：“两手十指，为一身巧拙之关，百岁荣枯所系”；“手嫩者必聪，指尖者必慧”。双手要追求尖而修长的形态与洁白柔嫩的肌肤。至于步步生莲的小脚，毕竟是一种畸形美的追逐，我们就不再重翻这历史的糟粕了。但那轻盈流畅、行行如玉立的步态，依然是我们可以借鉴的。

再如秀发，《艳体连珠》中云："发，盖闻光可鉴人，谅非兰膏所泽。髻余绕匝，岂由脂沐而然。故艳陆离些，曼鬋称矣。不屑髢也，如云美焉。是以琼树之轻蝉，终擅魏主之宠，蜀女之委地，能回桓妇之怜。"（云鬓）头发要如祥云般飘逸绵长，如施以兰泽（头油）般光可鉴人。南朝陈后主的贵妃张丽华，便长有一头如云的秀发，发长七尺，黝黑如漆，光润可鉴，涂上发膏，梳成高髻，光彩照人，熠熠生辉。被誉为中国古代长发美人的典范。

至于身姿自然是不肥不瘦长短适宜为上品，一如那位《登徒子好色赋》中的楚国佳丽："增之一分则太长，减之一分则太短，着粉则太白，施朱则太赤，眉如翠羽，肌如白雪，腰如束素，齿如含贝。嫣然一笑，惑阳城，迷下蔡。"真是差之毫厘都不可以。在身材中，酥胸和杨柳细腰又是关键。中国女子的胸，并不似西方那般追求丰满硕大，"酥"是如绸缎光洁细腻的意思，即追求洁白润泽的胸脯。腰则一定是如杨柳般柔软细弱为美，正如《艳体连珠》中所云："腰，盖闻袅袅纤衣，非关结束而细。翩翩约素，天生柔弱无丰。故飘若春云，常愁化彩。轻如秋雁，还恐随风。是以色冠昭阳，裙有留仙之襞。巧推绛树，舞传回雪之容。"

通过以上的分析，我想中国古典美人的姿容已然在我们的脑海中慢慢浮现了：天庭饱满、凤眼流波、薄施朱粉、浅画双眉，樱桃小口嫣然一笑，露出洁白整齐的牙齿；一双葱管般的玉手，抚弄着一头如瀑布般倾泻而下的如云秀发，舒展着那恰到好处的身姿，轻摆细腰，微移莲步，顾盼生姿，含情脉脉。真是"一顾倾人城，再顾倾人国"啊！

二、"饰不可过，亦不可缺，淡妆与浓抹，惟取相宜耳"

对于女性来说，在天赐的仪容之上，要想变得更美，首先想到的一定是如何化妆与修饰。正所谓"善毛嫱、西施之美，……用脂泽粉黛则倍其初。"化妆修饰的确对于美化仪容有着非常重要的作用。但中国古人对于女子修饰中"度"的把握是很看重的。明末清初文人卫泳在《悦容编》中对此有非常精彩的论述：

"饰不可过，亦不可缺。淡妆与浓抹，惟取相宜耳。首饰不过一珠一翠一金一玉，疏疏散散，便有画意。如一色金银簪钗行列，倒插满头，何异卖花草标。"

也就是说，女子妆容修饰一定要与她的身份、体型及时令、场合相适宜，如果一味追求珠光宝气，反而会显得俗不可耐。清代大文人李渔在他的《闲情偶记》中，对此则有着更为精到的见解：假若佳人一味的"满头翡翠，环鬓金珠"，则"但见金而不见人，犹之花藏叶底，月在云中”“是以人饰珠翠宝玉，非以珠翠宝玉饰人也”。因此女子一生中，戴珠顶翠的日子只可一月，就是新婚之蜜月，这也是为了慰藉父母之心。过了这一月，就要坚决地摘掉这珠玉枷锁，“一簪一珥，便可相伴一生。此二物者，则不可不求精善”。平常的日子里，一两件首饰就足矣了，但这一两件却一定要做工精细，工巧别致。如此方能既不为金玉所累，又能起到画龙点睛之美的功效。

纵观中国古代化妆史，那些妖艳的妆容或被列为服妖加以禁止，或仅仅局限于宫掖青楼所为，而薄施朱粉、浅画双眉的“薄妆”“素妆”与“淡妆”才始终是女子化妆的主流。战国宋玉的神女是“嫷披服，侻薄装（妆）”[1]；宋代的嫔妃亦是“妃素妆，无珠玉饰，绰约若仙子”[2]；元曲中也有“缥缈见梨花淡妆，依稀闻兰麝余香”[3]的咏叹；甚至以图绘宫廷富贵著称的唐代著名人物画家周昉的“绮罗美人”也是“髻重发根急，薄妆无意添。”[4]。中国这种崇尚清水出芙蓉般的淡雅妆容特色，相对于西方从16世纪开始流行的“厚妆”风格，可谓有着天壤之别。“厚妆”为了掩盖脸上的瑕疵，要在脸上涂上极其厚重的粉底，为了弥补失去肌肤透明感的遗憾，需要人为地在太阳穴、脖子和胸部等部位绘制上静脉的青色纹理，并浓绘眼妆和唇妆。很明显，西方的厚妆已不是对脸的修饰，而是对脸的再造。而中国女子的“薄妆”则正如孔子的“绘事后素”观，修饰必须在素朴之质具备以后才有意义，它强调的是对人本真的自然美的诠释与显现。素朴之美是其本，化妆修饰是其表，切不可本末倒置（附图2-2）。

当然，为了彰显本真之美，中国女人很注重对自我内在的保养。中国古代尽管彩妆上不尚浓艳，但养颜术与养颜用品却是非常发达的。从洗面的澡豆、洗发的膏沐、乌发的膏散、润发的香泽、润唇的口脂、香身的花露与膏丸、护肤的面脂与面药、护手的手脂与手膏，到疗面疾与助生发的膏散丹丸，可谓应有尽有。大部分配方在中国历代的经典医书里都可以找到，可见中国女子的养颜术是和中医紧密联系在一起的，这就为中国女子的养颜提供了一种科学的保障。再加上中医讲究的是“防患于未然”，重视“固本培元”“起居有常”，注重身体内部根基的培植和与外在世界的和谐，就使得中国美人的美是一种依托于内在的质的闪烁，而不是依靠外在的修饰之功。

---

[1] 引自战国宋玉《神女赋》。

[2] 引自宋代王明清《挥尘后录》。

[3] 引自元代郑光祖《蟾宫曲·梦中作》。

[4] 引自宋代黄庭坚《题李亮功家周昉画美人琴阮图》。

▲ 附图2–1 中国李唐王朝是鲜卑族起家，因此其文化中含有浓重的胡风成分，不仅体现在对女性丰肥体态的追逐上，也是中国历史上最重浓艳“红妆”的朝代。但即使如此，“素眼朝天”依然是不变的追求。此外，不重耳饰也是此时妆饰的一大特色（左）

欧洲女子受古埃及影响，对眼妆非常重视。流行浓重的眼线，这与她们起伏明显的五官和“厚妆”的整体风格是协调的。图为希腊克里特文明遗址上保留的仕女画像。其漆黑的眼妆和性感的服饰是西方服饰文化典型的代表（右）

▲ 附图2–2 在中国古代的仕女中，“薄妆”一直是面妆的主流。清新、雅致、干净、纯洁，犹如出水之芙蓉，带雨之梨花。这是明代大画家唐伯虎所绘的《嫦娥执桂图》，其清新的面容，修长的凤眼，尽显中国女子的温婉和妩媚（左）

欧洲流行的“厚妆”，不仅仅体现在浓艳的妆容上，而是整体服饰形象的综合。这是法国洛可可画家布歇绘制的蓬巴杜夫人肖像，她是法国国王路易十五的情妇，当时的社交界名媛。她浓重的胭脂和遍布全身的花团锦簇可谓“厚妆”的典型（右）

三、“妇人之衣，不贵精而贵洁，不贵丽而贵雅，不贵与家相称，而贵与貌相宜”

除了妆容修饰，服装是彰显女性外在形式美的另一个重要组成部分。对于服装的选择，和妆容一样，中国古人也并不提倡华服丽裳，因为美丽和华丽并没有必然的联系，正所谓“西施衣褐而天下称美”。《女诫》中论及“妇容”说：“妇容，不必颜色美丽也……盥浣尘秽，服饰鲜洁，沐浴以时，身不垢辱，是谓妇容。”女人装扮，清新洁净是第一位的。李渔在《闲情偶寄》中则写道：“妇人之衣，不贵精而贵洁，不贵丽而贵雅，不贵与家相称，而贵与貌相宜。”就是说，女人穿衣，不需追求精巧华丽，而是以干净雅致为上品，而且服装颜色和款式一定要和自己的肤色身材及所处环境相适宜方为上上品。正所谓：

“服色亦有时宜。春服宜倩，夏服宜爽，秋服宜雅，冬服宜艳；见客宜庄服，远行宜淡服，花下宜素服，对雪宜丽服。吴绫蜀锦，生绡白苎，皆须褒衣阔带；大袖广襟，使有儒者气象。然此谓词人韵士妇式耳。若贫家女典尽时衣，岂堪求备哉？钗荆裙布，自须雅致。

花钿委地无人收，方是真缘饰。”

——卫泳《悦容编》

除了讲究洁净、雅致与和谐，中国古人的服装形制和西方有很大的差别。中国的传统服装以平面直线裁剪为主，丝毫不约束人体，是衣随人动，衣是形，人是神。所以中国古代的衣服，一旦脱离了人身，就像是面条一样难以窥其形。而西方的服装是立体裁剪，紧身胸衣和宽大的裙撑使得衣服像个坚硬的壳子，把人的身体紧紧地约束其中，是人来适应衣服，衣服修饰了人，而人反而成了衣服的奴隶。所以，西方这种以空间造型为主的服装，追求的是一种性感之美，蜂腰阔臀，袒胸露乳，塑造出的西方女性丰盈、张扬、浪漫而奔放。而中国的服装是以流线型为主，追求的是一种飘逸含蓄之美，衣不露体，却衣随人动，曼妙的身形在轻软丝滑的绸缎之下影影绰绰、起伏跌宕、仙袂飘飘、玉树临风！“翩若惊鸿，婉若游龙”，“濯濯如春月柳”，这样唯美的咏叹是只能用在中国女子身上的（附图2－3）！

所以说，中国古典服饰展现出的是一种人与自然的和谐，其庄重而不失飘逸，含蓄又不失性感，并且不会约束人体的发育，健康而又舒适。东方女子本不如西方丰盈，为何一定要费力地靠彰显第二性征来吸引人们的目光！懂得“藏拙”才是着装的大智慧。中国传统文化和西方传统文化之间最大的差异就在，中国的传统观念偏向于一个“藏”字，而西方则偏向于一个“露”字，即外露的、张扬的、包装的。其实真正的性感不是暴露，而是含蓄；不是张扬，而是隐晦。中国的旗袍之所以成为服饰中的经典，就在于其在藏与露之间找到了一个恰当的平衡点。美从迷离中寻来，胜过通透的美感，迷离微茫往往能产生比清晰直露更好的美感。美如雾里看花，美在味外之味，美的体验应该是一种悠长的回味，美的表现应该是一种表面上并不声张的创造。当今服装设计界的中国风此起彼伏，但大多局限在中国色彩符号与图案元素的撷取上，其实，中国服装的这种内在神韵才是我们真正应该把握的重点。

四、“美人真境，然得神为上，得趣次之，得情得态又次之”

有了恰当的服装与修饰，就能称作美人了吗？非也！服饰只是外在的包装，尽管它也能体现出一个人的品位，但美人是一个动态的风景，不是一张静止的照片，她展示的不是一幅漂亮的画面，而是一派生动的风神。同样是李渔，他的一段有关“尤物”的理解，真是把神态对于美人的重要性阐述得入木三分：古云：“尤物足以移人。”尤物是什么呢？就是美人的妩媚之态。世人大多看重美色，但不知容貌虽美，却只是“物”罢了，就像画中的美女，再美也不能牵人魂魄。而有了妩媚之态的美人，是为“尤物”，这才是真正的美色。故此：

“媚态之在人身，犹火之有焰、灯之有光、珠贝金银之有宝色，是无形之物，非有形之物也。惟其是物而非物、无形似有形，是以名为尤物。”

李渔指的“媚态”，引申开来就是指人的风神、情态。卫泳在《悦容编》中对女子之神态有着很详细的一段描写：

“美人有态有神有趣有情……

唇檀烘日，媚体迎风，喜之态；星眼微瞋，柳眉重晕，怒之态；梨花带雨，蝉露秋枝，泣之态；鬓云乱洒，胸雪横舒，睡之态；金针倒拈，绣屏斜倚，懒之态；长颦减翠，瘦靥消红，病之态。

惜花踏月为芳情，倚阑踏径为闲情；小窗凝坐为幽情；含娇细语为柔情；无明无夜，乍笑乍啼，为痴情。

镜里容，月下影，隔帘形，空趣也；灯前目，被底足，帐中音，逸趣也；酒微醺，妆半御，睡初回，别趣也；风流汗，相思泪，云雨梦，奇趣也。

神丽如花艳；神爽如秋月；神清如玉壶水；神困顿如软玉；神飘荡轻扬如茶香，如烟缕，乍散乍收。

数者皆美人真境。然得神为上，得趣次之，得情得态又次之。”

卫泳对女性神态的审视固然有其社会局限性，然而有一句话却是深合我心，那就是：“美人真境。然得神为上，得趣次之，得情得态又次之。”这正如中国画论中所诠释的中国艺术的真谛：以神统形，以意融形，形神结合，乃至神超形越。中国艺术追求的正是这超越于形态之外的神韵的秘密。对于女人来说，容貌其实只是一个引子，隐藏于容貌之后的内在风神才是吸引人的真谛（附图2－4）。

那对于女性来说，这种内在风神是什么呢？这其实实在是难以言说的，如同禅宗之佛法，只要口一开，就会掉在地上。它如同盘旋于肉身之外的一团真气，如同由内而外散发出的一轮灵光，它是一种生命内在的活力，是对自己生命力量的信心，更是对自己内在的清洁本性的肯认。“80后”的范冰冰，已然能笑傲于中外之江湖；杨澜已近半百，谁又能压倒她的风情？吴仪年近八十，谁会不折服于她的神采？她们或意气风发，或端庄稳重，或坚韧果敢。千种仪态、万种风神皆来自于对自我内在生命力量的信心。和这样的女人相处，才会有“自从去年一握手，至今犹觉两袖香”的感叹。对她们来说，美丽不会因为年老而减衰，却会在岁月的流淌中幻化为永恒。其实，对于女人，外貌不是问题，长短丰弱，正是千姿百态；年龄更不是问题，少壮老暮，恰是风神各异。正视自我，找到自己的“好雪片片”，便会自在圆足，终身快意。对此，古人其实早有真知：

“少时盈盈十五，娟娟二八，为含金柳，为芳兰蕊，为雨前茶。体有真香，面有真色。及其壮也，如日中天，如月满轮，如春半桃花，如午时盛开牡丹，无不逞之容，无不工之致，亦无不胜之任。至于半老，则时及暮而姿或丰，色渐淡而意更远。约略梳妆，遍多雅韵。调适珍重，自觉稳心。如久窨酒，如霜后橘。知老将提兵，调度自别，此终身快意时也。”

——卫泳《悦容编》

五、“色期艳，才期慧，情期幽，德期贞”

中国自商周开始就是一个重礼教妇德的社会，重视女子的德才兼备。女性的才能、智慧以及符合礼仪规范、道德规范的修养与美德，是为女性的内在美。其与外在的容貌与外显的风神相结合，共同铸就了所谓中国“美人”的基本标准。即“色期艳，才期慧，情期幽，德期贞”。[1]

这里的“色期艳”很好理解，指的就是女子的外在美，包括艳丽的容貌和得体的衣着修饰。“情期幽”中的“情”则指的是上文所谈到的情态、风神。用现代的话说就是“情商”。中国女性的风情应该是一种含蓄的流露，幽然的散发。内敛深邃，却自有一段风流态度，是

[1] 引自清代吴震生《西青散记序》。

为“幽”。

“才期慧”中的“才”，指的便是女性的才艺与学问。李渔便主张：女性所学技艺“以翰墨为上，丝竹次之，歌舞又次之，女工则其分内事，不必道也”。如此之女性，方为上得厅堂，下得厨房。中国古代的美女大多都是才女：赵飞燕、杨贵妃有歌舞之才，精通音律；花蕊夫人、上官婉儿有文才，擅长写诗填词；公孙大娘有舞剑之才，张旭观之而悟通书理；谢道韫不仅有“咏絮之才”，且善辩，使人心形俱服；武媚娘“素多智计，兼涉文史”，从而君临天下……古时女子的才学可谓文武皆备，其中文史韬略可以治国；歌舞剑术可以养生；诗文词赋用以修身；琴棋书画可以养性。卫泳也叹曰：“女人识字，便有一种儒风。故阅书画，是闺中学识。”“美人有文韵，有诗意，有禅机”方能与之共鸣。这对我们当代女性其实是有启示的：读书方能明理，学习才可处事，这是我们的安身立命、修身齐家之本，故曰“翰墨为上”，不足道也。但仅限于此，往往容易流于呆滞，难有情致。故此琴棋书画、诗词歌赋、烹饪织绣也需择其二三，颐养性情，从而熏染出一种悠然高雅的芝兰之慧，使得两袖飘香，满口珠玑，是为才之根本。

最后，“德期贞”。将“德”放在本文的最后阐述，不是因为它最不重要，而恰恰是因为它最最重要。孟子云：“西子蒙不洁，则人皆掩鼻而过之；虽有恶人，斋戒沐浴，则可以祀上帝。”[1]就是说，西施虽然美貌无双，但她如果品德肮脏，也只能引起人们的憎恶；相反，一个相貌丑陋的人，如果有高尚的品德，其也可如神般受人尊敬。“德”并不仅仅是一种善良正直的品格，还包含有一个人对生活的态度和对世界的看法。正所谓“相由心生”，其实，一个人的精神气质、妆容打扮，包括诗书意趣都不是孤立存在的，它们是内在心灵的外在显现，“德”可以说是成就“美人”的土壤。《关雎》中为我们迎来的中国文化圈中的第一位美女——“窈窕淑女”，究竟美在何处呢？词源学告诉我们：美心为“窈”；美状为“窕”；善良为“淑”。从周代开始，赞扬美女注重的就是其心灵深处的品性，这种品行的核心就是“贞”。这个“贞”，并不是所谓的贞洁、贞操之意。“贞”，正也。《周易》“乾”卦开篇便提到了这个“贞”。“贞者，事之干也”，“言行抱一谓之贞。”也就是说，贞正坚固的节操，是处事的根本，德行的根本。代表妻道的“坤”卦又言：“牝马地类，行地无疆，柔顺利贞。”对于女性来说，贞正不是一种外显的刚强与气焰，而是一种隐藏于柔顺外表下的坚持与坚定。这就像水，“天下莫柔弱于

[1] 引自《孟子·离娄下》。

▲ 附图2–3 中国古典服装并不直白地彰显女性性征，也不束缚人体，而是以飞舞清扬的流线美为其神韵，衣随人动，飘逸窈窕，虽不露体，却有一种含蓄的风流。图为顾恺之笔下“翩若惊鸿，婉若游龙”的洛神形象（左）

欧洲自文艺复兴开始，紧身胸衣和宽大的裙撑就构成了女装两个基本的组成元素，以夸张地彰显女性丰乳肥臀的立体造型为审美原则。而紧身胸衣对女性身体的折磨一度达到骇人听闻的地步，极大地影响了女性身体的健康发育，使得衣服成为一座移动的牢笼（右）

▲ 附图2–4 清代仕女画家改琦的《秋风纨扇图》，画中女子我们似乎很难用漂亮来形容她，但其清如玉壶水的神韵，真真是飘荡轻扬如茶香，如烟缕，乍散还收（左）

▲ 附图2–5 顾恺之《女史箴图》中的一段，图中画两位皇后正在梳妆，旁题字曰：“人咸知修其容，莫知饰其性；性之不猸，或愆礼正；斧之藻之，克念作圣。” 意思是人们都只知妆饰容貌，却不知修身养性比这更为重要（右）

水，而攻坚强者莫之能胜，以其无以易之。弱之胜强，柔之胜刚，天下莫不知，莫能行。”[1]世间没有比水更柔弱的，然而攻击坚强的东西，没有什么能胜过水的。滴水可以穿石，洪水可以没城。水性至柔，却无坚不摧。在柔顺温婉的外表之下，有一颗正直的心灵，纯洁的操守，坚持自己的清洁本性，保有对自己内在生命力量的信心，于柔顺中见刚强，委婉中现坚定，是为“贞”（附图2－5）。

第二节 解读中国古典美男

谈到美人，人们的脑海里往往会和女人联系在一起。沉鱼落雁、闭月羞花，中国古代四大美女几乎尽人皆知。“郎有才，女有貌”也成为我们中国这个以儒家文化为主流价值观的国家夸赞伉俪的最为流行的溢美之词。但是，美丽的外貌就一定只能属于女人吗？男人可不可以比拼美丽呢？

一、上帝造人的初衷，男性是应该比女性美丽的

实际上，我们纵观动物界，暂且抛开人类不谈，所有的动物一定是雄性要美于雌性。会展翅开屏的一定是雄孔雀，有威武鬃毛的一定是雄狮，有漂亮鸡冠的一定是公鸡……因为在动物界，雌性掌握着生育的主动权，而雄性却必须依靠自己的能力为自己争取繁衍的权利，它们除了需要凭借强壮的力量打败对手，也需要靠美丽的外表吸引异性。上帝赋予了雄性以更美丽的外表，就是为了让它们有更强的资本去争夺异性，以为自己的种族留下最优秀的后代。

在人类的世界，其实最初也是如此。在原始社会的墓葬中，男性的配饰随葬品并不比女性要少；在当代诸多的原始部落中，男性也往往要比女性更重修饰，在他们中间，披挂最华丽的人往往不是巫师就是酋长，而他们基本都是男性。即使是步入文明社会，在欧洲文明的摇篮古希腊文明中，我们也会发现一个不争的事实：希腊文明从一开始到其繁荣的顶峰这段时间里，在其人体雕刻艺术中，我们看到的男性雕像总是裸体的，而女性雕像却总是着衣的。因为在希腊人的观念中，男性强健挺拔的躯体要远比女性肉感阴柔的躯体更为完美，更显崇高。这种审

[1] 引自《老子·道德经》。

美现象从希腊古典晚期（公元前4世纪）开始发生了转变，随着战事频繁，世风日下，大多数民众不再关心那些崇高的东西，而把目光投向了现实生活和世俗情趣，对艺术品的官能作用日渐注重，于是艺术品中的女人脱掉了衣服，而男人披上了衣服。在现实生活中则是男性由于生理上的强健而获得经济活动中的优势，使得男性权利日益扩张，女性则退居家庭的苑囿，男强女弱，男尊女卑获得整个社会的认同。于是女人日益浓妆艳抹，为悦己者容；男人则骑马打仗，学而优则仕，以外在的功业而非容貌来获得异性的青睐。

因此，单纯从生物学的角度讲，上帝造人的初衷，男性是应该比女性美丽的，男性也应该比女性更注重妆饰。只是人类世界不同于动物世界，人类的行为更多的是受到社会意识形态和现实经济生活的支配。郎重才、女重貌的传统观念约束使得男人不敢过多妆饰，每日外出的艰苦劳作和戎马生活也使得男人无暇妆饰。一句话，不自由的社会使得男人无法获得真正意义上的妆饰的自由。

那么，在中国历史上，有没有一个时代男人是自由（相对的自由）的呢？有，那就是魏晋南北朝时期。宗白华先生曾说过一段广为流传的话：汉末魏晋六朝，是中国政治上最混乱、社会上最痛苦的时代，然而却是精神上极自由、极解放，最富于智慧、最浓于热情的时代，因而也就是最富有艺术精神的一个时代。的确，魏晋南北朝在中国历史上是一个极特殊的时代。首先，在经济层面，汉末的大动乱，使统治了四百多年的汉代大帝国崩溃瓦解了，但世家大族的庄园经济却在战乱中大规模的发展开来。这些庄园自成一个社会，经济上自给自足，物质生活所需要的东西均能自行生产。用颜之推的话说："闭门而为生之具以足，但家无盐井耳"。[1]庄园经济的发展，为世家大族提供了非常优裕的物质享受，使他们不用为生计而担忧与奔波，从而有大量的自由时间和金钱可以用于化妆修饰。其次，在意识形态层面，由于中央集权的大帝国不复存在，思想的禁锢被打破了；连年的战乱之苦，骨肉分离又使得儒家所宣扬的至高无上的仁义道德不再被认为是人必须无条件地服从的东西了，对人生意义的新的探求，把魏晋思想引向了玄学。个体不再以绝对地服从于群体和社会为最高价值的实现，转而追求个体人格的绝对自由，这种追求带有"人的觉醒"的重要意义。"不是人的外在节操，而是人的内在精神性（亦即被看作是潜在的无限可能性）成了最高的标准和原则"[2]。在魏晋玄学影响下的门阀士族们，便开始极大地推崇和考究人的才情、品貌、风度、言谈、个性、智慧等品藻，而其中对人物美丽容貌（尤其是男性）的追求占有比中国历史上任何一时代都更为重要的地位。

[1] 引自《颜氏家训·治家篇》。

[2] 引自李泽厚《美的历程》。

二、中国的美男长什么样

其实，在魏晋之前，在儒家对人物的品评中，仪容就已经是一个重要的方面。但儒家所要求的美是同伦理道德、政治礼法相结合的，强调美服从于伦理道德上的善，对于美给人的感官愉悦的享受是忽视的，有时甚至是否定的。但魏晋时期的人物品藻则不同，其开始剥离善的层面，使审美完全成为独立于伦理道德之外的活动，赋予了人的容貌举止的美以独立的意义，并且极为重视这种美。这使得中国历史上有名的美男几乎都出自这一时期，这绝不是一个偶然的现象。例如，"掷果盈车"的潘安、"美如珠玉"的卫玠、"风姿特秀"的嵇康、"神清骨秀"的曹植、"才武而面美"的兰陵王等。以至南朝人刘义庆编撰的《世说新语》一书中专门辟有"容止"一章来叹赏魏晋男人之美，并留下了许多引为千古美谈的故事。这在中国历史上绝无仅有的。

例如，"果掷潘安"的故事，人们常用"貌似潘安"来夸赞一个男人的美貌！潘安俨然成了千古美男的代言人。潘安小名檀奴，因为他长得美，在后世文学中，"檀奴""檀郎""潘郎"等都成了俊美情郎的代名词。中国古人夸赞人的美貌，并不喜欢正面描写，而喜爱用比兴、烘托的手法侧面衬托出一个人的美。这种描写方式反而更让读者浮想联翩、兴意盎然。史书上直接说潘安长得漂亮的就几个字而已"美姿仪"[1]"有姿容，好神情"[2]，说明他不仅有美妙的姿容，而且神态优雅。十四岁时他驾车出游洛阳城，令全城女性群起围观并投掷水果以表爱慕之情，这就是"掷果盈车"这个典故的由来。而"才过宋玉，貌赛潘安""连璧接茵""潘安再世""玉树临风""子建才，潘安貌""陆海潘江"等成语典故也皆出自这位乱世美男短暂的一生。

再如"看杀卫玠"的故事。卫玠是西晋时有名的美男，生得"风神秀异"，他常坐在白羊车上在洛阳的街上走。远远望去，就恰似白玉雕的塑像，时人称之为"玉人"。谁料卫玠之美虽举世无双，却也因此祸从天降。一年他到京都游玩，却被无数艳丽女子争相围观，"观者如堵墙"，沿途几十里堵塞不通，使他一连几天都无法好好休息。这个体质孱弱的美少年终于累极而病，一病而亡。"时人谓看杀卫玠"[3]。

再如"沈腰潘鬓"这个成语，这里的"沈腰"指的是梁朝时的一位美男"沈约"，他"一时以风流见称，而肌腰清癯，时语沈郎腰瘦"[4]，后因以"沈腰"作为腰围瘦减的代称。南

[1] 引自《晋书·潘岳传》。
[2] 引自《世说新语·容止》。
[3] 引自《世说新语·容止》。
[4] 引自明代夏树芳撰，冯定校阅《法喜志》。

唐后主、著名词人李煜词中有“沈腰潘鬓消磨”一句，明代诗人夏完淳也有“酒杯千古思陶令，腰带三围恨沈郎”之诗句。“沈腰潘鬓”后来也专门用来形容姿态、容貌美好的男子。

再比如与潘安共称为“连璧”的夏侯湛、“粗服乱头皆好”的“玉人”裴楷、“濯濯如春月柳”的王恭等等，魏晋六朝，这样的绝世美男不计其数，那么，这些美男们究竟有什么共同之处呢？史籍中虽然多为写意之词，但也多少为我们揭开了些许中国古典美男的神秘面纱。

1. 肤色白皙　中国古代的美男们，最大的共同之处就是肤色白皙，宛如珠玉。例如汉朝开国之时，有位美男子，名叫张苍，因违反了军令，被刘邦判为死刑。行刑之日，张苍被脱去衣服，赤身裸体俯伏在砧板上，监斩官王陵一看，张苍身材高大魁梧，全身皮肤白皙润泽，是十分难得的美男子，杀了实在可惜。于是，动了恻隐之心，向刘邦请求宽大处理，张苍得以大难不死。从那以后，张苍处事谨慎，忠于职守，最终官至西汉丞相。此事也被传为美谈。至魏晋时期，男子尚白更是传为风尚。例如身居宰辅的王衍，是魏晋时著名的美男子，“神情明秀，风姿详雅”[1]。他很小的时候就被“竹林名士”山涛称赞为“宁馨儿”，意思就是“漂亮的小孩”。此外，作为一个男子，王衍的肤色竟如白玉般白净晶莹，王衍结合自己肤色白净的特点，专门选用白玉柄的麈尾。这样在他手执麈尾时，就会让人清楚地看到，他的手与白玉颜色一样，是名副其实的“玉手”。正所谓“容貌整丽，妙于谈玄，恒捉白玉柄麈尾，与手都无分别。”再如身为曹操养子兼驸马的何晏，也是“美资仪，面至白”。“貌柔心壮，音容兼美”的兰陵王，《隋唐嘉话》中也说他是“白类美妇人”。正因为美男子都是肤色如珠玉般白皙有光泽，因此，“珠玉”也成为吟咏美男子最常用的词汇。例如嵇康醉态“傀俄如玉山之将崩”。裴楷被时人称为“玉人”。卫玠的舅舅感慨走在卫玠身旁，是“珠玉在侧，觉我行秽”。王敦称赞王衍身在众人之中“似珠玉在瓦石间”。

2. 眼有神采，瞳仁漆黑　对于眼睛来说，中国古代男子和女子的标准是一样的，都是重神不重形。例如裴令公赞王戎便是：“眼烂烂如岩下电。”即形容眼神明亮逼人，如同照耀山岩的闪电。而裴令公即使是生病卧床，也依然是“双眸闪闪若岩下电。”而且相对于女子，男子更为崇尚漆黑的瞳仁，因为这会愈加显得炯炯有神，气势逼人。例如王羲之见到杜弘治，赞叹道：“面如凝脂，眼如点漆，此神仙中人。”谢公见到支道林，也赞曰：“见林公双眼黯黯明黑。”

3. 秀骨清采，风神卓然　魏晋时期的美男名士，在身材上追求的是一种清秀瘦削、修身细腰的形象，即所谓“秀骨清像”。例如王羲之“风骨清举”；温峤“标俊清沏”；嵇康

---

[1] 引自《晋书·王衍传》。

"风姿特秀";王衍"岩岩秀峙"等等。"清""秀"二字,在魏晋人物品藻中比比皆是。这里虽然没有明确说明胖瘦,但"清"往往和"瘦""癯""羸"等字并用,可见"清",反映在人的形象上,应该是属于比较瘦的类型。黄色人种五官起伏本来不像白种人那么跌宕,唯有较清瘦,五官看上去才会俊秀可人。"秀"是"美好"之义,如"容则秀雅"。它常与"清"字合用,如"山清水秀""眉清目秀"等。"眉清目秀"作为一种美的形象,显然不同于赳赳武夫"浓眉阔目"的那种阳刚之美。"秀"所指的美和"清"一样,应都属于文弱清瘦、带有阴柔美的类型。例如以"细腰"著称的沈约;"若不堪罗绮"的卫玠等等,他们都是清秀男子的典型。在魏晋时期的视觉艺术作品中,秀骨清像的人物造型也绝对是主流。南京西善桥墓出土的南朝模印砖画《竹林七贤与荣启期》,八位名士皆为形象清瘦、削肩细腰、宽衣博带;再如传世东晋顾恺之的《洛神赋图》,画中曹植那清瘦哀怨的俊朗风神,让多少人为之黯然神伤。

当然,美男的清瘦,绝不是一种弱不禁风的孱弱,而是一派风神卓然的秀骨。神韵比形体更为重要。夏侯玄"朗朗如日月之入怀"。李安国"颓唐如玉山之将崩"。嵇康"身长七尺八寸,风姿特秀。见者叹曰:萧萧肃肃,爽朗清举。或云:'肃肃如松下风,高而徐引"。王恭"濯濯如春月柳"。王右军"飘如游云,矫若惊龙"。李元礼"谡谡如劲松下风。"将男子形容为如风、如柳、如云、如龙、如日月之朗朗,真是一派道骨仙风、云中仙乐之美啊!

三、古代男子的妆容修饰

人要想漂亮,"三分靠长相,七分靠打扮",男女都不例外。因此,适当的妆容修饰对于成就美男来说也显得尤为重要。化妆自古并不只是女人的专利,男子也有化妆,只是不似女子般繁复齐全而已。

1. 敷粉　在男子妆饰中,敷粉是最为流行的手法。

汉朝时,男子就有敷粉的记载。《汉书·广川王刘越传》:"前画工画望卿舍,望卿袒裼傅粉其旁。"《汉书·佞幸传》中载有:"孝惠时,郎侍中皆冠鵕鸃、贝带、傅脂粉。"《后汉书·李固传》中也载有:"顺帝时所除官,多不以次。及固在事,奏免百余人。此等既怨,又希望冀旨,遂共作文章,虚诬固罪曰:'大行在殡,路人掩涕,固独胡粉饰貌,搔首弄姿,盘施偃仰,从容冶步,曾无惨怛伤悴之心。'"这虽是诬蔑之词。但据沈德符《万历野获编》所记:"若士人则惟汉之李固,胡粉饰面。"可见,李固喜敷粉当属实情。虽然汉时男子敷粉属实,但或列入佞幸一类,或冠以诬蔑之词,说明男子敷粉在当时并不为礼教所推崇。

但魏晋南北朝时则不然，敷粉成了士族男子中的一种时尚。尤其是魏时，敷粉乃成为了曹氏的“家风”，不论是曹姓族人，还是曹家快婿，皆喜敷粉。《魏书》载：“时天暑热，植（曹植）因呼常从取水，自澡讫，傅（敷）粉。”《世说新语·容止》称何晏：“美姿仪，面至白”，似乎天生如此，于是魏明帝疑其敷粉，曾经在大热天，试之以汤饼，结果“大汗出，以朱衣自拭，色转皎然。”宋代诗人黄山谷还用此事入《观王主簿酴醾》诗，有“露湿何郎试汤饼”之句。古来每以花比美人，山谷老人在此却以美男子比花，也算是一个创造了。从上文来看，似乎何晏生来就生得白皙，不资外饰。《魏书》中却说：“晏性自喜，动静粉白不去手，行步顾影。”魏晋清谈之风甚炽，藻饰人物，不免添枝加叶，以为谈助，不能全以信史视之。但何晏生长曹家，又为曹家快婿，累官尚书，人称“敷粉何郎”。且敷粉乃曹氏“家风”，当时习尚，岂有不相染成习之理?

2. 熏香剃面　熏衣剃面之风，南北朝时最甚。《颜氏家训·勉学》中载：“梁朝全盛之时，贵族子弟，多无学术……无不熏衣剃面，傅粉施朱。”可见，梁时的男子在妆饰上可谓更上一层楼，不仅敷粉，还要施朱（胭脂），且刮掉胡子，还要熏香衣裤。当时名贵的香料都是从西域南海诸国进口的，例如甘松香、苏合香、安息香、郁金香等，均奇香无比。且当时香料的制作工艺日益精进，从汉初的天然香料转化为合成香料。《南史》中便载有范晔所撰的“和香方”，以十余种进口的名贵香料调和而成，当为可以想见的袭人之香。由于熏香耗资甚费，曹操曾发布一道《魏武令》禁止烧香、熏香，曰：“昔天下初定，吾便禁家内不得香薰。……令复禁，不得烧香！其以香藏衣着身，亦不得！”可哪里禁得住！魏晋之际,这种熏香风气在士族中普遍传开,士人佩带香囊的十分普遍，如东晋名将谢玄便“少好佩紫罗香囊。”

3. 敷擦面脂、口脂　至唐代，随着化妆品制作工艺的日益成熟，男子们也非常盛行涂抹面脂、口脂类护肤化妆品。唐代皇帝每逢腊日便把各种面脂和口脂分赐官吏（尤其是戍边将官），以示慰劳。唐制载：“腊日赐宴及赐口脂面药，以翠管银罂盛之”。韩雄撰《谢敕书赐腊日口脂等表》云：“赐臣母申园太夫人口脂一盒，面脂一盒……兼赐将士口脂等”。唐刘禹锡在《为李中丞谢赐紫雪面脂等表》云：“奉宣圣旨赐臣紫雪、红雪、面脂、口脂各一合，澡豆一袋。”唐白居易《腊日谢恩赐口蜡状》也载：“今日蒙恩，赐臣等前件口蜡及红雪、澡豆等。”唐高宗时，把元万顷、刘祎之等几位文学之士邀来撰写《列女传》《臣轨》，同时还常密令他们参决朝廷奏议和百司表疏，借此来分减宰相的权力，人称他们为“北门学士”。由于他们有这种特殊身份，高宗非常器重，每逢中尚署上贡口脂、面脂等，高宗也总要挑一些口脂赐给他们使用。唐段成式《酉阳杂俎·前集》卷一中便载："腊日，赐北门学士口脂、蜡脂，盛以碧镂牙筩。"可见，在唐代，面脂和口脂不仅妇人使用，男性官员甚至将士也广泛享用，当是非常大众之物了。

除了敷粉施朱、熏衣剃面、护肤护唇，古代男子和今天一样，也盛行染黑头发和胡须，让自己显得更加年轻；也有纨绔子弟喜好文身，招摇过市；甚至有性错乱者，在女子缠足风行的年代也裹缠小脚，以追求心理上的满足。而且，除了外表修饰以外，魏晋时期，名士也注重以内养外，通过吞丹服散来刺激人面色红润，精神旺健。例如最先提倡服散的何晏便曾说："服五石散，非唯治病，亦觉神明开朗。"而这种散剂，本来是东汉名医张仲景研制的一种治疗伤寒的药，名士服用则纯属寻求身体的刺激，类似现在的毒品。可见，适度的修饰的确可以颐养姿容，但凡事需要有度，物极必反之时，也就是贻笑大方之日。

四、古代美男，除了美貌，还有什么

名留史册的古代美男，仅仅只是因为美貌吗？且让我们看看他们的身份和学识如何？

首先我们来看"掷果盈车"的潘安。潘安原名潘岳，是官宦子弟出身，其祖父为安平太守，其父为琅琊内史。因此，潘岳从小就受到良好的教育。《晋书》称"潘岳以才颖见称，乡邑号为神童"，在当时就有"岳藻如江，濯美锦而增绚"的美誉。成年后更是高步一时，他善缀辞令，长于铺陈，造句工整，"善为哀诔之文"。作为西晋文学的代表，潘安往往与陆机并称，古语云"陆才如海，潘才如江"。

再看被人"看杀"的卫玠。卫玠也是官宦子弟出身，其祖父位至太尉，其父官尚书郎，且是当时有名的书法家。卫玠五岁时就很有名，被人们视为神童，成年后官至太子洗马。他很早就开始研究《老》《庄》。成年后，更以善谈名理而称著当时，其能言善辩超过了当时很多有名的玄理清谈名士，有"卫君谈道，平子绝倒"的美誉。

再看那"敷粉何郎"何晏。何晏是汉大将军何进之孙。后为曹操义子，长大后，以才学出众闻名，取其女金乡公主为妻，成为曹家快婿，累官侍中、吏部尚书。何晏少时即以才秀知名，好《老》《庄》，是魏晋玄学贵无派创始人，与夏侯玄、王弼等倡导玄学，竞事清谈，遂开一时风气，著有《道德论》《无名论》《无为论》《论语集解》等著作，是魏晋玄学著名代表人物之一。

再看"杨柳沈腰"沈约，其自幼"笃志好学，昼夜不倦"，"博通群籍"，是一位著名的史学家，多次被敕撰国史，著有《晋书》120卷，《宋书》70卷。曾一度官至御史中丞。他的细腰，和他辛苦的撰史生涯不无关联。再如“风姿特秀”的嵇康，曾官至中散大夫，是“竹林七贤”的领袖人物，玄学的代表人物之一，也是一位艺术大家，他写的《声无哀乐论》千秋相传，弹得一手好琴，其临死之前一句“《广陵散》如今绝矣”的悲叹，至今令人扼腕。再如“才武而面美”的兰陵王，是北朝时期文武兼备、智勇双全的名将。“勇冠三军，百战百胜”，“邙山大捷”使得《兰陵王入阵曲》千古流芳。“宁馨儿”王衍，出身著名的琅琊王氏，精通玄理，“既有盛才美貌，明悟若神，常自比子贡”。“神清骨秀”的曹植，出言为论，下笔成章，为建安文学的集大成者，在两晋南北朝时期，更是被推尊到文章典范。与潘安共称“连璧”的夏侯湛，累官至中书侍郎、南阳相，是晋朝著名的文学家；“粗服乱头皆好”的“玉人”裴楷，是西晋时期重要的朝臣，也是称著当时的名士。“濯濯如春月柳”的王恭，少有美誉，清操过人，永乐四年被荐为待诏翰林，参与修写《永乐大典》……

可见，中国古代的美男们，他们之所以能够千古流芳，绝不仅仅是因为他们的外表貌美如花。他们和那些所谓的美貌“男宠”有本质的不同。他们都出身官宦大家，自幼受过良好的教育，经济条件优裕，且都曾入朝为官。虽然未必在操守和品格上决然的无可挑剔，但都曾在某个方面有所作为，或者是锦绣文章，或者是著史修典，或者是叱咤战场，或者是超凡脱俗，至少也是能言善辩。因此，这些美男的美名，和他们的秀美皮囊固然有直接的关联，和他们内在气质的关联其实更为紧密。因为中国自古对艺术也好，对人物品评也好，追求的都是那超越于形态之外的神韵的秘密，正所谓以神统形，以意融形，形神结合，乃至神超形越。这些美男们，如果没有富裕家庭给予的物质与精神颐养，没有自身后天或文或武的才学修习，没有当时代谈玄论道、品藻雅集的风尚宜人，仅仅只是靠天生丽质、敷粉熏香，是根本不可能造就出他们那“神清骨秀”“爽朗清举”“谡谡如劲松下风”的俊美风神的。

五、修饰是男人应该被尊重的权利

一谈到男子的貌美，我们似乎就绕不开中性化这个话题，因为男子重外貌、重修饰，总会让人产生女性化倾向之嫌。

其实，重外貌仪容的修饰，在社交礼仪中自古就是一种被推崇的美德。正所谓“君臣、上下、父子、兄弟、内外、大小，皆有威仪也”(《左传》)。而这“威仪”中，就包括“容止可观”。儒家非常强调人们在社会交往中应注意仪容，使之取得一种符合于人的地位尊严的，有教养的和令人愉快的形式。所以仪容问题也成了对人物品评的一个重要方面，这在后来的魏晋人物品藻中得到了极大的发展。魏初时确立的“九品中正制”官吏选拔制度，是以曹操的“唯才是举”思想为指导的，它一变汉代的重德轻才为重才轻德，促使汉末的政治性人物品藻转向魏晋时期的审美性质的人物品藻。所谓人物品藻，就是对人物的德行、才能、风采等的品评。魏晋时期的带有审美性质的人物品藻，可以概括为重才情、崇思理、标放达、赏容貌四个方面。第一次将人的容貌举止的美赋予独立的意义，并且极为重视这种美。这是魏晋时期美貌男子频出，并且都很注意修饰自己仪容的一个很重要的原因。但这四者之中，又是以才情最为重要，因为人物品藻毕竟还是官吏选拔的基础。因此，魏晋时期的美男又都是才高八斗、思辨过人、放达玄远之人，而绝非绣花枕头般的庸碌之才。

如果说男人注重外貌的修饰，注重相貌的俊美，就一定要冠以中性化的帽子的话，那魏晋时期的美男子们，的确是具有中性化色彩的。他们修容美服，熏衣剃面，非常重视外在的形式美感。如今，这种中性化的风潮也正在当今的社会中慢慢蔓延。“好男”“快男”中不乏新时代的潘安与卫玠。只不过“掷果”变成了献花；“连手共萦”变成了围追堵截，声嘶力喊；“观者如堵墙”则是千古不变，即使不被“看杀”，至少也是轻易不敢抛头露面。只是时代变了，对男子才学的标准也随之改变了。过去多半是文思斐然，骁勇善战，而如今由于社会分工的细化，好男儿既可以是时尚达人，也可以是歌舞全才；既可以写得一手锦绣文章，也可以是普普通通养家糊口的上班一族。

如前所述，没有经济的富足与社会意识形态的宽容就不可能有男性妆容上的真正自由。上帝造了男人，绝不是为了让他们终日清颜素服。修饰是一种生活态度的自觉，也是社会多元价值观的体现。过去男子“熏衣剃面”，让颜老先生义愤填膺，如今已经变成大多数男子的一种常态，不剃面反倒成了另类，让人感觉不修边幅、不讲卫生。时代在改变，观念也应该更新。人类真正的自由就是在不妨碍他人的前提下，可以自由选择自己的生活态度。做“赳赳武夫”是男人的选择，做“花样美男”也是男人的自由。修饰是男人应该被尊重的权利。

附论三

汉代后妃形貌考

中国古典文学中，论及美人，往往喜爱用比兴的手法，让人在文字意念中浮想联翩。比如："沉鱼落雁，闭月羞花"（赞颂四大美人）；"一顾倾人城，再顾倾人国"（李延年赞颂孝武皇后李夫人）；"增之一分则太长，减之一分则太短"（ 宋玉赞颂东邻女子）；"翩若惊鸿，婉若游龙"（曹植赞颂洛神），等等。比喻之巧妙，意象之隽永，让人不禁赞叹中国文学艺术之博大精深。但以上之文辞纵然优美，却难以给人一个明确的概念，即这些美人的容貌究竟是个什么样子？当然，我们必须承认，纯粹从艺术的角度来看，抽象的描述的确能给人带来具象描写所无法达到的那种难以言说的美感，因为抽象能给人以更大的想象空间，让理念无限伸展。但从科学研究的角度来看，抽象的描写就很难让人满足了，因为实在是玄而又玄，难以把握。所以，在研究美人这个命题上，具象的描述和具体的数据就显得非常重要。当然，因为每个时代的审美观念不同，美人的标准也会随之变化，长短肥瘦各有不同，张扬柔弱随时而变，所以中国古典美人不可能有一个通行的标准。在这里，本文选择对汉代女性进行分析，来初步考证汉代美人中后妃形貌的基本特征。

汉代美人的标准如何？首先，要确定标准的制定者的喜好。在汉代这样的封建大一统社会，皇室的喜好无疑是起到决定作用的。在先秦时代，帝王、诸侯的妻妾，无论是聘娶的、媵婚的，还是诸侯纳贡、武力掠夺的，多数是帝王与诸侯之间，或者各诸侯之间的政治联姻或纳贡。王和诸侯娶民女为妻、妾的并不多。因此，也就没有大规模的后妃遴选制度，即全国性的民间美女选拔。但秦汉以来，天下一统，实行郡县制。先秦时代王与诸侯联姻，或者诸侯之间的联姻都已不可能。统一的大帝国，给皇帝遴选后妃提供了无限广阔的天地。于是，自汉代开始便逐步形成了从民间遴选后妃的制度。因为后妃都是民间美女中百里挑一挑出来的美人，再加上史籍对她们的记载相对比较丰富，也相对接近真实，故此，本文考证的汉代美人形貌主要以汉代后妃为蓝本。

皇室的喜好并不完全代表皇帝个人的喜好。皇帝个人可以完全以貌取人，姿色至上，以满足个人的感官享乐为前提。如在汉代初期，从汉高祖到汉武帝，遴选民女并不严格，对所选民女的出身、长相并没有明确要求，甚至连出身低贱的歌伎、舞女都可入选。例如汉武帝的皇后卫子夫，就是平阳公主家的一位歌伎；武帝的另一位孝武皇后李夫人，也是"本以倡进"；武帝的另一位婕妤钩弋夫人，也是武帝巡视途中得到的。但出身低贱的女子因姿色美丽而被封为国母，这在封建礼法中总是觉得不妥的，难以让普天下的臣民敬仰信服。故此，自汉昭帝始，遴选民女逐渐开始严格，对后妃的出身、地位有一定的要求，规定遴选良家妇女。东汉以后，遴选后妃则形成制度。《后汉书·皇后纪上·序》载："八月筭人，遣中大夫与掖庭丞及相工，于洛阳乡中阅视良家童女，年十三以上，二十以下，姿色端丽，合法相者载还后宫，择视可否，乃用登御，所以明慎聘纳，详求淑哲。"在容貌姿色方面，汉代非常迷信"相工"的相面之术，后妃传记中有很多关于相士相某女"当大贵"或"相之极贵"，从而日后荣升皇后的记载。可以说，相工的看法，在一定程度上反映了当时社会上有关女性容貌美的看法。

但我们关心的是，究竟什么样面相的女性才称得上是面相极贵呢？汉代并没有一本流传下来的相书明确地告诉我们，这是非常遗憾的。据考证，相人术的专书在汉代已经有不少著述，如《汉书·艺文志》著录有"《相人》二十四卷"，根据这本书的卷数，与同时代的其他著作比较起来，在分量上也属于比较重的；相人名家许负"以善相者封侯"，托其名所撰之书不下十余种，如《相女经》三卷、《相汉宫后妃记》两卷、《德器歌》《五官杂论》《听声》《相形》《许负相唇篇》《许负相齿篇》《许负相舌篇》《许负相口篇》等。只可惜除少量留存外，大部分已经失传，仅见一书名而已。但我们多少可以从流传下来的并不甚多的汉代后妃形貌记载中约略总结出一些规律，这正是本文所想探讨的。

对于汉代后妃形貌记载相对比较详细的主要有两篇文章，一篇是载于《香艳丛书·六集·卷一·汉宫春色》中对汉孝惠张嫣皇后的记载。张嫣是汉代的第二位皇后，是惠帝的姐姐鲁元公主的女儿，公元前192年，吕后为了"亲上加亲"，以骏马十二匹、黄金万两作为聘礼，将年仅十岁的张嫣立为皇后。张嫣"生而妩媚"，在五六岁时，便已经"容貌娟秀绝世"，自幼"善气迎人，举止端重"；"温默贞静，未尝见齿，足不下阁"。在高帝眼中，已是非日后擅跳"翘袖折腰"之舞的戚夫人所能及的，可见，从小便是一位难得的美人胚子。此文为东晋时人所撰，距离汉代时日并不长远，其在文前序中言："潜究史汉诸纪传，博考诸史，旁搜稗乘，兼及小说，诸所甄采，凡五十余种，为作《外传》一篇。越十年，未敢出以问世。适闻永嘉之际，盗发汉陵，有获汉高、惠、文、景四朝禁中起居注者，流传至于江左。亟访得之，又得许负《相女经》三卷，《相汉宫后妃记》二卷，及《关中张氏世谱》，合而读之，间取以附益前传。"故较可信。

文中记载："汉沿秦制，每纳后妃，必遣女官知相法者审视。"为张嫣相面的就是上文提到的那位以善相而封侯的河内老媪许负。

“（许）负引女嫣至密室，为之沐浴，详视嫣之面格，长而略圆，洁白无瑕，两颊丰腴，形如满月；蛾眉而凤眼，龙准而蝉鬓，耳大垂肩，其白如面，厥颡广圆，而光可鉴人；厥胸平满，厥肩圆正，厥背微厚，厥腰纤柔，肌理腻洁，肥瘠合度；不痔不疡，无黑子创陷，及口鼻腋足诸私病。”

许负一一将之书写成册，密呈太后及惠帝，帝览而大悦，随即册封为后。

第二篇是《香艳丛书·三集·卷二·汉杂事秘辛》中对汉桓帝梁皇后梁女莹的记载。此文为明人杨慎所撰，据汉代年代久远。且《四库全书总目》卷一百四十三“子部·小说家类存目”中写：“《汉杂事秘辛》一卷（内府藏本），不着撰人名氏。杨慎序称得于安宁土知州万氏。沈德符《敝帚轩剩语》曰：即慎所伪作也。叙汉桓帝懿德皇后被选及册立之事。其与史舛谬之处，明胡震亨、姚士粦二跋辨之甚详。其文淫艳，亦类传奇，汉人无是体裁也。”因此，此文定有演绎的成分，尤其是文中对缠足的描述，更是明人的臆想。但中国古人对女性身体的描述有具体数据说明的可谓凤毛麟角，故此文实属难得，尽管系明人伪作，但与前文犹可对应，至少也能部分代表汉代女性的审美观念，故也载于此处以作参考。

文中记载：“大将军乘氏忠侯商所遗少女，有贞静之德，流闻禁掖。”男女相士先是外观“周视动止，俱合法相”，然后由女相士携女莹入内室继续审视：

“光送着莹面上，如朝霞和雪，艳射不能正视。目波澄鲜，眉妩连卷，朱口皓齿，修耳悬鼻，辅靥颐颔，位置均适。姁寻脱莹步摇，伸髻度发，如黝髹可鉴；围手八盘，坠地加半握。已，乞缓私小结束，莹面发赪抵拦。姁告莹曰：‘官家重礼，借见朽落，缓此结束，当加鞠翟耳！’莹泣数行下，闭目转而内向。姁为手缓，捧着日光，芳气喷袭，肌理腻洁，拊不留手。规前方后，筑脂刻玉。胸乳菽发，脐容半寸许珠，私处坟起。为展两股，阴沟渥丹，火齐欲吐。此守礼谨严处女也！约略莹体，血足荣肤，肤足饰肉，肉足冒骨，长短合度。自颠至底，长七尺一寸；肩广一尺六寸，臀视肩广减三寸；自肩至指，长各二尺七寸，指去掌四寸，肖十竹萌削也。髀骨至足长三尺二寸，足长八寸；胫跗丰妍，底平指敛，约缣迫袜，收束微如禁中，久之不得音响。姁令推谢‘皇帝万年’，莹乃徐拜称‘皇帝万年’，若微风振箫，幽鸣可听。不痔不疡，无黑子创陷及口鼻腋私足诸过。”

如何遴选后妃，正史中并无详细记述。但从文中我们可以看出，相工相女，是需要被相女子赤身裸体，审视身体的每一个细节的。从前面两段描述并结合后文的其他记载及史籍中有关汉代后妃的相关记载来看，有这样一些特点：

一、身材颀长适中

张嫣封后时仅有十岁，其成年后的身高是“汉尺七尺三寸”，汉尺一尺大约相当于现今的23.04厘米[1]，故张嫣的身高大约为168.2厘米，在现在看来也是比较修长的。文中还写：“帝躯体素秀伟，后与帝并立，约短二寸云。”皇帝也不过173厘米左右。根据史籍记载来看，汉代后妃的身高基本都在汉尺七尺以上。如汉文帝宠姬慎夫人的身高是七尺一寸；明德马皇后“身长七尺二寸，方口，美发。”《东观汉记》中则记载其“身长七尺三寸，青白色。”；和熹邓后“长七尺二寸，姿颜姝丽”；汉桓帝梁皇后“自颠至底，长七尺一寸”；灵思何皇后“长七尺一寸”等等，身高基本都在163~169厘米之间，应该说现在看来也是比较适中的女性身高，属于视觉上最舒服的一类。

除了身高之外，《汉杂事秘辛》中还详细记录了一组有关梁皇后身体尺寸的数据，在此换算成厘米以供读者参考：身高163.5厘米，肩广36.86厘米，臀宽30厘米，自肩膀到手指的长度是62.2厘米，手指长9.2厘米，髀骨至足长73.7厘米，脚长18.4厘米。

二、身形丰满，圆润适中

张嫣十岁时的身形已是“厥胸平满，厥肩圆正，厥背微厚，厥腰纤柔，肌理腻洁，肥瘠合度”，身形圆润但腰肢纤柔，肤如凝脂，肥瘦合度。其成年之后，亦是“全体丰艳”。可见身有膏腴，但又丰润适度，是为贵相。张嫣的母亲鲁元公主，相士相其曰：“此女圆准故多财，丰下故多后福，广颡故不久当大贵”，可见即使从小困于陇亩，亦未改其丰润之态。汉桓帝梁皇后也是“胸乳菽发”“血足荣肤，肤足饰肉，肉足冒骨，长短合度”。身体丰润适中，说明身体素质优良，生活习性健康，而且利于受孕，多子嗣，这在封建社会是很重要的。

三、高而圆润的鼻子

此文中写张嫣有“龙准”，“其准丰隆而绝美”。“准”是鼻子的意思；“龙”在这里可以有两种解释：一种解释为“通”之意，《广韵·钟韵》：“龙，通也。”那么，龙准即为通鼻之意。第二种解释应为“隆”的谐音字。古人描写喜好比附，为和“凤眼”相配，故写“龙准”，以拜吉祥之意。实为隆起，即高耸之意。《汉书·高帝纪》记：“高祖为人，隆准而龙颜”。《后

[1] 中国古代的度量衡是不断变化的，汉尺与今尺的比率也不是恒定的。根据吴承洛的《中国度量衡史》所载（商务印书馆1937年初版），西汉一尺等于今尺的27.65厘米，新莽和东汉的一尺等于今尺的23.04厘米，东汉公元81年之后一尺等于今尺的23.75厘米。本文以最短的新莽尺度为准计算。

汉书·光武帝纪》:“身长七尺三寸，美须眉，大口，隆准，日角。”《史记·秦始皇本纪》云:“秦王为人蜂准。”集解引徐广曰:“蜂一作隆。”正义云:“蜂，虿也。高鼻也。”而高鼻和通鼻其实有相近的意思。可见，在秦汉之际，高鼻为尊者之相，不限男女。同时，见前文相士相鲁元公主曰:“此女圆准故多财”，也就是说圆润，丰隆的鼻头预示着未来的多财。可见鼻子仅仅高还不够，鼻头还要适度丰满圆润，过于尖俏细瘦亦是不佳。

四、宽广的额头

张嫣是“厥颡广圆，而光可鉴人”的，“颡”即是额头的意思。也就是说张皇后的前额宽广而圆润，且光亮无比。其母亲鲁元公主亦是“广颡故不久当大贵”。对于宽广前额的赞美早在先秦时期便已有之，《诗经·卫风·硕人》所赞美的美丽的国君夫人——庄姜的姿容，其中便有一句“螓首蛾眉”。“螓”在古书上是指一种象蝉的昆虫，体小方头，广额而有文彩。故“螓首”就是赞美女性前额丰满而宽阔，即相术上所说的“天庭饱满”。《后汉书·朱佑传》:“(朱)佑侍燕，从容曰:‘长安政乱，公有日角之相，此天命也。’”《后汉书·光武帝纪》:“身长七尺三寸，美须眉，大口，隆准，日角。”注引郑玄《尚书中侯注》云:“日角谓庭中骨起，状如日。”在古代相术中，人前额正中自上而下名为“天中”“天庭”“司空”“中正”，庭中应即为此处。《后汉书·皇后纪下》:“永建三年，(梁皇后)与姑俱选入掖庭，时年十三。相公茅通见后，惊，再拜贺曰:‘此所谓日角偃月，相之极贵，臣所未尝见也。’”“日角偃月”，盖指人的前额“庭中骨起”，状如日月，饱满光亮。不论男女，都为大吉之征兆。其不仅视觉上观之爽朗，而且也象征性情开阔，气运吉佳。《汉孝惠张皇后外传二》也提到:“皇后眉妩妍秀，他日必少威权，然其颡广圆而绝艳，其准丰隆而绝美，宜其为天下母。”故此，中国古代汉族不论男女成年以后是不留刘海的，很可能也是为了彰显宽广前额之故。

五、耳朵大，耳垂长

张嫣是“耳大垂肩，其白如面”的。也就是说耳朵和脸一样白净，并且长大，当然长到可以垂肩，不免有些夸张。梁皇后也是“修耳”，“修”在古代有“长，大”之意，故也是指大耳。《古今图书集成·相术部·许负相耳篇》中写:“耳门垂厚，富贵长久……耳门宽大，聪明财足……轮廓分明有坠珠，一生仁义最相宜……诗曰:下有垂珠肉色光，更来朝口富荣昌。”从此可以看出，耳朵肉厚且宽大，耳垂丰满肉色光鲜是富贵仁义之相。

六、两颊丰腴，肌理腻洁，面色红润，洁白无瑕

张嫣是“面格长而略圆，洁白无瑕，两颊丰腴，形如满月”“厥体颀硕而俊俏，厥面稍长而两颐圆满，如世所谓鹅蛋脸者”。其母鲁元公主亦是：“体修颀，面如满月。”梁皇后也是“肌理腻洁，拊不留手。规前方后，筑脂刻玉。”《神相全编·相肉》中写：“肉欲香而暖，色欲白而润，皮欲细而滑，皆美质也。”“诗曰：骨人肉细滑如苔，红白光凝富贵来，揣着如绵兼又暖，一生终是少凶灾。”可见，除了圆润的身体，洁白细腻的肌肤也是美人的特质之一。这一方面让人视觉上舒适，另一方面也从侧面说明了家境的殷实。肤如凝脂，面泛红光，没有优裕的生活条件和祥和稳实的心境是很难达到的。同时，不仅洁白，无瑕亦是很重要的。张嫣是“不痔不疡，无黑子创陷，及口鼻腋足诸私病。”梁皇后亦是“不痔不疡，无黑子创陷及口鼻腋私足诸过。”两人均如无瑕美玉一般，晶莹剔透，惹人怜爱。

七、蛾眉凤眼

汉代后妃的眉眼最典型者当属蛾眉凤眼。张嫣便是“蛾眉凤眼，蝤领蝉鬓”。《事文类聚》：“汉明帝宫人扫青黛蛾眉。”《史记·司马相如列传》中也写道：“长眉连娟，微睇绵藐。《索隐》郭璞曰：‘连娟，眉曲细也。’”所谓蛾眉，就是指形如蚕蛾触须般弯曲而细长的眉形。纤细、窈窕，而不夸张。实际上，在先秦时期，蛾眉这种眉形就已经非常盛行。宋玉所著的《招魂》言：宫女“蛾眉曼睩”；《列子·周穆公》的“施芳泽，正蛾眉”；《大招》云“娥眉曼只”；《离骚》自喻曰：“众女嫉余之蛾眉兮”；《诗经》中则有“螓首蛾眉”。汉代后妃取其端庄，承袭前代也是很自然的事。当然，汉代也曾流行过“广眉”[1]“愁眉”[2]等另类眉式，但或被称为“斯言如戏，有切事实”，或被列入服妖，都不是端庄的后妃所应该描画的。

至于凤眼，也称丹凤眼。汉代许负所著的《相法十六篇（明夷门广牍本）·相目篇》中写：“目秀而长必近君王，龙睛凤目必食重禄”“目光如电贵不可言，目尾朝天福禄绵绵”。中国人属于典型的蒙古利亚人种，天生多为单眼皮。所以不论从文学作品，还是传世画作来看，美女多为一双细长的丹凤眼。即不求大而求长，目尾向上微挑。化过妆的女性都应该知道，单眼皮由于上眼睑较厚，要想靠薄妆来画大是很难的，只有画长尚有可能。所以中国古典女子的眼睛往往是贵长不贵大，靠眼波流转来传情达意。而且，由于中国人的五官不像西方人那样起伏跌宕，相对比较平整和顺，所以细长的丹凤眼其实是与整体的形象

[1] 《后汉书·马援传附子廖传》载：“城中好广眉，四方且半额。”

[2] 《后汉书·五行志一·服妖》中载：“桓帝元嘉中，京都妇女作愁眉、啼粧、堕马髻、折要步、龋齿笑。所谓愁眉者，细而曲折。”

最为和谐的一种眼形。

八、朱唇皓齿

古人形容美女的唇齿，最爱用的词汇莫过于“朱唇皓齿”了，比如《楚辞·大招》中写曼妙的楚女：“朱唇皓齿，嫭以姱只。”梁皇后亦是“朱口皓（洁白）齿”。所谓朱唇，指的是双唇红润，色如朱丹。战国宋玉《神女赋》中曰：“朱唇的其若丹”，就是说唇色朱红，犹如涂丹。丹就是“朱砂”，即硫化汞的天然矿石，大红色，有金属光泽。汉代刘熙《释名》：“唇脂以丹，作象唇赤也。”说明，在先秦至汉代，天生唇色红润是健康，美丽的标志，这一点在医学上也的确是如此，唇色红润象征气血旺盛，身体健康。如唇色不够红润，则要点朱砂做的唇脂补其不足。在《许负相唇篇》中也云：“唇常赤，为贵客。”《许负相口篇》中则云：“口如含丹，不受饥寒，一则主富，二则主官。”“贵人唇红似泼砂，更加四字足荣华，贫贱似鼠常青黑，破尽田园不顾家。”但在汉及汉以前的文献中，吟咏樱桃小口之美的文字并不多，说明在汉代，对女性唇色有要求，但并不像中唐以后那样喜爱女性唇小如樱。

对于牙齿的描述，在《汉宫春色》里有一段很有意思的描写：“帝常抱后置膝上，为数皓齿，上下四十枚，又研朱以点后唇，色如丹樱，犹觉点朱之澹也。”“皓”即洁白的意思，皓齿就是赞颂牙齿之洁白。《许负相齿篇》中：“齿白如玉，自然謌乐，财食自至，不用苦作。”说明洁白的牙齿也是贵人的法相之一，有时甚至比唇色更为重要。因为唇色是可以靠化妆改变的，而牙齿的形貌则只能依赖天赐。《诗经·卫风·硕人》和宋玉的《登徒子好色赋》两篇先秦时代赞颂美女的著名篇章中都没有提到唇，却都不约而同提到了牙齿。卫夫人庄姜是“齿如瓠犀”，而宋玉东邻之女子则是“齿如含贝”，贝壳洁白晶莹，用其来形容牙齿自不必解释。“瓠犀”为何物呢？《朱熹集传》中写：“瓠犀，瓠中之子，方正洁白，而比次整齐也。”也就是说这种瓜子不仅方正洁白，而且排列整齐，故此常用瓠犀微露来形容女子的牙齿洁白美丽。同时，《许负相齿篇》中还说：“齿数三十六，贵圣有天禄；若三十向上，富贵豪望；足满三十，衣食自如。”“齿密方为君子儒，分明小辈齿牙疏；色如白玉须相称，年少声名达帝都。唇红齿白文章士，眼秀眉高是贵人；细小短粗贫且夭，灯窗费力枉劳神。”由此可知，贵人的牙齿不仅应该洁白，还要整齐，同时还应排列紧密。张嫣的牙齿，“上下四十枚”，显然是夸张，因为根据现代医学解剖来看，人的牙齿最多是32颗，但牙齿数量的齐全是齿缝紧密的保证，齿缝紧密则更能有助于牙齿的保护，防止蛀牙的产生。所以“足满三十，衣食自如”还是有一定道理的。

九、天足

《汉宫春色》中写："一日帝至后宫，后方卸裳服，两宫人为后洗足。帝坐面观之，笑曰：'阿嫣年少而足长，几与朕足相等矣。'又谓宫人曰：'皇后胫跗圆白而娇润，汝辈谁能及焉。'"这段描写告诉我们一个事实，张嫣是不缠足的，即所谓的天足。《汉孝惠张皇后外传一》中写："六年秋，后年十三……皇后下辇步行，旋登楼凭栏眺望，云髻峨峨，长袖翩翩，罗衫澹妆，足践远遊之绣履，履高底，长约七八寸，其式与帝履略同。"按照汉尺来计算，足长八寸相当于现在的18.48厘米，对于十三岁的小女孩来说，是比较适宜的。缠足流行于我国宋元时期，至明清达到鼎盛，但其究竟始于何时，在学界并无明确的定论。但从诸多出土的汉代女尸和袜履来看，在汉代并无缠足之俗，故此才会有以上这段描述。而对梁皇后女莹足部的描述"足长八寸；胫跗丰妍，底平指敛，约缣迫袜，收束微如禁中"，因系后人伪作，固不可信。

十、绵长秀美的头发

《孝经·开宗明义章》中说："身体发肤，受之父母，不敢毁伤，孝之始也。"故此，中国古代，不论男女，轻易是不剪头发的。一头绵长而美丽的秀发也就成了美女的标志。《后汉书·皇后纪》载："明德马皇后……方口，美发。"如何美呢?《东观汉记》中又载："明帝马皇后美发，为四起大髻，但以发成，尚有余，绕髻三匝。"头发是相当长的。同样，梁皇后女莹也是："伸髻度发，如黝髹可鉴；围手八盘，坠地加半握。"不仅绵长，而且漆黑光亮。

十一、手如柔荑

《汉孝惠张皇后外传二》载："医见后手如柔荑，美白不可名状，悟为大贵之相。""手如柔荑"最早是在《诗经·卫风·硕人》中赞美卫夫人庄姜时提到的。御览引《风俗通》谨按诗曰："手如柔荑，荑者，茅始熟，中穰也，既白且滑。"荑，就是初生茅草的嫩芽，禾茎中白色柔软的部分，又白又滑，用其来形容女子之手真是再贴切不过了。清代的李渔就曾说得明白："两手十指，为一身巧拙之关，百岁荣枯所系""手嫩者必聪，指尖者必慧"。手如柔荑说明了女子生活环境的优裕，不需要干粗活和重活，不需要历经风霜。脸部容易通过化妆来掩饰，而手部和牙齿一样，生活的辛劳在其中一览无余，故此能保持手如柔荑，实为大贵之相。

通过以上的分析，我们可以看出，在汉代所选拔的“合法相者”的后妃，大体应该是这样的形貌：身材颀长适中，大约165厘米左右；身形丰满、圆润适中，不能太胖，也不宜过于瘦弱；高高的鼻子、圆润的鼻头，宽广而光亮的额头，耳朵大、耳垂长，两颊丰腴、肌理腻洁、面色红润、洁白无瑕，纤细的蛾眉，微挑的凤眼，红润的双唇，洁白而整齐的牙齿，天足，洁白而滑嫩的双手，外加一头绵长秀美的头发。

总之，汉代以后妃为代表的美女，带给我们的是一种非常健康的、大气的、干净的、和谐的美丽。汉末应劭《风俗通》记载东汉时入选后宫的女子标准之一是“长壮妖洁，有法相者”。唐玄应《一切经音义》卷十三引《三苍》：“妖，妍也。”《玉篇·女部》：“妖，媚也。”这里的“妖”，不是妖里妖气的意思，而是艳丽、妩媚的意思。所谓“长壮妖洁”，就是高大健康，妩媚而洁净之意。这一点和宋代以后随着程朱理学的兴起，女性转而追求林黛玉似的娇小孱弱之美是有很大区别的。总体来讲，先秦汉民族常以大为美，形容人则有“生而长大，美好无双”；“长巨姣美，天下之杰也”，《诗经》中更是把卫夫人庄姜直接称赞为“硕人”。《老子》说：“天地有四大，即道大、天大、地大、人亦大。”到了秦汉，哲学思想中以大为美的倾向就更加明显，秦始皇兵马俑的巨大规模和汉代的煌煌大赋无不体现出这一特质，司马相如在他的《上林赋》中就极力渲染他的“巨丽”之美。因此，在这样的思想背景之下，对于女性美的要求，也就并不以娇小孱弱为美。身高要求长大（165厘米左右）；身体要求健康（丰满而圆润）；面相要求开阔（广颡隆准、修耳丰颊）、双唇并不要求小如樱桃、双足也绝不约束缠裹；五官要求美丽端庄（蛾眉凤眼、朱唇皓齿）；同时注重身体的洁净无瑕。东汉班昭的《女诫》中论及“妇容”就说：“妇容，不必颜色美丽也……盥浣尘秽，服饰鲜洁，沐浴以时，身不垢辱，是谓妇容。”就是说对于女人来说，清新洁净是第一位的，远比妖娆的外在修饰来得更为朴实。综上所述，汉代的女性美至今看起来依旧是合时宜的，其所提倡的健康洁净的美至今依旧可以为现代女性所借鉴。

参考文献

[1]（汉）许慎．说文解字［M］．北京：中华书局，1963.

[2]（汉）刘熙．释名［M］．上海：商务印书局，1939.

[3]（宋）高承．事物纪原［M］．上海：商务印书馆，1937.

[4]（宋）陈元靓．事林广记［M］．北京：中华书局，1999.

[5]（清）彭定求，等．全唐诗［M］．北京：中华书局，1960.

[6] 唐圭璋．全宋词［M］．北京：中华书局，1965.

[7]（唐）张泌．妆楼记［M］．天门勃海本，清嘉庆年间刊行.

[8] 崔豹撰，（后唐）马缟集，（唐）苏鹗纂．古今注、中华古今注、苏氏演义［M］．北京：商务印书馆，1956.

[9] 李昉，李穆，徐铉等奉敕编纂．太平御览［M］．缩印本．北京：中华书局，1960.

[10] 李渔．闲情偶寄［M］．延吉：延边人民出版社，2000.

[11] 虫天子．香艳丛书［M］．北京：人民文学出版社，1990.

[12]（清）王初桐．奁史［M］．据清嘉庆二年伊江阿刻本影印.

[13] 二十五史［M］．中华书局校勘本

[14] 鲁滨逊．人体包装艺术：服装的性展示研究［M］．胡月，等译．北京：中国纺织出版社，2001.

[15] 范晔．后汉书：皇后纪上［M］．北京：中华书局，2005.

[16] 麻衣道者．麻衣评释［M］．北京：北京华语教学出版社，1993.

[17] 庄子．庄子［M］．上海：上海古籍出版社，1989.

[18] 荀子．荀子［M］．上海：上海古籍出版社，1996.

[19] 古今图书集成：博物汇编　艺术典　相术部［M］．上海：中华书局，1934.

[20] 湖南省博物馆．长沙马王堆一号汉墓［M］．北京：文物出版社，1973.

[21] 沈从文．中国古代服饰研究［M］．上海：上海书店出版社，1997.

[22] 黄能馥，陈娟娟．中国服装史［M］．北京：中国旅游出版社，1995.

[23] 李之檀．中国服饰文化参考文献目录［M］．北京：中国纺织出版社，2001.

[24] 周汛，高春明．中国衣冠服饰大辞典［M］．上海：上海辞书出版社，1996.

［25］周汛，高春明. 中国历代妇女妆饰［M］. 香港：三联书店（香港）有限公司，上海：学林出版社，1997.
［26］袁仲一. 秦始皇陵兵马俑研究［M］. 北京：文物出版社，1990.
［27］华梅. 服饰情怀［M］. 天津：天津人民出版社，2000.
［28］华梅. 中国服装史［M］. 天津：天津人民美术出版社，1997.
［29］徐海燕. 悠悠千载一金莲［M］. 沈阳：辽宁人民出版社，2000.
［30］叶大兵，叶丽娅. 头发与发式民俗［M］. 沈阳：辽宁人民出版社，2000.
［31］常人春. 老北京的穿戴［M］. 北京：北京燕山出版社，1999.
［32］李泽厚，刘纲纪. 中国美学史［M］. 合肥：安徽文艺出版社，1999.
［33］贡布里希. 艺术发展史［M］. 天津：天津人民美术出版社，1998.
［34］李泽厚，汝信. 美学百科全书［M］. 北京：社会科学文献出版社，1990.
［35］范文澜. 中国通史简编［M］. 北京：人民出版社，1964.
［36］孙机. 中国古舆服论丛［M］. 北京：文物出版社，2001.
［37］刘巨才. 选美史［M］. 上海：上海文艺出版社，1997.
［38］高洪兴，徐锦钧，张强. 妇女风俗考［M］. 上海：上海文艺出版社，1991.
［39］成涛. 元曲三百首注译［M］. 北京：大众文艺出版社，1998.
［40］朱利安·罗宾逊. 人体的美学［M］. 南宁：广西美术出版社，1999.
［41］中国历史博物馆. 华夏文明史图鉴［M］. 北京：朝华出版社，2002.
［42］刘玉成. 中国人物名画鉴赏［M］. 北京：九州出版社，2002.
［43］中国历代仕女画集［M］. 天津：天津人民美术出版社，1998.
［44］梁京武，赵向标. 二十世纪怀旧系列［M］. 北京：龙门书局，1999.
［45］戴平. 中国民族服饰文化研究［M］. 上海：上海人民出版社，2000.
［46］何周德. 史前人类绘身习俗初探［J］. 文博，1996（4）：27–31.
［47］刘敦愿. 中国古代文身遗俗考（上、下）［J］. 民俗研究，1998（1）：75，（2）46.
［48］李衡眉. “文身断发”习俗的文化族属问题［J］. 民俗研究，1996（3）：14–18.
［49］方南生. 漫话文身与黥墨［J］. 文史知识，1984（8）：67–71.
［50］陈华文. “断发”考［J］. 浙江师范大学学报（社会科学版），1989（4）：

75–79.
［51］剑艺，万禄．我国古代的假发［J］．民俗研究，1995（1）：69–71.
［52］陈耀．漫话冠礼［J］．文史知识，1989（2）：52–55.
［53］夏桂苏，夏南强．古人傅粉施朱谈［J］．文史知识，1992（1）：38–42.
［54］王思厚．靡丽多姿的面靥［J］．文史知识，1993（11）：49–53.
［55］何坦野．漫话“胭脂”［J］．文史知识，1992（2）：35–38.
［56］万方．也谈“胭脂”［J］．文史知识，1992（10）：115–117.
［57］李永宽，霍魏．我国史前时期的人体装饰品［J］．考古，1990（3）：255–267.
［58］古今．珙县岩画头饰管窥［J］．考古与文物，1989（1）：92–95.
［59］段世琳．沧源崖画人物头饰［J］．民族文化，1986（1）：61–63.
［60］王孖，王亚蓉．广汉出土青铜立人像服饰管见［J］．文物，1993（9）：60–68.
［61］徐恒彬．“断发文身”考［J］．民族研究，1982（4）：71–78（转86）.
［62］殷伟仁．谈谈吴人的“文身断发”风俗［J］．文史知识，1990（11）：34–36.
［63］宋公文，张君．楚人妆容习俗综论［J］．湖北大学学报，1990（1）：27–33（转21）.
［64］王玉清．秦俑的发髻［J］．文博，1985（4）：35–39.
［65］刘林．秦俑的发式与头饰［J］．文博，1992（2）：55–57.
［66］王玉龙，程学华．秦始皇陵发现的俑发冠初论［J］．文博，1990（5）：277–282.
［67］周兆望，侯永惠．魏晋南北朝妇女服饰风貌与个性解放［J］．中国史研究，1995（3）：13–20.
［68］许忆先．六朝的女子发式［J］．南京史志，1984（4）：62.
［69］孙机．唐代妇女的服装与化装［J］．文物，1984（4）：57–69.
［70］樊英峰．唐永泰公主墓出土陶俑各种发式、帽和鞋［J］．台北：故宫文物月刊，1995，13（3）：116–127.
［71］王宇，王珍仁．唐代妇女的发式与面妆［J］．历史大观园，1987（2）：8–9.
［72］贾宪保．唐代的护肤美容化妆品［J］．文博，1985（4）：12–13.
［73］汪亮．中国古代的男子化妆［J］．历史大观园，1990（8）：33.
［74］张萍．唐代的文身风气［J］．晋阳学刊，1990（3）：51–53.

[75] 朱瑞熙. 宋代的刺字与文身习俗 [J]. 中国史研究，1998 (1): 102-108.
[76] 张庆. 宋代的簪花习俗 [J]. 文史知识，1992 (5): 27-30 (及封里).
[77] 陈夏生. 赏得花儿头上插——宋人簪戴礼仪的探讨 [J]. 台北: 故宫文物月刊，1988，6 (2): 114-121.
[78] 张国庆. 辽代契丹人的髡发习俗考述 [J]. 民俗研究，1995 (1): 67-68.
[79] 孙进已，千志耿. 我国古代北方各族发式之比较研究 [J]. 博物馆研究，1984 (2): 50.
[80] 孙遇安. 宣化辽金墓壁画中的服饰 [J]. 文物天地，1996 (1): 11-14.
[81] 程溯洛. 女真辫发考 [J]. 史学集刊，1947 (5): 265.
[82] 邓荣臻. 女真发辫式管窥 [J]. 北方文物，1987 (4): 72-74.
[83] 葛婉华. 元代帝后像册的服饰 [J]. 台北: 故宫文物月刊，1972，1 (2): 112.
[84] 金启孮. 故姑考 [J]. 内蒙古大学学报，1995 (2): 38-42.
[85] 罗苏文. 清末民初女性妆饰的变迁 [J]. 史林，1996 (3): 184-194.

后 记

这本书成书于2003年，是笔者硕士研究生毕业时送给自己的礼物，2004年由中国纺织出版社出版，此次为十年后的修订再版。很感激中国纺织出版社，感激郑群总编辑和郭慧娟编辑，是她们对学术事业的支持和当年对新人的信任，才使得妆饰文化这个冷僻的学术领域，有了向公众展示其魅力的窗口，而这也为笔者在这个领域孜孜不倦、辛勤耕耘提供了巨大的动力。

另外，还要感谢沈从文、周锡保、戴平、李之檀、孙机、周汛、高春明、华梅等许多前辈学者，笔者从他们的著作中获得了许多启发和教益。本书写作中还参考了许多有关的考古报告、文化研究论文等，所引图片也有很多摘自各大历史博物馆的画册、图集，在此一并向所有为妆饰研究做出贡献的学者与考古文博工作者们致敬！没有前辈们的辛勤耕耘，也就没有这本书的诞生！

当然，由于妆饰文化研究本身含有极大的主观性成分，因此书中不免有许多疏漏之处，令笔者倍感惶恐，还恳请广大读者与同行们多多包涵与指正！

李 芽

2014年9月于沪上香景园